高职高专电子信息系列技能型规划教材

主　编　郭宝宁
副主编　周　涛
参　编　陈晓琴　蔡　亮　秦玉华
　　　　葛君山　姚苏华　刘占线
主　审　张作化

北京大学出版社
PEKING UNIVERSITY PRESS

内 容 简 介

本书主要讲述了变压器的原理与运行特性、仪用互感器；三相异步电动机结构、工作原理及运行特性；常用低压电器；三相异步电动机的机械特性、启动调速制动原理以及实际控制电路分析；单相异步电动机工作原理、分类及应用；同步电动机、同步发电机工作原理及应用；直流电机的结构、工作原理、直流电机的外特性、直流电机的机械特性；几种常用特殊电动机的原理及运行特性；电动机的应用。本书每章均有思考题，附有实验实训项目，以帮助学生对所学知识的理解、巩固及应用。

本书围绕高职高专是以培养"高素质劳动者和应用型专门人才"为目标这一主题，本着"必需、够用"为度的原则，对课程的知识结构作了一定的整合，调整了部分知识点的引入顺序，淡化了理论推导，简化了单纯的数据计算，结合生产实例以应用为主，力求语言推理浅显易懂。

本书可作为高等职业学院电气自动化技术相关专业的教学用书，以及从事电工技术工程工作人员培训或参考用书，也可作为从事电类专业教学的教学参考用书。

图书在版编目(CIP)数据

电机应用技术/郭宝宁主编. —北京：北京大学出版社，2011.5
（高职高专电子信息系列技能型规划教材）
ISBN 978-7-301-18770-8

Ⅰ. ①电… Ⅱ. ①郭… Ⅲ. ①电机学—高等职业教育—教材 Ⅳ. ①TM3

中国版本图书馆 CIP 数据核字(2011)第 063749 号

书 名：	电机应用技术
著作责任者：	郭宝宁 主编
策 划 编 辑：	赖 青 张永见
责 任 编 辑：	李 辉
标 准 书 号：	ISBN 978-7-301-18770-8/TH·0236
出 版 者：	北京大学出版社
地 址：	北京市海淀区成府路 205 号 100871
网 址：	http://www.pup.cn http://www.pup6.com
电 话：	邮购部 62752015 发行部 62750672 编辑部 62750667 出版部 62754962
电 子 邮 箱：	pup_6@163.com
印 刷 者：	北京虎彩文化传播有限公司
发 行 者：	北京大学出版社
经 销 者：	新华书店
	787mm×1092mm 16 开本 17.25 印张 394 千字
	2011 年 5 月第 1 版 2020 年 12 月第 5 次印刷
定 价：	45.00 元

未经许可，不得以任何方式复制或抄袭本书之部分或全部内容。
版权所有，侵权必究   举报电话：010-62752024
                     电子邮箱：fd@pup.pku.edu.cn

前　言

"电机应用技术"是电气相关各专业的一门非常重要的专业基础理论课。本书适用于高职高专教材改革的需要，主要依据教育部制定的"高职高专教育基础课程教学基本要求"和"高职高专教育专业人才培养目标及规格"，并且参照了有关行业的职业技能鉴定规范，充分汲取了高职高专教育多年来的教改成果，听取了生产一线相关技术人员的意见，突出了应用性和实践性。

本书保留了高职高专类教材理论实用够用的特点，理顺了相关知识点的前后联系，增加了与交通航运类职业院校专业结构相关的教学内容，如同步发电机、直流串励电机、复励电机、交磁放大机等船舶电工实用及考证必需的知识点；并且在每一章节后附有实训实验课题，符合高职高专院校培养高技能型人才的目标和要求；同时又将"电机及拖动基础"、"维修电工"和"电机控制技术"相关课程内容进行了有机的结合，突出了理论知识的应用，改单纯理论实验为实训实验相结合，为开展项目式教学提供了教材基础。

本书可作为高等职业学院电气自动化技术相关专业的教学用书，以及从事电气技术工程工作人员培训或参考用书，也可作为从事电类专业教学的教学参考用书。

本书除绪论外共分9章，内容包括：变压器的原理与运行特性、仪用互感器；三相异步电动机结构、工作原理及运行特性；常用低压电器；三相异步电动机的机械特性、启动调速制动原理以及实际控制电路分析；单相异步电动机工作原理、分类及应用；同步电动机、同步发电机工作原理及应用；直流电机的结构、工作原理、直流电机的外特性、直流电机的机械特性；几种常用特殊电动机的原理及运行特性；电动机的应用。

本书由江苏海事职业技术学院郭宝宁主编，周涛副主编，张作化主审。书中绪论、第1章、第7章由郭宝宁编写；第2章、第4章由周涛、陈晓琴、秦玉华（南京港口机械厂）编写；第3章由刘占线（陕西职业技术学院）编写；第5章、第6章由蔡亮编写；第8章由葛君山编写；第9章由葛君山、姚苏华编写。

本书在编写过程中参阅了大量的相关书籍和文献，得到了南京港口机械厂及江苏海事职业技术学院电气工程系的大力支持。在此向相关文献作者以及所提及的单位一并致谢。

由于编者水平有限，书中不足之处在所难免，恳请使用本书的师生和读者批评指正。

编　者
2010年10月

目 录

绪论 ·· 1
    0.1 电机及电力拖动系统概述 ··· 1
    0.2 电机的主要类型 ··· 2
    0.3 本课程的任务和学习方法 ··· 2
    0.4 基本概念和基本定律 ·· 3

第1章 变压器 ·· 7
    1.1 变压器的工作原理、用途及分类 ··································· 8
    1.2 变压器的基本结构 ·· 10
    1.3 单相变压器的运行原理 ·· 18
    1.4 变压器的空载试验和短路试验 ······································ 26
    1.5 变压器的运行特性 ·· 28
    1.6 变压器的极性及三相变压器的联结组 ···························· 31
    1.7 三相变压器的并联运行 ·· 35
    1.8 其他用途变压器 ··· 37
    1.9 变压器常见故障及维护 ·· 43
    实训项目1 变压器的参数测定 ··· 44
    实训项目2 三相变压器极性判别及绕组联结组判别 ············ 46
    本章小结 ··· 50
    思考题 ·· 51

第2章 三相异步电动机 ·· 52
    2.1 概述 ·· 53
    2.2 三相异步电动机的工作原理 ·· 53
    2.3 三相异步电动机的结构 ·· 59
    2.4 三相异步电动机的运行原理与工作特性 ······················· 66
    2.5 常见故障及排除方法 ··· 71
    实训项目3 用日光灯法测三相异步电动机转差率 ·············· 72
    本章小结 ··· 74
    思考题 ·· 74

第3章 常用低压电器基础 ··· 75
    3.1 低压电器的基本知识 ··· 76
    3.2 熔断器 ·· 76
    3.3 手控开关及主令电器 ··· 78

3.4　接触器 …………………………………………………………………… 80

　　3.5　继电器 …………………………………………………………………… 82

　　实训项目 4　常用低压电器的认识 ……………………………………………… 87

　　本章小结 ………………………………………………………………………… 88

　　思考题 …………………………………………………………………………… 88

第 4 章　三相异步电动机的电力拖动 ……………………………………………… 90

　　4.1　电力拖动的基本知识 …………………………………………………… 91

　　4.2　三相异步电动机的机械特性 …………………………………………… 93

　　4.3　三相异步电动机的启动 ………………………………………………… 96

　　4.4　三相异步电动机的调速 ………………………………………………… 105

　　4.5　三相异步电动机的制动 ………………………………………………… 115

　　4.6　三相异步电动机的四相限运行(应用实例) …………………………… 119

　　实训项目 5　三相异步电动机的启动与调速 …………………………………… 122

　　实训项目 6　笼型电动机 Y-D 启动电路的安装 ………………………………… 125

　　本章小结 ………………………………………………………………………… 125

　　思考题 …………………………………………………………………………… 126

第 5 章　单相异步电动机 …………………………………………………………… 127

　　5.1　单相异步电动机的结构和工作原理 …………………………………… 128

　　5.2　电容分相单相异步电动机 ……………………………………………… 131

　　5.3　电阻分相单相异步电动机 ……………………………………………… 133

　　5.4　单相罩极电动机 ………………………………………………………… 134

　　5.5　单相异步电动机的调速及反转 ………………………………………… 135

　　5.6　常见故障及排除方法 …………………………………………………… 138

　　实训项目 7　单相异步电动机的控制电路和检修实训 ………………………… 140

　　本章小结 ………………………………………………………………………… 142

　　思考题 …………………………………………………………………………… 143

第 6 章　同步电机 …………………………………………………………………… 144

　　6.1　同步电机的工作原理、用途及分类 …………………………………… 145

　　6.2　同步电机的基本结构及铭牌 …………………………………………… 146

　　6.3　同步电动机的功率 ……………………………………………………… 148

　　6.4　同步电动机 V 形曲线及功率因数调节 ………………………………… 151

　　6.5　同步电动机的启动 ……………………………………………………… 153

　　6.6　同步发电机的基本特性 ………………………………………………… 155

　　6.7　不同系列船用发电机的简介 …………………………………………… 157

　　6.8　同步发电机的常见故障分析与处理 …………………………………… 158

　　实训项目 8　三相同步电动机 …………………………………………………… 160

　　本章小结 ………………………………………………………………………… 163

思考题 ………………………………………………………………………………… 163

第7章 直流电机 ………………………………………………………………… 164

　　7.1　直流电机的基本工作原理 ………………………………………………… 165
　　7.2　直流电机的基本结构分类及用途 ………………………………………… 167
　　7.3　直流电机的磁场 …………………………………………………………… 173
　　7.4　直流电机的换向问题 ……………………………………………………… 176
　　7.5　直流电机的基本方程 ……………………………………………………… 178
　　7.6　直流电动机的工作特性 …………………………………………………… 181
　　7.7　直流电动机的机械特性 …………………………………………………… 184
　　7.8　直流电动机的启动 ………………………………………………………… 188
　　7.9　直流电动机的调速 ………………………………………………………… 191
　　7.10　直流电动机的制动 ………………………………………………………… 196
　　7.11　复励直流电动机的机械特性 ……………………………………………… 202
　　7.12　直流电动机常见故障与处理方法 ………………………………………… 202
　　实训项目9　分析电路定性绘出直流电动机起制动特性曲线 ……………… 204
　　本章小结 …………………………………………………………………………… 206
　　思考题 ……………………………………………………………………………… 207

第8章 特种电机 ………………………………………………………………… 208

　　8.1　伺服电动机 ………………………………………………………………… 209
　　8.2　步进电动机 ………………………………………………………………… 215
　　8.3　测速发电机 ………………………………………………………………… 220
　　8.4　自整角机 …………………………………………………………………… 223
　　8.5　旋转变压器 ………………………………………………………………… 228
　　8.6　电机扩大机 ………………………………………………………………… 232
　　实训项目10　力矩式自整角机实验 …………………………………………… 239
　　本章小结 …………………………………………………………………………… 241
　　思考题 ……………………………………………………………………………… 241

第9章 电动机应用知识 ………………………………………………………… 243

　　9.1　电动机的选择 ……………………………………………………………… 244
　　9.2　电动机的运行维护 ………………………………………………………… 251
　　9.3　电动机试验 ………………………………………………………………… 253
　　9.4　电动机的拆装 ……………………………………………………………… 258
　　实训项目11　笼型异步电动机的拆装 ………………………………………… 261
　　本章小结 …………………………………………………………………………… 261
　　思考题 ……………………………………………………………………………… 262

参考文献 …………………………………………………………………………… 263

绪　　论

0.1　电机及电力拖动系统概述

自从 1820 年奥斯特、安培和法拉第相继发现电流在磁场中产生机械力，并提出了电磁感应定律后，就出现了电动机和发电机的雏形。经济发展的需要使电机得到了迅速的发展。从 19 世纪末期，电动机就逐渐代替蒸汽机和水轮机作为拖动工作机械的原动机，这种以电动机来拖动生产机械的拖动方式就称为电力拖动。

电力拖动系统的构成方式是随着电机工业的发展，而逐步发展起来的。电动机最初作为原动机代替蒸汽机和水轮机等来拖动工作机械。常用的方式是通过所谓的"天轴"实现的，一台电动机通过装在房顶的公共传动轴即"天轴"来带动一起工作的一组生产设备，这种拖动方式称为"成组拖动"。成组拖动时，只能靠机械的方法实现从电动机到各工作机械的能量传递和能量分配。这种方式无法实现自动控制，且其能量损耗大、生产安全得不到保证，容易发生人身、设备事故。如有故障，则被拖动的所有生产设备都将一起停车。随着工作机械运行要求的不断提高，这种落后的电力拖动系统已跟不上需要而被淘汰。从 19 世纪 20 年代起，广泛采用由一台电动机拖动一台工作机械的这种"单电动机拖动系统"。这样使每台生产设备既可独立工作，实现电气调速，又省去了大量的中间传动机构，使机械结构简化，提高了传动效率。由于电机与工作机械在结构上配合密切，为工作机械自动化打下了基础。目前先进复杂的生产设备通常都采用多电动机拖动方式，例如一台有一个主轴和三个进给轴的常用机床。仍由单台电动机拖动，则生产设备内部的传动机构就会变得非常的复杂，而采用生产设备中的每一个工作机构分别由一台电动机驱动的多电动机方式拖动；不仅可使机械结构大为简化，而且可使生产设备实现自动控制直至计算机控制。

电力拖动系统的控制方式也经历了由简单到复杂，由低级到高级的过程。最初电动机采用的是继电器—接触器控制系统，由于继电器—接触器的控制开关都是触点，又称作有触点系统。这种有触点系统的致命缺点是触点的接触不良带来的系统工作的不可靠。因而出现了以数字电路为主的无触点系统，与前者相比可靠性大为提高。

电力拖动系统主要由电动机、传动机构和控制设备(包括反馈装置)3 个基本环节所组成，三者关系如图 0.1 所示。

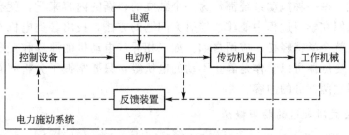

图 0.1　电力拖动系统

由于开环的电力拖动系统不需要反馈装置，只有闭环系统中才使用反馈装置，所以图中反馈装置及其控制方向箭头均用虚线表示。反馈装置往往也使用控制电机来实现反馈功能，例如可用测速发电机检测电动机的转速，旋转变压器检测电动机的角位移，感应同步器检测工作机械的位移等。关于控制设备等问题将在控制技术及自动控制系统等课程中给予研究，本课程将只研究有关各种电机及电动机与负载（包括传动机构和工作机械）的关系。

0.2 电机的主要类型

电机是一种通过电磁感应实现能量转换、能量传递和信号转换的装置。电机的类型很多，按其功能可分为以下几种。

（1）发电机。将机械能转换成电能的装置，包括直流发电机和交流发电机。

（2）电动机。将电能转换成机械能的装置，包括直流电动机和交流电动机。

（3）变压器。将一种电压等级的交流电能变换为另一种电压等级的交流电能的装置。

（4）控制电机。在自动控制系统中作为检测、校正及执行元件的特种电机。它包括交、直流伺服电动机，步进电动机，交、直流测速发电机，感应同步器及旋转变压器等。

发电机和电动机只不过是电机的两种运行方式，它们本身是可逆的。根据电力拖动需要，学习的重点应放在电动机上。

0.3 本课程的任务和学习方法

本课程主要分析研究电机与电力拖动的基本规律，同时从工作机械的运行控制要求出发，分析研究电动机运行的基本规律、基本控制电路、常见故障分析、常用控制电机的应用和拖动电动机容量的选择等问题。课程基本任务是：要熟悉常用的交、直流电机，变压器和控制电机的基本结构、运行原理及运行特性；掌握交、直流电动机的机械特性，调速原理及起、制动方法；具备选择电力拖动系统中使用的电动机所必需的基本知识以及基本控制电路分析运用能力；了解电机与电力拖动今后发展的方向。为学习"自动控制系统"、"工厂电气控制技术"、"PLC控制"和"工厂供电"等课程准备必要的基础知识。

由于"电机及应用技术"课程包含的内容多，而我们的课堂学习的时数不可能很多，因此必须有一个良好的学习方法，才能学好这门课。这里我们提供几点学习方法供大家参考。

1. 掌握分析问题的方法

在本课程中，所涉及的电机的类型较多，电力拖动也有直流拖动和交流拖动之分。如果将每一种电机，每一种拖动系统都作为一个独立的，新的内容来学，就会感觉到学习任务太重。如果我们在学习过程中能够掌握研究问题的方法，找出各类电机及各种拖动系统的共性及个性，就会学得轻松、应用自如。如三相异步电动机的原理和变压器的原理有很多共同的部分；变压器可以看作是静止不动的电机等，只要掌握了分析问题的方法，就可比较容易地掌握这两部分的内容。

2. 要理解公式所表达的物理概念

本课程的公式较多，如果孤立地、单独地去记忆不同公式所表达各物理量之间的数量关系不是易事，必须理解公式所表达的物理概念。如直流电机的感应电动势公式 $E_a = C_e\Phi n$，电磁转矩公式 $T = C_T\Phi I_a$，这两个公式看起来很简单，暂时记忆也比较容易，而时间长了，很容易出错。如果理解了公式所表示的物理意义：感应电动势是导体在磁场中切割磁力线所产生的，必然与磁场和切割速度成正比；电磁转矩是因载流导体在磁场的作用下所产生的，其大小必须与磁场的强弱和电流的大小成正比。这样就很容易记住公式各物理量之间的相互关系了。

3. 要掌握重点

对工业电气自动化、电气工程及机电一体化等专业的同学来说，学习本课程的目的是为了正确地使用控制电机。因此在学习过程中，要从应用电机的角度出发，着眼于电机运行的特性；将重点放在电动机的机械特性与负载的转矩特性配合上；放在电动机启动、制动及调速的方法及原理上；放在能为电力拖动系统选择合适的电机上，为今后分析和使用电力拖动系统打下良好基础，而对电机的工作原理以能应用为度，对电机内部结构只要一般了解就行了。

学习"电机及应用技术"也要注意课程的技术基础课的特点：既有基础理论的内容，又有结合工程实际综合应用。只有结合工程实际综合应用基础理论才能真正学好本课程。

0.4 基本概念和基本定律

电机(电动机、变压器和发电机等)的结构及工作原理，虽然它们的种类繁多，而且各有其个性和特点，但也有其共性和规律性。特别是在电磁规律方面，它们都遵循电磁感应定律和电磁力定律，并以磁场作为媒介来实现机电能量的转换或信号的传递与变换。因此，为学习本课程，有必要先复习磁路分析中的基本概念和基本定律。

1. 基本概念

1) 磁感应强度(或磁通密度)B

在磁铁周围，有一个磁力能起作用的空间叫做磁场。电流通过导体时，在导体的周围就会产生磁场，叫做电流磁场。形象的表示磁场的强弱、方向和分布情况的曲线叫做磁感应线，也称为磁力线。磁力线是无头无尾的闭合曲线。磁力线的方向与电流的方向满足右手螺旋关系。

描述磁场的强弱、方向和分布情况的物理量是磁感应强度。它与产生它的电流之间的关系用毕奥—萨伐尔定律描述，即载流导体在磁场中所受到的力 F，与导体中的电流 I，导体长度 l 的乘积的比值，叫做磁感应强度，用 B 表示，即

$$B = \frac{F}{I \times l}$$

2) 磁感应通量(或磁通)Φ

穿过某一截面 S 的磁感应强度 B 的通量，即穿过截面 S 的磁力线根数，叫做磁感应通量，简称磁通，用 Φ 表示，即

$$\Phi = \int_S B \cdot dS$$

在均匀磁场中，如果截面 S 与 B 垂直，则上式变为

$$\Phi = BS \quad 或 \quad B = \frac{\Phi}{S}$$

B 为单位截面积上的磁通又叫做磁通密度,简称为磁密。在电机和变压器中常采用磁密的概念。在国际单位制中,Φ 的单位符号是 Wb;单位名称为韦[伯];B 的单位名称是特[斯拉],单位符号是 T,$1T = 1Wb/m^2$。

3)磁场强度 H

磁场中某点的磁感应强度 B 与磁性材料的导磁率 μ 的比值,叫做该点的磁场强度,用 H 表示,即

$$H = \frac{B}{\mu} \quad 或 \quad \mu = \frac{B}{H}$$

式中:μ 为磁性材料的磁导率,H 的单位名称是安[培]每米,单位符号是 A/m。

4)磁导率 μ 和磁化曲线

用来衡量磁性材料导磁性能好坏的一个物理量叫做磁导率。不同的磁性材料具有不同的磁导率。描述磁性材料的磁导率有真空磁导率 μ_0、初始磁导率 μ_i 和有效磁导率 μ_e 等。磁导率 μ 的单位名称为特米每安,单位符号是 T·m/A。

由实验测定,真空磁导率 $\mu_0 = 4\pi \times 10^{-7}$ T·m/A,且为常数。铁、钴、镍 3 种铁磁性元素是构成磁性材料的基本组元。磁性材料是由铁磁性物质或亚铁磁性物质组成的,在外加磁场强度 H 的作用下,必有相应的磁感应强度 B,它们随磁场强度 H 变化的曲线叫磁化曲线,或者 $B-H$ 曲线,如图 0.2 所示。

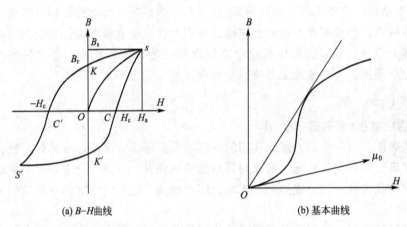

(a) $B-H$ 曲线 (b) 基本曲线

图 0.2 磁性材料磁化曲线

一般来说,磁化曲线具有两个特点:磁饱和现象与磁滞现象。即当磁场强度 H 足够大时,磁感应强度 B 达到一个确定的饱和值 B_s,继续增大 H,B_s 保持不变;以及当材料的 B 值达到饱和后,外加磁场强度 H 降为 0 时,B 并不恢复为 0,而是沿着 $B_s B_r$ 曲线变化,这说明 B 的变化始终是滞后于 H 的变化的。

磁性材料的工作状态相当于曲线上的某一点,该点常称为工作点。

各种磁性材料材质外形虽然相似,但磁性能可能有较大差异。电机和变压器的铁心,要求磁导率较高、磁滞回线包围面积小和磁滞损耗小的铁磁材料,如硅钢片、铁镍合金、铸铁等。这些铁磁材料属于软磁材料。

5)磁通势 F_m

磁通所通过的路径叫做磁路。

在磁路中，磁路的磁场强度 H 与磁路的长度 l 的乘积叫做磁通势，用符号 F_m 表示，其单位名称为安[培]，单位符号是 A。

$$F_m = Hl$$

6）磁阻 R_m

表示磁路对磁通所起的阻碍作用，它只与磁路的尺寸及磁路材料的磁导率有关。对于均匀的磁路，设磁路长度为 l，截面积为 S，用 R_m 表示磁阻，则有

$$R_m = \frac{l}{\mu S}$$

2. 基本定律

1）安培环路定律（全电流定律）

在磁场中，沿任意一个闭合磁回路的磁场强度 H 的线积分等于该回路所环链的所有电流的代数和，即

$$\oint H \cdot dl = \Sigma I$$

其中该磁路所包围的电流为全电流，因此这个定律也叫做全电流定律。

工程应用中遇到的磁路，其几何形状是比较复杂的，直接利用安培环路的积分形式进行计算有一定的难度。通常是采用简化的办法，首先把磁路分为几段，几何形状比较规则的为一段；其次找出它们的平均磁场强度；再次采用这段磁路的平均长度，求得磁压降（也可以理解为一段磁路所消耗的磁通势）；最后把各段磁压降加起来，就等于总磁通势，即

$$F_m = \sum_1^n H_k l_k = \Sigma I = IN$$

式中：H_k——磁路中第 k 段磁路的磁场强度（A/m）；

l_k——第 k 段磁路的平均长度（m）；

F_m——作用在整个磁路上的磁通势，即全电流数（安匝）；

N——励磁线圈的匝数。

上式可以理解为：消耗在任意闭合路上的磁通势，等于该磁回路所包围的全电流。

如图 0.3 所示是一个最简单磁路，它是由铁磁材料和空气两部分串联而成的。铁心上绕了匝数为 N 的线圈，线圈电流为 I。进行磁路计算时，把这个磁路按材料及形状分成两段，一段是截面积为 S 的铁心，长度为 l，磁场强度为 H；另一段为空气，长度为 δ，磁场强度为 H_δ。根据安培环路定律，即

$$Hl + H_\delta \delta = IN$$

在电机和变压器里的磁路计算时，已知的是磁路里各段的磁通 Φ 以及各段磁路的几何尺寸（即磁路长度 l 和截面积 S），先算出各段磁路中对应的磁通密度 B（$B = \Phi/S$），然后根据算出的磁通密度 B

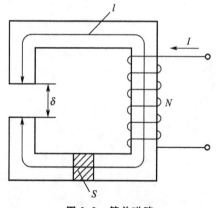

图 0.3 简单磁路

求出磁场强度 $H(H=B/\mu)$，最后求出所需要的总磁通势 IN。如果是铁磁材料，可以根据其磁化特性查出磁场强度 H。

2）电磁感应定律（法拉第定律）

当导线（或线圈）在磁场中发生相对运动，导线切割磁力线，或者当穿过导线（线圈）的磁通发生变化时，在导线中就产生感应电动势，这个现象就叫做电磁感应现象。由此而产生的感应电动势称为切割电动势，即

$$e = Blv$$

式中：B——导体（线圈）所在处的磁通磁密（Wb/m²）；

l——导线（线圈）在磁场中长度（m）；

v——导线（线圈）相对于磁力线的运动速度（m/s）。

切割电动势主要表现于电动机和发电机中，其方向按右手定则确定。

当穿过导线（线圈）的磁通发生变化时，产生的电动势为变压器电动势，即

$$e = -N\frac{d\Phi}{dt}$$

式中：N——导线（线圈）匝数，磁通的正方向和感应电动势的正方向按右手螺旋定则确定。变压器电动势主要表现在变压器中。

3）电磁力定律（毕奥—萨伐尔定律）

在均匀磁场中，若载流直导线（线圈）与磁通密度 B 方向垂直，长度为 l，流过的电流为 I，磁场对载流导线（线圈）产生的力称为安培力，用 f 表示，即

$$f = BlI$$

在电机学中，习惯上用左手定则确定 f 的方向。

电磁感应定律和电磁力定律是电机中的重要定律，是电机实现能量转换的基础。

4）磁路的欧姆定律

磁路中通过的磁通 Φ 等于磁路中的磁通势 F_m 除以磁路的磁阻 R_m，即

$$\Phi = \frac{F_m}{R_m}$$

第 1 章

变 压 器

知识目标	(1) 变压器结构、工作原理及用途 (2) 变压器运行原理及运行特性 (3) 三相变压器的并联运行
技能目标	(1) 变压器参数测定 (2) 变压器首尾端的判别 (3) 电压互感器电流互感器的应用 (4) 变压器常见故障判断

▷ 引言

2009年6月,随着"轰"的一声巨响,窜出一个巨大的火球。中国台湾垦丁核三发电厂发生了爆炸,引起火灾。所幸火势得到控制,并且爆炸的位置离发电机组很远,没有影响核能发电,也没有核辐射泄漏的危险。据调查,这是变压器的绝缘体漏油,遭到雷击而引起的爆炸。

引言图

变压器是电力系统的重要设备之一,它的故障将对供电的可靠性和系统的正常运行产生严重影响。虽然配有避雷器、差动和接地等多重保护,但由于内部结构复杂、电场及热场不均等诸多因素,事故率仍很高,恶性事故和重大损失也时有发生。因此,在日常生产中,应该加强变压器的维护和检修,保证电力供应更加安全可靠。

1.1 变压器的工作原理、用途及分类

变压器是一种常见的静止电气设备,它利用电磁感应原理,将某一数值的交变电压变换为同频率的另一数值的交变电压。变压器不仅对电力系统中电能的传输、分配和安全使用上有着重要意义,而且广泛用于电气控制领域、电子技术领域、测试技术领域和焊接技术领域等。

1.1.1 变压器的基本工作原理

变压器是利用电磁感应原理工作的,图 1.1 所示为单相变压器原理图。变压器的主要部件是铁心和绕组。两个互相绝缘且匝数不同的绕组分别套装在铁心上,两绕组间只有磁的耦合而没有电的联系,其中接电源 u_1 的绕组称为一次绕组(或称为原绕组、初级绕组);用于接负载的绕组称为二次绕组(或称为副绕组、次级绕组)。

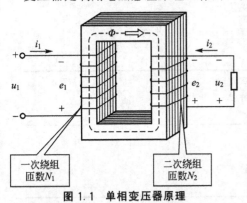

图 1.1 单相变压器原理

一次绕组加上交流电压 u_1 后,绕组中便有电流 i_1 通过,在铁心中产生与 u_1 同频率的交变磁通 Φ,根据电磁感应原理,将分别在两个绕组中感应出电动势 e_1 和 e_2。

$$e_1 = -N_1 \frac{d\Phi}{dt}$$

$$e_2 = -N_2 \frac{d\Phi}{dt}$$

式中,"-"号表示感应电动势总是阻碍磁通的变化。若把负载接在二次绕组上,则在电动势 e_2 的作用下,有电流 i_2 流过负载,实现了电能的传递。由上式可知,一、二次绕组感应电动势的大小(近似于各自的电压 u_1 及 u_2)与绕组匝数成正比,故只要改变一、二次绕组的匝数,就可达到改变电压的目的,这就是变压器的基本工作原理。

1.1.2 变压器的用途

变压器最主要的用途是在输、配电技术领域。目前世界各国使用的电能基本上均是由各类(火力、水力、核能等)发电站发出的三相交流电能,如图 1.2 所示。发电站一般都建在能源产地、江边、海边或者远离城市的地区,因此,它所发出的电能在向用户输送的过程中,通常需用很长的输电线路。根据 $P = \sqrt{3}UI\cos\varphi$,在输送功率 P 和负载功率因数 $\cos\varphi$ 一定时,输电线路上的电压 U 越高,则流过输电线路中的电流就越小。这不仅可以减小输电线的截面积,节约导体材料,同时还可减少输电线路的功率损耗。因此目前世界各国在电能的输送与分配方面都朝着建立高电压、大功率的电力网系统方向发展,以便集中输送,统一调度与分配电能。这就促使输电线路的电压由高压(110~220kV)向超高压(330~750kV)和特高压(750kV 以上)不断升级。目前我国高压输电的电压等级有 110kV、

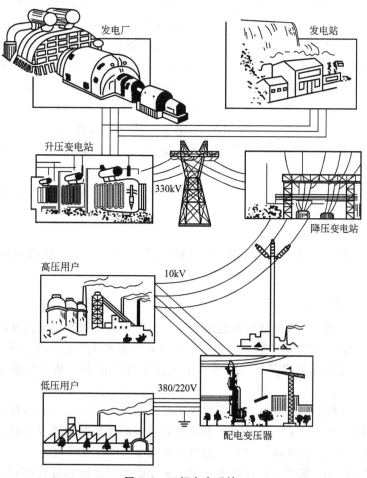

图1.2 三相电力系统

220kV、330kV和500kV等多种。发电机本身由于其结构及所用绝缘材料的限制，不可能直接发出这样的高压，因此在输电时必须首先通过升压变电站，利用变压器将电压升高，如图1.3所示。

高压电能输送到用电区后，为了保证用电安全和符合用电设备的电压等级要求，还必须通过各级降压变电站，利用变压器将电压降低。例如工厂输电线路，高压为35kV及10kV等；低压为380V及220V等。

图1.3 连接发电机与电网的升压变压器

综上所述，变压器是输、配电系统中不可缺少的电气设备，从发电厂发出的电能经过升压变压器升压，输送到用户区后，再经降压变压器降压供电给用户，中间最少要经过4~5次、一般是8~9次变压器的升降压。根据最近的资料显示，1kW的发电设备需8~8.5kV·A变压器容量与之配套，由此可见，在电力系统中变压器是容量最大的电气设备。电能在传输过程中会有能量的损耗,主要是输电线路的损耗及变压器的损耗,它占整个供电容量的5%～9%,这是一个相当可观的数字。例如,我国2002年发电设备的总装机容量约为3.54亿千瓦,则输电线路及变压器损耗的部分约为1800～3200万千瓦,它相当于目前我国15～25个装机容量最大的火力发电厂的总和(我国三峡工程总装机容量为1820万千瓦)。在这个能量损耗中,变压器的损耗最大,约占60%,因此变压器效率的高低已成为输配电系统中一个突出的问题。我国从20世纪70年代末开始研制高效节能变压器,换代过程为SJ→S5→S7→S9→S10。目前大批量生产的是S9低损耗节能变压器,并要求逐步淘汰原来在使用中的旧型号变压器。据初步估算,采用低损耗变压器所需的投资费用可在4～5年时间内从节约的电费中收回。

变压器除用于改变电压外,还可用来改变电流、变换阻抗以及产生脉冲等。

1.1.3 变压器的分类

变压器种类很多,通常可按其用途、绕组结构、铁心结构、相数和冷却方式等进行分类。

1. 按用途分类

(1) 电力变压器。用作电能的输送与分配,上面介绍的即属于电力变压器,这是生产数量最多、使用最广泛的变压器。按其功能不同又可分为升压变压器、降压变压器和配电变压器等。电力变压器的容量从几十千伏安到几十万千伏安,电压等级从几百伏到几百千伏。

(2) 特种变压器。在特殊场合使用的变压器,如作为焊接电源的电焊变压器、专供大功率电炉使用的电炉变压器、将交流电整流成直流电时使用的整流变压器等。

(3) 仪用互感器。用于电工测量,如电流互感器、电压互感器等。

(4) 控制变压器。容量一般比较小,用于小功率电源系统和自动控制系统,如输入变压器、输出变压器和脉冲变压器等。

(5) 其他变压器。如试验用的高压变压器、输出电压可调的调压变压器、产生脉冲信号的脉冲变压器等。

2. 按相数分类

它分为单相变压器、三相变压器和多相变压器3种。

3. 按冷却方式分类

它分为干式变压器、油浸自冷变压器、油浸风冷变压器、强迫油循环变压器和充气式变压器等。

1.2 变压器的基本结构

1.2.1 单相变压器的基本结构

单相变压器是指接在单相交流电源上用来改变单相交流电压的变压器,其容量一般都比较小,主要用作控制及照明。它主要由铁心和绕组(又称为线圈)两部分组成。铁心和绕组也是三相电力变压器和其他变压器的主要组成部分。

1. 铁心

铁心构成变压器磁路系统，并作为变压器的机械骨架。铁心由铁心柱和铁轭两部分组成，如图1.4所示。铁心柱上套装变压器绕组，铁轭起连接铁心柱使磁路闭合的作用。对铁心的要求是导磁性能要好，磁滞损耗及涡流损耗要尽量小，因此均采用0.35mm厚的硅钢片制作。目前国产硅钢片有热轧硅钢片、冷轧无取向硅钢片和冷轧晶粒取向硅钢片。20世纪六、七十年代，我国生产的电力变压器主要用热轧硅钢片，由于其铁损耗较大，导磁性能相应的比较差，且铁心叠装系数低（因硅钢片两面均涂有绝缘漆），现已不用。目前国产低损耗节能变压器均用冷轧晶粒取向硅钢片，其铁损耗低，且铁心叠装系数高（因硅钢片表面有氧化膜绝缘，不必再涂绝缘漆）。随着科学技术的进步，目前已开始采用铁基、铁镍基、钴基等非晶态材料来制作变压器的铁心。它具有体积小、效率高、节能等优点。

根据变压器铁心的结构形式可分为心式变压器和壳式变压器两大类。心式变压器是在两边的铁心柱上放置绕组，形成绕组包围铁心的形式，如图1.5(a)所示。壳式变压器则是在中间的铁心柱上放置绕组，形成铁心包围绕组的形式，如图1.5(b)所示。

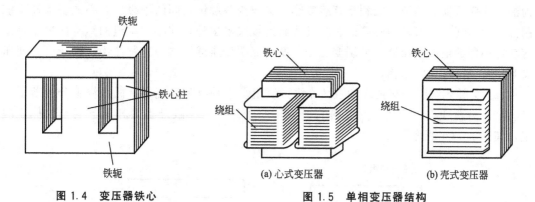

图1.4 变压器铁心　　　　图1.5 单相变压器结构

根据变压器铁心的制作工艺可分为叠片式铁心和卷制式铁心两种。

心式变压器的叠片式铁心一般用"口"字形，或斜"口"字形硅钢片交叉叠成，壳式变压器的叠片式铁心则用E形，或F形硅钢片交叉叠成。为了减小铁心磁路的磁阻以减小铁心损耗，要求铁心装配时，接缝处的空气隙应越小越好。

卷制式铁心采用0.35mm晶粒取向冷轧硅钢片，将它剪裁成一定宽度的硅钢带后，再卷制成环形，将铁心绑扎牢固后切割成两个"U"字形，如图1.6(a)所示。图1.6(b)所示为用卷制式铁心制成的C型变压器。由于该类型变压器制作工艺简单，它正在小容量的单相变压器中逐渐普及。随着制造技术的不断成熟，用卷制式铁

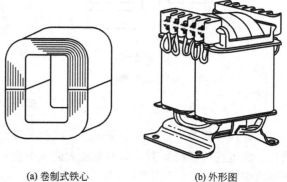

(a) 卷制式铁心　　　　(b) 外形图

图1.6 C型变压器

心的三相电力变压器(500kV·A 以下)，将逐步代替传统的叠片式变压器。它的主要优点是：重量轻、体积小、空载损耗小、噪声低、生产效率高和质量稳定。

20世纪六、七十年代，还出现过渐开线式的铁心结构。由于铁心制作工艺较复杂，而未能广泛地应用。

2. 绕组

变压器的线圈通常称为绕组，它是变压器中的电路部分，小变压器一般用具有绝缘的漆包圆铜线绕制而成，容量稍大的变压器则用扁铜线或扁铝线绕制。

在变压器中，接到高压电网的绕组称为高压绕组，接到低压电网的绕组称为低压绕组。按高压绕组和低压绕组的相互位置和形状不同，绕组可分为同心式和交叠式两种。

(1) 同心式绕组。同心式绕组是将高、低压绕组同心地套装在铁心柱上，如图 1.7(a) 所示。小容量单相变压器一般用此种结构，通常是接电源的一次绕组绕在里层，绕完后包上绝缘材料再绕二次绕组，一、二次绕组呈同心式结构。对于电力变压器而言，为了便于与铁心绝缘，把低压绕组套装在里面，高压绕组套装在外面。对低压大电流大容量的变压器，由于低压绕组引出线很粗，也可以把它放在外面。高、低压绕组之间留有空隙，可作为油浸式变压器的油道，既利于绕组散热，又作为两绕组之间的绝缘。同心式绕组按其绕制方法的不同，又可分为圆筒式、螺旋式和连续式等多种。同心式绕组的结构简单、制造容易，小型的电源变压器、控制变压器、低压照明变压器等均用这种结构。国产电力变压器基本上也采用这种结构。

(2) 交叠式绕组。交叠式绕组又称饼式绕组。它是将高压绕组、低压绕组分成若干个"线饼"，沿着铁心柱的高度交替排列。为了便于绝缘，一般最上层和最下层安放低压绕组，如图 1.7(b) 所示。

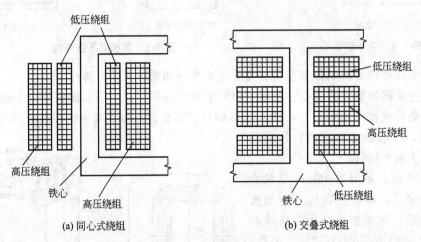

(a) 同心式绕组　　　　　　　　(b) 交叠式绕组

图 1.7　变压器绕组

交叠式绕组的主要优点是漏抗小、机械强度好、引线方便。这种绕组形式主要用在低电压、大电流的变压器上，如容量较大的电炉变压器、电阻电焊机变压器(如点焊、缝焊、对焊电焊机)等。

1.2.2 三相变压器的基本结构

现代的电力系统都采用三相制供电，因而广泛采用三相变压器来实现电压的转换。三相变压器可以由3台同容量的单相变压器组成，按需要将一次绕组及二次绕组分别接成星形或三角形联结。图1.8所示为一、二次绕组均为星形联结的三相变压器组。三相变压器的另一种结构形式是把三个单相变压器合成一个三铁心柱的结构形式，称为三相心式变压器，如图1.9所示。

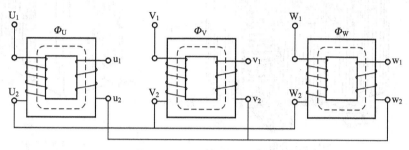

图1.8 三相变压器基本结构

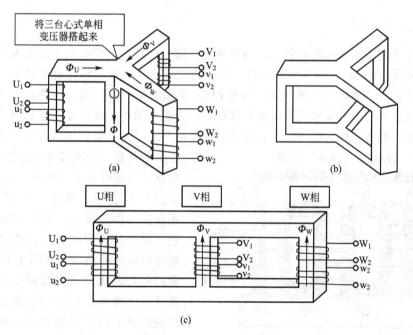

图1.9 三相心式变压器

由于三相绕组接至对称的三相交流电源时，三相绕组中产生的主磁通也是对称的，故有 $\dot{\Phi}_U + \dot{\Phi}_V + \dot{\Phi}_W = 0$，即中间铁心柱的磁通为0。因此中间铁心柱可以省略，成为图1.9(b)的形式，实际上为了简化变压器铁心的剪裁及叠装工艺，均采用将U、V、W这3个铁心柱置于同一个平面上的结构形式，如图1.9(c)所示。

在三相电力变压器中，目前使用最广的是油浸式电力变压器，其外形如图1.10所示。它主要由铁心、绕组、油箱和冷却装置、保护装置等部件组成。

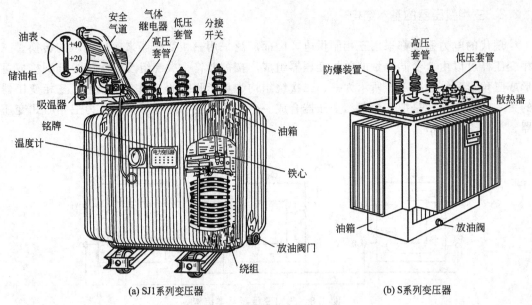

图 1.10 油浸式电力变压器

1. 铁心

铁心是三相变压器的磁路部分。与单相变压器一样，它也是由 0.35mm 厚的硅钢片叠压或卷制而成。20 世纪 70 年代以前生产的电力变压器铁心采用热轧硅钢片，其主要缺点是变压器体积大，损耗大，效率低。20 世纪 80 年代起生产的新型电力变压器铁心均用高导磁率、低损耗的冷轧晶粒取向硅钢片制作，以降低其损耗，提高变压器的效率，这类变压器称为低损耗变压器，以 S7(SL7) 及 S9 为代表产品。我国电力部门规定从 1985 年起，新生产及新上网的必须是低损耗电力变压器。三相电力变压器均采用心式结构，如图 1.11 所示。通常心式结构的铁心采用交叠式叠装工艺，即把剪成条状的硅钢片用两种不同的排列法交错叠放，每层将接缝错开叠放，如图 1.12 所示。交叠式铁心的优点是各层磁路的接缝相互错开，气隙小，故空载电流较小。另外交叠式铁心的夹紧装置简单经济，且可靠性高，因而在国产电力变压器中得到广泛地应用。主要不足之处是铁心及绕组的装配工艺较为复杂。

随着高导磁率、低损耗的冷轧晶粒取代硅钢片在电力变压器中被广泛采用，由于该类硅钢片在顺轧方向有较小的损耗和较高的导磁率，如果仍采用图 1.12 所示的叠装方式，当磁通从垂直轧制的

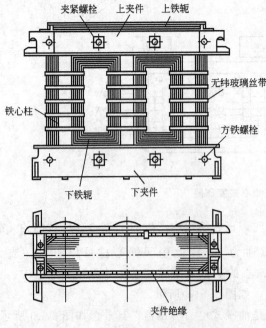

图 1.11 三相铁心柱铁心外心图

方向通过时，则在转角处会引起附加损耗。因此，广泛采用图 1.13 所示的 45°斜切硅钢片进行叠装。

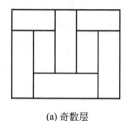 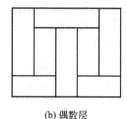

(a) 奇数层　　　　　　　(b) 偶数层

图 1.12　三相交叠式铁心叠片方式

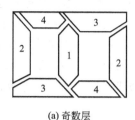 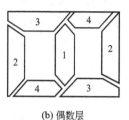

(a) 奇数层　　　　　　　(b) 偶数层

图 1.13　斜切冷轧硅钢片的叠装方式

铁心叠装好以后，必须将铁心柱及铁轭部分固紧成一个整体，老的产品均在硅钢片中间冲孔，再用夹紧螺栓穿过圆孔固紧。夹紧螺栓与硅钢片之间必须有可靠的绝缘，否则，硅钢片会被夹紧螺栓短路，使涡流增加而引起过热，造成硅钢片及绕组烧坏。目前生产的变压器，铁心柱部分已改用环氧无纬玻璃丝带捆扎，如图 1.11 所示。而铁轭部分仍用夹紧螺栓上、下夹紧使整台变压器铁心成为一个坚实的整体。

叠片式铁心的主要缺点是铁心的剪冲及叠装工艺比较复杂。不仅给制造而且给修理带来许多麻烦，同时，由于接缝的存在增加了变压器的空载损耗。随着制造技术的不断成熟，像单相变压器一样，采用卷制铁心结构的三相电力变压器已在 500kV·A 以下容量中被采用，其优点是体积小、损耗低、噪声小、价格低，极有推广前途。

我国已生产出 SH11 系列非晶合金电力变压器。它具有体积小、效益高和节能等优点，极有发展前途。

2. 绕组

绕组是三相电力变压器的电路部分。一般用绝缘纸包的扁铜线或扁铝线绕成。绕组的结构形式与单相变压器一样有同心式和交叠式绕组两种。当前新型的绕组结构为箔式绕组电力变压器时，绕组用铝箔、铜箔氧化和特殊工艺绕成。使变压器整体性能得到很大提高，我国已经开始批量生产。

绕组制作完成后，再将图 1.11 变压器铁心的上夹件拆开，并将上部的铁轭硅钢片拆去，随后将三相高、低压绕组套在 3 个铁心柱上，再重新装好上部铁轭和上夹件，成为如图 1.14 所示的电力变压器器身。

3. 油箱和冷却装置

由于三相变压器主要用于电力系统中

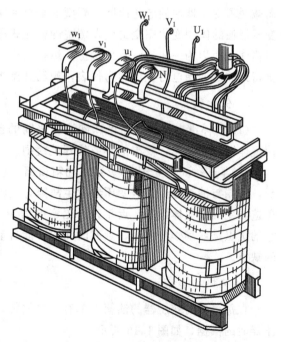

图 1.14　电力变压器器身

进行电能的传输,因此其容量都比较大。电压也比较高,目前国产的高电压、大容量三相电力变压器 OSFPSZ-360000/500 已批量生产(容量为 36 万 kV·A,电压为 500kV,每台变压器重量达到 250t)。为了铁心和绕组的散热和绝缘,均将其置于绝缘的变压器油内,而油则盛放在油箱内,如图 1.10 所示。为了增加散热面积,一般在油箱四周加装散热装置,老型号电力变压器采用在油箱四周加焊扁形散热油管,如图 1.10(a)所示。新型电力变压器以采用片式散热器散热为多,如图 1.10(b)所示。容量大于 10000kV·A 的电力变压器,多采用风吹冷却或强迫油循环冷却装置,如图 1.15 所示。

(a) 三相干式电力变压器

(b) 强迫油循环电力变压器

图 1.15　三相电力变压器

较多的变压器在油箱上部还安装有储油柜,它通过连接管与油箱相通。储油柜内的油面高度随变压器油的热胀冷缩而变动。储油柜使变压器油与空气的接触面积大为减小,从而减缓了变压器油的老化速度。新型的全充油密封式电力变压器则取消了储油柜,运行时变压器油的体积变化完全由设在侧壁的膨胀式散热器(金属波纹油箱)来补偿,变压器端盖与箱体之间焊为一体,设备免维护,运行安全可靠。在我国以 S9-M 系列、S10-M 系列全密封波纹油箱电力变压器为代表,现已开始批量生产。

4. 保护装置

(1) 气体继电器。在油箱和储油柜之间的连接管中装有气体继电器内部绝缘物气化,使气体继电器动作,发出信号或使开关跳闸。

(2) 防爆管(安全气道)。装在油箱顶部。它是一个长的圆形钢筒,上端用酚醛纸板密封,下端与油箱连通。若变压器发生故障,使油箱内压力骤增时,油流冲破酚醛纸板,以免造成变压器箱体爆裂。近年来,国产电力变压器已广泛采用压力释放阀来取代防爆管。它的优点是:动作精度高,延时时间短,能自动开启及自动关闭,克服了停电更换防爆管的缺点。

5. 铭牌

在每台电力变压器的油箱上都有一块铭牌,标志其型号和主要参数,作为正确使用变压器时的依据,如图 1.16 所示。

图 1.16 所示的变压器是配电站用的降压变压器,将 10kV 的高压降为 400V 的低压,

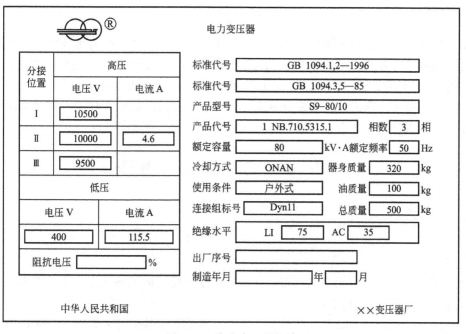

图 1.16 电力变压器铭牌

供三相负载使用。铭牌中的主要参数说明如下。

(1) 型号。

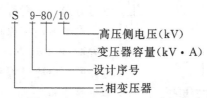

(2) 额定电压 U_{1N} 和 U_{2N}。高压侧(一次绕组)额定电压 U_{1N} 是指加在一次绕组上的正常工作电压值。它是根据变压器的绝缘强度和允许发热等条件规定的。高压侧标出的 3 个电压值，可以根据高压侧供电电压的实际情况，在额定值的±5%范围内加以选择。当供电电压偏高时可调至 10500V；偏低时则调至 9500V；以保证低压侧的额定电压为 400V 左右。

低压侧(二次绕组)额定电压 U_{2N} 是指变压器在空载时，高压侧加上额定电压后，二次绕组两端的电压值。变压器接上负载后，二次绕组的输出电压 U_2 将随负载电流的增加而下降，为保证在额定负载时能输出 380V 的电压，考虑到电压调整率为 5%，因此该变压器空载时二次绕组的额定电压 U_{2N} 为 400V。在三相变压器中，额定电压均指线电压。

(3) 额定电流 I_{1N} 和 I_{2N}。额定电流是指根据变压器容许发热的条件而规定的满载电流值。三相变压器中额定电流是指线电流。

(4) 额定容量 S_N。额定容量是指变压器在额定工作状态下，二次绕组的视在功率，其单位为 kV·A。单相变压器的额定容量为

$$S_N = \frac{U_{2N} I_{2N}}{1000} \text{kV} \cdot \text{A}$$

三相变压器的额定容量为

$$S_N = \frac{\sqrt{3}U_{2N}I_{2N}}{1000} \text{kV} \cdot \text{A}$$

（5）联结组标号。指三相变压器一、二次绕组的连接方式。Y（高压绕组作星形联结）、y（低压绕组作星形联结）；D（高压绕组作三角形联结）、d（低压绕组作三角形联结）；N（高压绕组作星形联结时的中性线）、n（低压绕组作星形联结时的中性线）。

（6）阻抗电压。阻抗电压又称为短路电压。它标志在额定电流时变压器阻抗压降的大小。通常用它与额定电压 U_{1N} 的百分比来表示。

1.3 单相变压器的运行原理

1.3.1 变压器的空载运行

1. 原理图及正方向

变压器一次绕组接额定交流电压，而二次绕组开路，即 $I_2=0$ 的工作方式称为变压器的空载运行，如图 1.17 所示。

由于变压器在交流电源上工作，因此通过变压器中的电压、电流、磁通及电动势的大小及方向均随时间在不断地变化。为了正确地表示它们之间的相位关系，必须首先规定它们的参考方向，或者称为正方向。

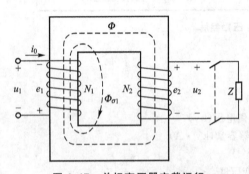

图 1.17 单相变压器空载运行

参考方向在原则上可以任意规定，但是参考方向的规定方法不同，由楞次定律可以知道，同一电磁过程所列出的方程式，其正、负号也将不同。为了统一起见，习惯上都按照"电工惯例"来规定参考方向。

（1）在同一支路中，电压的参考方向与电流的参考方向一致。

（2）磁通的参考方向与电流的参考方向之间符合右手螺旋定则。

（3）由交变磁通 Φ 产生的感应电动势 e，其参考方向与产生该磁通的电流参考方向一致（即感应电动势 e 与产生它的磁通 Φ 之间符合右手螺旋定则时为正方向）。图 1.1 和图 1.17 中各电压、电流、磁通、感应电动势的参考方向，即按此惯例标出。

下面分析变压器空载运行时，各物理量之间的关系。

2. 理想变压器

空载时，在外加交流电压 u_1 作用下，一次绕组中通过的电流称为空载电流 i_0，在电流 i_0 的作用下，铁心中产生交变磁通。磁通按性质可分为两部分。一部分通过整个铁心磁路闭合，即与一次、二次绕组共同交链的磁通，称为主磁通 Φ，它是总磁通的主要部分，是变压器一次、二次绕组进行能量传递的媒介。另一部是只与一次绕组交链，通过空气等非磁性物质构成的一次侧漏磁通 $\Phi_{\sigma 1}$，由于该磁路磁阻很大，故 $\Phi_{\sigma 1}$ 仅占总磁通的很小一部分。为了分析问题方便、简单起见，先假定不计漏磁通 $\Phi_{\sigma 1}$，也不计一次绕组的电阻 r_1 及铁心的损耗。这种变压器称为理想变压器。当主磁通 Φ 同时穿过一次及二次绕组时，分别在其中产生感应电动势 e_1 和 e_2，其值正比于 $\dfrac{\mathrm{d}\Phi}{\mathrm{d}t}$。

设 $\Phi = \Phi_\mathrm{m}\sin\omega t$，则

$$e = -N\dfrac{\mathrm{d}\Phi}{\mathrm{d}t} = -N\dfrac{\mathrm{d}}{\mathrm{d}t}(\Phi_\mathrm{m}\sin\omega t) = -\omega N\Phi_\mathrm{m}\cos\omega t$$

$$= 2\pi f N\Phi_\mathrm{m}\sin(\omega t - 90°) = E_\mathrm{m}\sin(\omega t - 90°)$$

可见在相位上，e 滞后于 Φ 90°，在数值上，其有效值为

$$E = \dfrac{E_\mathrm{m}}{\sqrt{2}} = \dfrac{2\pi n f\Phi_\mathrm{m}}{\sqrt{2}} = 4.44 N f\Phi_\mathrm{m}$$

由此可得

$$E_1 = 4.44 N_1 f\Phi_\mathrm{m} \quad (\mathrm{V}) \tag{1-1}$$

$$E_2 = 4.44 N_2 f\Phi_\mathrm{m} \quad (\mathrm{V}) \tag{1-2}$$

式中：Φ_m——交变磁通的最大值，Wb；

N_1——一次绕组匝数；

N_2——二次绕组匝数；

f——交流电的频率，Hz。

由式(1-1)和式(1-2)可得

$$\dfrac{E_1}{E_2} = \dfrac{N_1}{N_2}$$

由于空载电流 i_0 很小，在一次绕组中产生的电压降可以忽略不计，则外加电源电压 u_1 与一次绕组中的感应电动势 E_1 可近似看作相等，即

$$U_1 \approx E_1$$

而 U_1 与 E_1 的参考方向正好相反，即电动势 E_1 与外加电压 U_1 相平衡。在空载情况下，由于二次绕组开路，故端电压 U_2 与电动势 E_2 相等，即

$$U_2 = E_2$$

因此

$$U_1 \approx E_1 = 4.44 f N_1 \Phi_\mathrm{m} \tag{1-3}$$

$$U_2 = E_2 = 4.44 f N_2 \Phi_\mathrm{m} \tag{1-4}$$

则

$$\dfrac{U_1}{U_2} \approx \dfrac{E_1}{E_2} = \dfrac{N_1}{N_2} = K \tag{1-5}$$

其中 K 为变压器的变比，这是变压器中最重要的参数之一。

特别提示

三相变压器的变比为相电压之比。

由式(1-5)可见：变压器一次、二次绕组的电压与一次、二次绕组的匝数成正比，即变压器有变换电压的作用。

由式(1-3)可见：对某台变压器而言，f 及 N_1 均为常数，因此当加在变压器上的交流电压 U_1 恒定时，则变压器铁心中的磁通 Φ_m 基本上保持不变。这个恒磁通的概念很重要，

在以后的分析中经常会用到。

理想变压器空载运行时 u_1、e_1、Φ 三者的波形如图 1.18 所示。

由于不计变压器中的损耗,此时空载电流 $\dot{I}_0$ 只用来产生磁通 $\dot{\Phi}$,一次绕组电路为纯电感电路,空载电流 $\dot{I}_0$ 的相位滞后于电压 $\dot{U}_1$ 90°,空载电流 $\dot{I}_0$ 很小。一般只为额定电流的 2%~10%。又由于感应电动势 $\dot{E}_1$ 的相位滞后于电压 $\dot{U}_1$ 180°,故 $\dot{E}_1$ 的相位滞后于电流 $\dot{I}_0$ 90°。另外由前向分析知道 $\dot{E}_1$ 的相位也滞后于 $\dot{\Phi}_m$ 90°,故 $\dot{I}_0$ 与 $\dot{\Phi}_m$ 同相位,由此可以作出理想变压器(不计损耗的变压器)空载运行时的相量图,如图 1.19 所示。

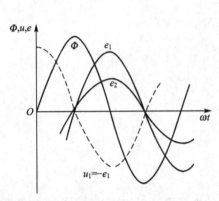

图 1.18　主磁通及其感应电动势波形

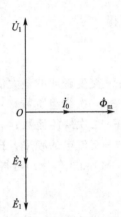

图 1.19　理想变压器空载运行相量图

例 1-1　如图 1.17 所示,低压照明变压器一次绕组匝数 N_1=770 匝,一次绕组电压 U_1=220V,现二次绕组输出电压 U_2=36V,求二次绕组匝数 N_2 及变比 K。

解：由式(1-5)可得

$$N_2 = \frac{U_1}{U_2} N_1 = \frac{36}{220} \times 770 \text{ 匝} = 126 \text{(匝)}$$

$$K = \frac{U_1}{U_2} = \frac{220}{36} = 6.1$$

通常把 $K>1$,即 $U_1>U_2$,$N_1>N_2$ 的变压器称为降压变压器；$K<1$ 的变压器称为升压变压器。

3. 实际变压器

实际的变压器空载运行时,由空载电流励磁的磁通分为两部分：一部分通过铁心同时与一次、二次绕组交链,称为主磁通,其幅值用 Φ_m 表示,它在一次、二次绕组中产生的感应电动势 E_1、E_2 分别由式(1-1)及(1-2)确定；另一部分通过一次绕组周围的空间形成闭路,只与一次绕组交链,称为漏磁通,用 $\Phi_{\sigma 1}$ 表示,如图 1.17 所示。它在一次绕组中产生的感应电动势称为漏抗电动势,用 $E_{\sigma 1}$ 表示,则漏抗电动势向量为

$$\dot{E}_{\sigma 1} = -j x_{\sigma 1} \dot{I}_0 \tag{1-6}$$

由于漏磁通经过铁心及空气形成闭合回路,磁路不会饱和,使得漏磁通保持与 I_0 成正比,所以 $x_{\sigma 1}$ 是一个常数。漏磁通只占主磁通的千分之几,因此相应的漏抗和漏抗电动势是很小的。

理想变压器空载运行时，一次绕组对于电源来说近似于一个纯电感负载，所以它的空载电流$\dot{I}_0$的相位比电压$\dot{U}_1$滞后90°，是无功电流，它用来产生主磁通$\dot{\Phi}_m$。而实际变压器空载运行时，空载电流除产生主磁通和漏磁通外，还具有有功分量，以供绕组电阻和铁心中的损耗。这时的空载电流$\dot{I}_0$的相位比电压$\dot{U}_1$滞后不到90°。空载电流中的无功分量用$\dot{I}_d$表示，另一部分有功分量用$\dot{I}_q$表示，它们与空载电流$\dot{I}_0$的相位超前磁通的角度δ（铁损耗角）有关，可按下式求得

$$\begin{cases} I_q = I_0 \sin\delta \\ I_d = I_0 \cos\delta \end{cases}$$

δ角通常是很小的，所以$\dot{I}_0$的相位滞后电压$\dot{U}_1$的角度仍接近90°。

实际变压器的一次绕组有很小的电阻r_1，空载电流流过它要产生电压降$r_1 \dot{I}_0$。它和感应电动势$\dot{E}_1$、漏抗电动势$\dot{E}_{\sigma1}$一起为电源电压$\dot{U}_1$所平衡。故可得电动势平衡方程式为

$$\begin{aligned} \dot{U}_1 &= -\dot{E}_1 - \dot{E}_{\sigma1} + r_1 \dot{I}_0 \\ &= -\dot{E}_1 - j x_{\sigma1} \dot{I}_0 + r_1 \dot{I}_0 \\ &= -\dot{E}_1 + Z_{\sigma1} \dot{I}_0 \end{aligned} \tag{1-7}$$

其中，$Z_{\sigma1} = r_1 + j x_{\sigma1}$是变压器一次绕组的漏阻抗。由于$r_1$、$x_{\sigma1}$均很小，$Z_{\sigma1}$也是非常小的，它的很小空载电流在漏阻抗上产生的压降当然也是很小的。所以实际变压器在空载运行时仍然为

$$\begin{cases} U_1 \approx E_1 \\ U_2 = E_2 \end{cases}$$

要画出实际变压器空载运行时的相量图，可在图1.19的基础上，把$\dot{I}_0$反时针转过δ角，并按式(1-7)作出$\dot{I}_q$和$\dot{I}_d$；再在$-\dot{E}_1$的末端作$r_1 \dot{I}_0$，它与$\dot{I}_0$同相位；在$r_1 \dot{I}_0$末端作出$j x_{\sigma1} \dot{I}_0$，它超前$\dot{I}_0$90°。最后按式(1-8)作出$\dot{U}_1$，即为实际变压器空载运行时的相量图，如图1.20所示。在图中，为了表示明显，δ、r_1、$\dot{I}_0$等均被扩大了。

下面介绍实际变压器空载运行时的等效电路，如图1.21所示。由于在变压器中存在电与磁两者的相互关系问题，给变压器的分析计算带来很多麻烦。如果能将电与磁的关系用纯电路的形式"等效"地表现出来，就可简化变压器的分析计算，这就是引出等效电路的目的。由式(1-6)可见，由漏磁通产生的漏抗电动势$E_{\sigma1}$可以表达成空载电流I_0在漏抗$x_{\sigma1}$上的电压降。同样，由主磁通产生的感应电动势E_1也可类似地引入一个参数来处理，但由于主磁通在铁心中还有铁损耗，因此不能简单地引入一个电抗，而应引入一个阻抗Z_m把E_1和I_0联系起来，这时E_1的作用可看作是空载电流I_0流过Z_m时所产生的电压降，即

$$-\dot{E}_1 = Z_m \dot{I}_0 = (r_m + j X_m) \dot{I}_0 \tag{1-8}$$

式中：Z_m——变压器的励磁阻抗，$Z_m = r_m + j X_m$，Ω；

r_m——励磁电阻，对应于铁心损耗的等效电阻，Ω；

X_m——励磁电抗，表示主磁通的作用，Ω。

将式(1-8)代入式(1-7)后可得

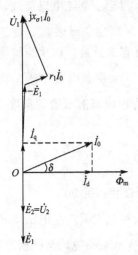
图 1.20 变压器空载运行时的相量图

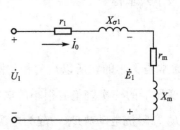
图 1.21 变压器空载时的等效电路

$$\dot{U}_1 = -\dot{E}_1 + Z_{\sigma 1}\dot{I}_0 = Z_m\dot{I}_0 + Z_{\sigma 1}\dot{I}_0$$
$$= (Z_m + Z_{\sigma 1})\dot{I}_0$$

1.3.2 变压器的负载运行

1. 磁通势平衡方程式

当变压器二次绕组接上负载后,在 E_2 的作用下,二次绕组流过负载电流 I_2,并产生去磁磁通势 N_2I_2。为保持铁心中的磁通 Φ 基本不变,一次绕组中的电流由 I_0 增加为 I_1,磁通势变为 N_1I_1,以抵消二次绕组电流产生的磁通势的影响,由此可得磁通势平衡方程式为

$$N_1\dot{I}_1 + N_2\dot{I}_2 = N_1\dot{I}_0 \qquad (1-9)$$

将式(1-9)变化后可得

$$\dot{I}_1 = \dot{I}_0 + \left(-\frac{N_2}{N_1}\dot{I}_2\right) = \dot{I}_0 + \left(-\frac{\dot{I}_2}{K}\right) = \dot{I}_0 + \dot{I}_1' \qquad (1-10)$$

式(1-10)表明,负载时一次侧的电流 $\dot{I}_1$ 由两个分量组成:一个是励磁电流 $\dot{I}_0$,用来建立主磁通 Φ,另一个是供给负载的负载电流分量 $\dot{I}_1'$,用以抵消二次绕组磁通势的去磁作用,保持主磁通不变。

上式还表明变压器在负载运行时,可通过磁通势的平衡关系,将一次、二次绕组中的电流联系起来。二次绕组输出功率增加,则二次绕组中的电流增加,导致一次绕组中的电流及输入功率也随之增加。

通常变压器空载电流 I_0 很小,因此由式(1-10)可得

$$\dot{I}_1 \approx -\frac{N_2}{N_1}\dot{I}_2$$

上式表明,$\dot{I}_1$ 与 $\dot{I}_2$ 在相位上相差约 180°,其大小为

$$\frac{I_1}{I_2} \approx \frac{N_2}{N_1} \qquad (1-11)$$

式(1-11)表明，变压器一次、二次绕组中的电流与一次、二次绕组匝数成反比，即变压器也有变换电流的作用。综合式(1-5)与式(1-11)可得

$$\frac{U_1}{U_2} \approx \frac{I_2}{I_1} \approx \frac{N_1}{N_2} = K \tag{1-12}$$

式(1-12)是变压器的最基本公式，可见变压器的高压绕组匝数多，而通过的电流小。因此绕组所用的导线细；反之低压绕组匝数少，通过的电流大，所用的导线较粗。

2. 电动势平衡方程式

变压器负载运行时一次绕组的电动势平衡方程式为

$$\dot{U}_1 = -\dot{E}_1 + jx_{\sigma 1}\dot{I}_1 + r_1\dot{I}_1 = -\dot{E}_1 + Z_{\sigma 1}\dot{I}_1 \tag{1-13}$$

与一次绕组相仿，由于二次绕组也有磁通 $\Phi_{\sigma 2}$ 存在，同时在二次绕组内也存在有漏磁通 $\Phi_{\sigma 2}$，如图 1.22 所示。$\Phi_{\sigma 2}$ 将产生漏抗电动势 $E_{\sigma 2} = -jx_{\sigma 2}I_2$，因此二次绕组的电动势平衡方程式为

$$\begin{aligned}\dot{U}_2 &= \dot{E}_2 + \dot{E}_{\sigma 2} - r_2\dot{I}_2 \\ &= \dot{E}_2 - (r_2 + jx_{\sigma 2})\dot{I}_2 \\ &= \dot{E}_2 - Z_{\sigma 2}\dot{I}_2 = Z\dot{I}_2 = (r+jX)\dot{I}_2\end{aligned} \tag{1-14}$$

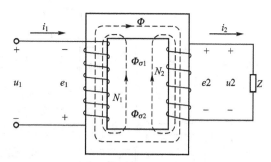

图 1.22 单相变压器负载运行

式中：$Z_{\sigma 2}$——二次绕组漏阻抗，Ω；

Z——二次绕组的负载阻抗，Ω；

r——二次绕组的负载电阻，Ω；

X——二次绕组的负载电抗，Ω。

3. 变压器的折算

由于变压器一、二次绕组匝数不相等，在分析计算时很不方便。变压器的折算就是把一、二次绕组的匝数变换成相同匝数。折算时可以把一次绕组匝数变换成二次绕组匝数，也可以把二次绕组匝数变换成一次绕组匝数，而不改变其电磁关系。通常是将二次绕组折算到一次绕组，由于折算前后二次绕组匝数不同；因此折算前后的二次绕组的各物理量数值与折算前不同，折算后量用原来的符号加"′"表示。即取 $N_2' = N_1$，则 E_2 变成 E_2'，使 $E_2' = E_1$。

1) 二次侧电动势和电压的折算

由于二次侧绕组折算后，$N_2' = N_1$，根据电动势大小与匝数成正比，则有

$$\frac{E_2'}{E_2} = \frac{N_2'}{N_2} = \frac{N_1}{N_2} = K$$

即

$$\begin{aligned}E_2' &= KE_2 = E_1 \\ U_2' &= KU_2\end{aligned} \tag{1-15}$$

2) 二次电流的折算

为保持二次绕组磁动势在折算前后不变，即 $I_2'N_2' = I_2N_2$，则

$$I_1' = \frac{N_2}{N_2'}I_2 = \frac{N_2}{N_1}I_2 = \frac{1}{K}I_2 \tag{1-16}$$

3）二次阻抗的折算

根据折算前后消耗在二次绕组电阻及漏电抗上的有功、无功功率不变的原则，则有负载阻抗 Z 的折算值为

$$Z' = \frac{U_2'}{I_2'} = \frac{KU_2}{\frac{I_2}{K}} = K^2\frac{U_2}{I_2} = K^2 Z$$

也可表示为

$$Z = \frac{U_2}{I_2} = \frac{\frac{N_2}{N_1}U_1}{\frac{N_1}{N_2}I_1} = \left(\frac{N_2}{N_1}\right)^2\frac{U_1}{I_1} = \frac{1}{K^2}Z' \tag{1-17}$$

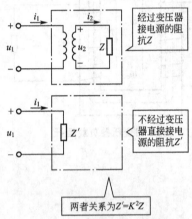

图 1.23 变压器的阻抗变换

其中 $Z' = \dfrac{U_1}{I_1}$，相当于直接接在一次绕组上的等效阻抗，如图 1.23 所示。可见接在变压器二次绕组上的负载 Z 与不经过变压器直接接在电源上的等效负载 Z' 相比，减小了 K^2 倍。换句话说也就是负载阻抗通过变压器接电源时，相当于把阻抗增加了 K^2 倍。因此，变压器不但具有电压变换和电流变换的作用，还具有阻抗变换的作用。

综上所述，如果将二次绕组折算到一次绕组，则折算值与原值的关系为：凡是电动势、电压都乘以变比 K；凡是电流都除以变比 K；凡是电阻、电抗、阻抗都乘以变比 K 的平方；凡是磁动势、功率、损耗等值不变。

在电子电路中，为了获得较大的功率输出往往对输出电路的输出阻抗与所接的负载阻抗之间有一定的要求。例如，对音响设备来讲，为了能在扬声器中获得最好的音响效果（获得最大的功率输出），要求音响设备输出的阻抗与扬声器的阻抗尽量相等。但在实际上扬声器的阻抗往往只有几欧到几十欧，而音响设备等信号的输出阻抗却很大，在几百欧甚至几千欧以上。因此通常在两者之间加接变压器（称为输出变压器、线间变压器），以达到阻抗匹配的目的。

例 1-2 25W 扩音机输出电路的输出阻抗为 $Z' = 500\Omega$，接入的扬声器阻抗为 $Z = 80\Omega$ 加接线间变压器使两者实现阻抗匹配，求该变压器的变比 K。若该变压器一次绕组匝数 $N_1 = 560$ 匝，问二次绕组匝数 N_2 为多少？

解： 由式（1-17）得

$$K = \sqrt{\frac{Z'}{Z}} = \sqrt{\frac{500}{8}} = 7.9$$

$$N_2 = \frac{N_1}{K} = \frac{560}{7.9}（匝）= 71（匝）$$

4）变压器的等值电路

根据折算的变压器，其基本方程式变为

$$\dot{U}_1 = -\dot{E}_1 + \mathrm{j}x_{\sigma1}\dot{I}_1 + r_1\dot{I}_1$$

$$\dot{U}_2' = \dot{E}_2' - (r_2' + \mathrm{j}x_{\sigma2}')\dot{I}_2'$$

$$\dot{E}_1 = \dot{E}_2' = -\dot{I}_0 Z_\mathrm{m} \tag{1-18}$$

由此可以画出变压器的等值电路,其中变压器一、二次绕组之间的磁耦合作用,由主磁通在绕组中产生的感应电动势 $\dot{E}_1$、$\dot{E}_2$ 反映出来。经过绕组折算后,$\dot{E}_1 = \dot{E}_2'$,构成了相应主磁场励磁部分的等值电路。根据式(1-18),可将一次、二次绕组的等值电路和励磁支路连在一起,构成变压器的"T"形等值电路,如图 1.24 所示。

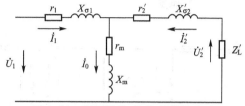

图 1.24 变压器的"T"形等值电路

考虑到一般变压器中,$Z_\mathrm{m} \gg Z_{\sigma1}$,因而 $\dot{I}_0 Z_1$ 都很小,可以忽略不计;同时负载变化时 $\dot{E}_1 = \dot{E}_2'$ 的变化也很小,因此可以认为 $\dot{I}_0$ 不随负载变化;在实际应用的变压器中,由于 $I_\mathrm{N1} \gg I_0$ 可以进一步把励磁电流 I_0 忽略不计,即将励磁支路去掉,这样就得到一个非常简单、便于计算的阻抗串联电路,这个电路称为简化等效电路,如图 1.25 所示。此时变压器表现为一串联阻抗 Z_k,即

$$Z_\mathrm{k} = Z_{\sigma1} + Z_\sigma' = r_\mathrm{k} + \mathrm{j}X_\mathrm{k}$$

式中:Z_k——变压器的短路阻抗;

r_k——变压器的短路电阻,$r_\mathrm{k} = r_1 + r_2'$;

X_k——变压器的短路电抗,$X_\mathrm{k} = X_{\sigma1} + X_{\sigma2}'$。

根据简化等效电路可得如下方程。

$$\dot{I}_1 = -\dot{I}_2'$$

$$\dot{U}_1 = \dot{I}_1(r_\mathrm{k} + \mathrm{j}X_\mathrm{k}) - \dot{U}_2' = \dot{I}_1 Z_\mathrm{k} - \dot{U}_2'$$

绘制相量图如图 1.26 所示。简化相量图中的三角形 abc 一般称为漏阻抗三角形。对一个已经确定的变压器来说,此三角形的形状是不变的,其大小与负载大小成正比。额定负载时的漏阻抗三角形称为短路三角形。

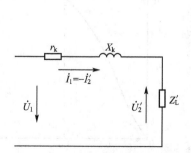

图 1.25 变压器的简化等效电路

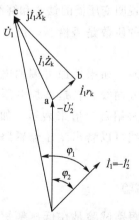

图 1.26 变压器负载运行时的简化相量图

1.4 变压器的空载试验和短路试验

变压器等效电路中的电路参数,可以分别用短路试验和空载试验来测定。

1.4.1 空载试验

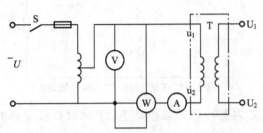

图 1.27 变压器的空载试验电路

变压器空载试验的目的是测定变压器在空载运行时的变压比 K、空载电流 I_0、空载损耗功率 P_0 和励磁阻抗等 Z_m。试验线路如图 1.27 所示。

由于变压器空载运行时的空载电流很小,功率因数很低,所用的功率表应为低功率因数功率表;并将电压表接在功率表前面,以减少误差。空载试验在高压侧或低压侧进行都可以,但考虑到空载试验要加额定电压,为了安全起见,通常在低压侧进行,而将高压侧开路。试验时,调节自耦调压器手柄,使加在低压侧的电压为额定电压 U_{2N}。这时,由功率表测得的读数就是空载损耗 P_0,由电压表读得 U_{2N} 和电流表读得空载电流 $\dot{I}_0'$,通过电压互感器和电压表测量高压侧电压 U_{1N}。根据这些读数可计算出变压器的空载参数如下:

(1) 变比 K。$K = \dfrac{U_{1N}}{U_{2N}}$。

(2) 空载电流 I_0。$I_0 = \dfrac{\dot{I}_0'}{K}$(折算到高压侧)。

(3) 空载损耗 P_0。即变压器的铁损耗。

(4) 励磁阻抗 Z_m。$Z_m = K^2 Z_m' = K^2 \dfrac{U_{2N}}{I_0'}$(折算到高压侧)。

需要说明的是空载损耗 P_0 应该是变压器铁损耗和铜损耗之和,但由于空载电流 I_0 很小,约为 $(0.02 \sim 0.1)I_N$,故铜损耗可以忽略不计。因此可近似认为 P_0 即是变压器的铁损耗,P_0 越小,说明变压器的铁心和绕组的质量就越好。因而可以通过空载试验来检查铁心的质量和绕组的匝数是否恰当,以及是否有匝间短路等。

空载试验时,如果外加可调的电压,可以作出变压器空载特性曲线。它是外加电压与空载电流的关系曲线,通常用百分值来表示,如图 1.28 所示。从空载特性曲线可以看出变压器磁路的饱和程度是否恰当。

1.4.2 短路试验

变压器的短路试验是在低压侧短路的条件下进行的。高压侧加上很低的电压,使得高压侧的电流

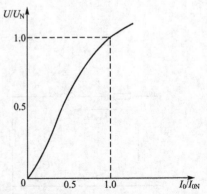

图 1.28 空载变压器的特性

等于额定值。试验线路如图 1.29 所示。

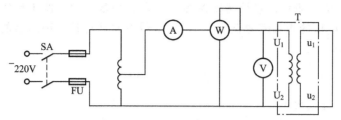

图 1.29 变压器的短路试验线路

短路试验的目的是测定变压器的铜损耗 P_{Cu} 和短路电压 U_k、短路阻抗 Z_k。

短路试验时,高压侧加上的电压应从零缓慢上升到高压绕组电流达到额定值时为止。这时功率表的读数就是短路试验所消耗的功率,称为短路功率,用 P_k 表示。而电流表的读数 I_k 和电压表的读数 U_k 则用来确定短路阻抗 Z_k,即

$$Z_k = \frac{U_k}{I_k} = \frac{U_k}{I_{1N}}$$

在短路试验中,低压侧并不输出功率,却流过额定电流 I_{2N},它在二次绕组电阻 r_2 上的铜损耗为 $r_2 I_{2N}^2$;而一次绕组流过额定电流 I_{1N},它在一次绕组电阻 r_1 上的铜损耗为 $r_1 I_{1N}^2$。由于所加的电压很低,磁通很少,这时的铁损可以忽略不计,而近似地认为短路功率就等于一次、二次绕组的铜损耗,即

$$P_k \approx r_1 I_{1N}^2 + r_2 I_{2N}^2$$

考虑到电流 I_{1N} 和 I_{2N} 之间的正比关系 $I_{1N} = I_{2N}/K$,即

$$P_k = r_1 I_{1N}^2 + K^2 r_2 I_{1N}^2$$
$$= (r_1 + K^2 r_2) I_{1N}^2$$
$$= r_k I_{1N}^2$$

式中:r_k 为变压器的短路电阻,可由短路试验的数据求得。

$$r_k = \frac{P_k}{I_{1N}^2} = r_1 + K^2 r_2$$

短路电阻的数值随温度变化而变化,而试验时的温度与变压器实际运行时的温度往往不同,按国家标准规定,试验所得的电阻值必须换算成规定工作温度时的数值。对于油浸式电力变压器而言,规定的工作温度为 75℃,于是

$$r_k(75℃) = \frac{234.5 + 75}{234.5 + \theta} r_k \tag{1-19}$$

式中:θ——实验时的室温。

然后,由下式求得短路电抗,即

$$X_k = \sqrt{Z_k^2 - r_k^2(75℃)} \tag{1-20}$$

特别提示

切不可在一次绕组加上额定电压的情况下,把二次绕组短路;因为这样会使变压器一次、二次绕组上的电流都很大,变压器将立即损坏。

在短路试验中，使得一次绕组电流等于额定值时的电压，称为短路电压，又称为变压器的阻抗电压，用 U_k 表示，它是变压器的一个重要参数。为了便于比较，常把它表示为对一次绕组额定电压的相对值的百分数（在变压器中通常将某一物理量的值与其额定值的比值称为标幺值），即

$$U_k^* = \frac{U_k}{U_{1N}} \times 100\% \tag{1-21}$$

将式(1-21)变换可得

$$U_k^* = \frac{U_k}{U_{1N}} \times 100\% = \frac{I_k Z_k}{U_{1N}} \times 100\% = \frac{Z_k}{Z_N} \times 100\% = Z_k^*$$

可见短路电压的大小直接反映了短路阻抗的大小，而短路阻抗又直接影响到变压器的运行性能。从正常运行角度看，希望它小些，从而使变压器输出电压随负载的变动小些。而从短路故障的角度看，又希望它大些，可使相应的短路电流小些。一般中、小型变压器 $U_k^* = 4\% \sim 10.5\%$，大型变压器 $U_k^* = 12.5\% \sim 17.5\%$。

1.5 变压器的运行特性

要正确、合理地使用变压器，必须了解变压器在运行时的主要特性及性能指标。变压器在运行时的主要特性有外特性与效率特性，而表征变压器运行性能的主要指标则有电压变化率和效率。下面分别加以讨论。

1.5.1 变压器的外特性及电压变化率

变压器空载运行时，若一次绕组电压 U_1 不变，则二次绕组电压 U_2 也是不变的。变压器加上负载之后，随着负载电流 I_2 的增加，I_2 在二次绕组内部的阻抗压降也会增加，使二次绕组输出的电压 U_2 随之发生变化。另一方面，由于一次绕组电流 I_1 随 I_2 增加，因此 I_2 增加时，使一次绕组漏阻抗上的压降也增加，一次绕组电动势 E_1 和二次绕组电动势 E_2 也会有所下降，这也会影响二次绕组的输出电压 U_2。变压器的外特性是用来描述输出电压 U_2 随负载电流 I_2 的变化而变化的情况。

当一次绕组电压 U_1 和负载的功率因数 $\cos\varphi_2$ 一定时，二次绕组电压 U_2 与负载电流 I_2 的关系，称为变压器的外特性。它可以通过实验求得。功率因数不同时的几条外特性曲线如图 1.30 所示，可以看出，当 $\cos\varphi_2 = 1$ 时，U_2 随 I_2 的增加而下降得并不多；当 $\cos\varphi_2$ 降低时，即在感性负载时，U_2 随 I_2 增加而下降的程度加大，这是因为滞后的无功电流对变压器磁路中的主磁通的去磁作用更为显著，而使 E_1 和 E_2 有所下降的缘故；但当 φ_2 为负值时，即在容性负载时，超前的无功电流有助磁作用，主磁通会有所增加，E_1 和 E_2 也相应加大，使得 U_2 会随 I_2 的增加而提高。以上叙述表明，负载的功率因数对变压器外特性的影响是很大的。

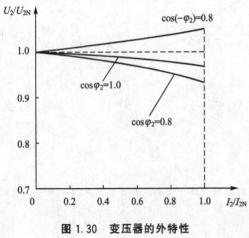

图 1.30 变压器的外特性

在图 1.30 中，纵坐标用 U_2/U_{2N} 之值表示；而横坐标用 I_2/I_{2N} 之值表示，使得在坐标轴上的数值都在 0～1 之间，或稍大于 1；这样做是为了便于不同容量和不同电压的变压器相互比较。

一般情况下，变压器的负载大多数是感性负载，因而当负载增加时，输出电压 U_2 总是下降的，其下降的程度常用电压变化率来描述。当变压器从空载到额定负载（$I_2=I_{2N}$）运行时，二次绕组输出电压的变化值 ΔU 与空载电压（额定电压）U_{2N} 之比的百分值就称为变压器的电压变化率，用 $\Delta U\%$ 来表示。

$$\Delta U\% = \frac{U_{2N}-U_1}{U_{2N}} \times 100\% \qquad (1-22)$$

式中：U_{2N}——变压器空载时二次绕组的电压（称为额定电压）；

U_2——二次绕组输出额定电流时的电压。

电压变化率反映了供电电压的稳定性，是变压器的一个重要性能指标。$\Delta U\%$ 越小，说明变压器二次绕组输出的电压越稳定，因此要求变压器的 $\Delta U\%$ 越小越好；常用的电力变压器从空载到满载，电压变化率约为 3%～5%。

例 1-3 某台供电电力变压器将 $U_{1N}=10000\text{V}$ 的高压降压后对负载供电，要求该变压器在额定负载下的输出电压为 $U_2=380\text{V}$，该变压器的电压变化率 $\Delta U=5\%$，求该变压器二次绕组的额定电压 U_{2N} 及变比 K。

解： 由式(1-22)得

$$\Delta U = \frac{U_{2N}-380}{U_{2N}} \times 100\% = 5\%$$

则
$$U_{2N}=400(\text{V})$$

$$K=\frac{U_{1N}}{U_{2N}}=\frac{10000}{400}=25$$

这样，就能理解在电力变压器铭牌中为什么给额定线电压为 380V 的负载供电时，变压器二次绕组的额定电压不是 380V，而是 400V。

1.5.2 变压器的损耗及效率

变压器从电源输入的有功功率 P_1 和向负载输出的有功功率 P_2 可分别用下式计算。

$$P_1=U_1I_1\cos\varphi_1 \qquad (1-23)$$
$$P_2=U_2I_2\cos\varphi_2 \qquad (1-24)$$

两者之差为变压器的损耗 ΔP，它包括铜损耗 P_{Cu} 和铁损耗 P_{Fe} 两部分，即

$$\Delta P=P_{Cu}+P_{Fe} \qquad (1-25)$$

1. 铁损耗 P_{Fe}

变压器的铁损耗包括基本铁损耗和附加铁损耗两大部分。基本铁损耗包括铁心中的磁滞损耗和涡流损耗。它决定于铁心中的磁通密度的大小、磁通交变的频率和硅钢片的质量等。附加损耗则包括铁心叠片间因绝缘损伤而产生的局部涡流损耗、主磁通在变压器铁心以外的结构部件中引起的涡流损耗等，附加损耗约为基本损耗的 15%～20%。

变压器的铁损耗与一次绕组上所加的电源电压大小有关，而与负载电流的大小无关。当电源电压一定时，铁心中的磁通基本不变，故铁损耗也就基本不变，因此铁损耗又称"不变损耗"。

2. 铜损耗 P_{Cu}

变压器的铜损耗分为基本铜损耗和附加铜损耗两大部分。基本铜损耗是由电流在一次、二次绕组电阻上产生的损耗，而附加铜损耗是指由漏磁通产生的集肤效应使电流在导体内分布不均匀而产生的额外损耗。附加铜损耗约占基本铜损耗的 3%～20%。在变压器中铜损耗与负载电流的平方成正比，因此铜损耗又称为"可变损耗"。

3. 效率 η

变压器的输出功率 P_2 与输入功率 P_1 之比称为变压器的效率 η，即

$$\eta = \frac{P_2}{P_1} \times 100\% = \frac{P_2}{P_2 + \Delta P} \times 100\% = \frac{P_2}{P_2 + P_{Cu} + P_{Fe}} \times 100\% \qquad (1-26)$$

变压器由于没有旋转的部件，不像电机那样有机械损耗存在，因此变压器的效率一般都比较高，中、小型电力变压器效率在 95% 以上，大型电力变压器效率可达 99% 以上。

例 1-4 S9-500/100 低损耗三相电力变压器额定容量 500KV·A，设功率因数为 1，二次电压 $U_{2N} = 400V$，铁损耗 $P_{Fe} = 0.98kW$，额定负载时铜损耗 $P_{Cu} = 4.1kW$，求二次额定电流 I_{2N} 及变压器效率 η。

解：

$$I_{2N} = \frac{S_N}{\sqrt{3} U_{2N}} = \frac{500 \times 1000}{\sqrt{3} \times 400} = 722(A)$$

$$P_2 = S_N \cos\varphi = 500(kW)$$

$$\eta = \frac{P_2}{P_1} \times 100\% = \frac{P_2}{P_2 + P_{Fe} + P_{Cu}} \times 100\% = \frac{500}{500 + 0.98 + 4.1} \times 100\% = 99\%$$

降低变压器本身的损耗，提高其效率是供电系统中一个极为重要的课题，世界各国都在大力研究高效节能变压器，其主要途径有两种。一是采用低损耗的冷轧硅钢片来制作铁心。例如容量相同的两台电力变压器，用热轧硅钢片制作铁心的SJ1-1000/10 变压器铁损耗约为 4440W。用冷轧硅钢片制作铁心的 S7-1000/10 变压器铁损耗仅为 1700W。后者比前者每小时可减少 2.7kW·h 的损耗，仅此一项每年可节电 23652kW·h。由此可见，为什么我国要强制推行使用低损耗变压器。二是减小铜损耗。如果能用超导材料来制作变压器绕组，则可使其电阻为 0，铜损耗也就不存在了。世界上许多国家正在致力于该项研究，目前已有 330kV·A 单相超导变压器问世，其体积比普通变压器要小 70% 左右，损耗可降低 50%。

4. 效率特性

变压器在不同的负载电流 I_2 时，输出功率 P_2 及铜损耗 P_{Cu} 都在变化。因此变压器的效率 η 也随负载电流 I_2 的变化而变化，其变化规律通常用变压器的效率特性曲线来表示，如图 1.31 所示。

图中 $\beta = \dfrac{I_2}{I_{2N}}$ 称为负载系数。

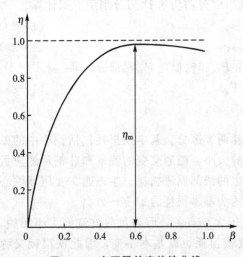

图 1.31 变压器效率特性曲线

通过数学分析可知：当变压器的铁损耗等于铜损耗时，变压器的效率最高。通常变压器的最高效率 β 位于 0.5~0.6 之间。

1.6 变压器的极性及三相变压器的联结组

1.6.1 变压器的极性

因为变压器的一次、二次绕组绕在同一个铁心上，都被磁通 Φ 交链。故当磁通交变时，在两个绕组中感应出的电动势有一定的方向关系，即当一次绕组的某一端点瞬时电位为正时，二次绕组也必有一电位为正的对应端点，这两个对应的端点，就称为同极性端或者同名端，通常用符号"·"表示。

在使用变压器或其他磁耦合线圈时，经常会遇到两个线圈极性的正确连接问题。例如某变压器的一次绕组由两个匝数相等且绕向一致的绕组组成，如图1.32(a)中绕组1.2和3.4。如每个绕组额定电压为110V，则当电源电压为220V时，应把两个绕组串联起来使用，如图1.32(b)所示接法；如电源电压为110V时，则应将它们并联起来使用，如图1.32(c)所示接法；当接法正确时，则两个绕组所产生的磁通方向相同，它们在铁心中互相叠加。如果接法错误，则两个绕组所产生的磁通方向相反，它们在铁心中互相抵消，使铁心中的合成磁通为0，如图1.33所示。在每个绕组中也就没有感应电动势产生，相当于短路状态，会把变压器烧毁。因此在进行变压器绕组的连接时，事先确定好各绕组的同名端是十分必要的。

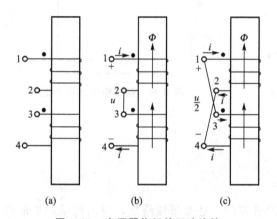

图1.32 变压器绕组的正确连接

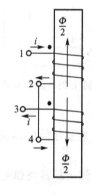

图1.33 错误连接

1.6.2 变压器极性的判定

1. 分析法

对两个绕向已知的绕组而言，可这样判断：当电流从两个同极性端流入（或流出）时，铁心中所产生的磁通方向是一致的。如图1.32所示，1和3为同名端，电流从这两个端点流入时，它们在铁心中产生的磁通方向相同。同样可判断如图1.34所示的两个绕组，1和4为同名端；搞清了同名

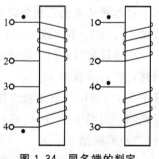

图1.34 同名端的判定

端的概念以后，就不难理解为什么在图 1.1 及图 1.17 中一次绕组的绕向及电压电流方向均一样，而二次绕组中的电压和电流方向两个图中却正好相反。

2. 实验法

对于一台已经制成的变压器，无法从外部观察其绕组的绕向，因此无法辨认其同名端，此时可用实验的方法进行测定，测定的方法有交流法和直流法两种。

(1) 交流法。如图 1.35 所示，将一、二次绕组各取一个接线端连接在一起，如图中的 2(即 U_2)和 4(即 u_2)；并在一个绕组上（图中为 N_1 绕组）加一个较低的交流电 u_{12}；再用交流电压表分别测量 U_{12}、U_{13}、U_{34} 各值。如果测量结果为 $U_{13}=U_{12}-U_{34}$，则说明 N_1、N_2 绕组为反极性串联，故 1 和 3 为同名端；如果 $U_{13}=U_{12}+U_{34}$，则 1 和 4 为同名端。

(2) 直流法。用 1.5V 或 3V 的直流电源，如图 1.36 所示连接直流电源，把它接在高压绕组上，而直流毫伏表接在低压绕组两端。当开关 S 合上的一瞬间，如毫伏表指针向正方向摆动，则接直流电源正极的端子与接直流毫伏表正极的端子，称为同名端。

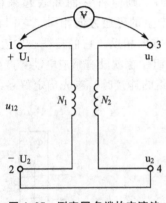
图 1.35 测定同名端的交流法

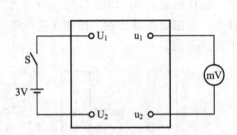
图 1.36 测定同名端的直流法

1.6.3 三相变压器的联结组

1. 三相变压器绕组的连接方法

在三相电力变压器中，不论是高压绕组，还是低压绕组，我国均采用星形联结及三角形联结两种方法。

星形联结是把三相绕组的末端 U_2、V_2、W_2(或 u_2、v_2、w_2)连接在一起，而把它们的首端 U_1、V_1、W_1(或 u_1、v_1、w_1)分别用导线引出，如图 1.37(a)所示。

三角形联结是把一相绕组的末端和另一相绕组的首端连在一起，顺次连接成一个闭合回路，然后从首端 U_1、V_1、W_1(或 u_1、v_1、w_1)用导线引出，如图 1.37(b)及(c)所示。其中图 1.37(b)的三相绕组按 U_2W_1、W_2V_1、V_2U_1 的次序连接，称为逆序(逆时针)三角形联结。而图 1.37(c)的三相绕组按 U_2V_1、W_2U_1、V_2W_1 的次序连接，称为顺序(顺时针)三角形联结。

三相变压器高、低压绕组用星形联结和三角形联结时，在旧的国家标准中分别用

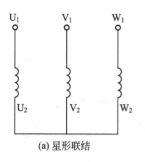 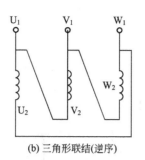 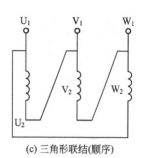

(a) 星形联结　　　　(b) 三角形联结（逆序）　　　　(c) 三角形联结（顺序）

图 1.37　三相绕组的联结方法

Y 和 △ 表示。新的国家标准规定：高压绕组星形联结用 Y 表示；三角形联结用 D 表示；中性线用 N 表示。低压绕组星形联结用 y 表示；三角形联结用 d 表示；中性线用 n 表示。

三相变压器一、二次绕组不同接法的组合形式有：Y，y；YN，d；Y，d；Y，yn；D，y；D，d 等。其中最常用的组合形式有 3 种，即 Y，yn；YN，d，和 Y，d。不同形式的组合，各有优缺点。对于高压绕组来说，接成星形最为有利，因为它的相电压只有线电压的 $1/\sqrt{3}$，当中性点引出接地时，绕组对地的绝缘要求降低了。大电流的低压绕组，采用三角形联结可以使导线截面比星形联结时减小到 $1/\sqrt{3}$，便于绕制，所以大容量的变压器通常采用 Y，d 或 YN，d 联结。容量不太大而且需要中性线的变压器，广泛采用 Y，yn 联结，以适应照明与动力混合负载需要的两种电压。

上述各种接法中，一次绕组线电压与二次绕组线电压之间的相位关系是不同的，这就是所谓三相变压器的联结组别。三相变压器联结组别不仅与绕组的绕向和首末端的标记有关，而且还与三相绕组的连接方式有关。理论与实践证明，一、二次绕组线电动势的相位差总是 30° 的整数倍。因此，国际上规定，标志三相变压器一、二次绕组线电动势的相位关系用时钟表示法，即规定一次绕组线电动势 $\dot{E}_{UV}$ 为长针，永远指向钟面上的"12"。二次绕组线电动势 $\dot{E}_{uv}$ 为短针，它指向钟面上的哪个数字，该数字则为该三相变压器联结组别的标号。现就 Y，y 联结和 Y，d 联结的变压器分别加以分析。

2．Y，y 联结组

图 1.38 所示为 Y，y0 联结组。变压器一、二次绕组都采用星形联结，且首端为同名端，因此一、二次绕组相互对应的相电动势之间相位相同，对应的线电动势之间的相位也相同，如图 1.36(b) 所示。当一次绕组线电动势 $\dot{E}_{UV}$（长针）指向时钟的"12"时；二次绕组线电动势 $\dot{E}_{uv}$（短针）也指向"12"，这种连接方式称为 Y，y0 联结组，如图 1.38(c) 所示。

若在图 1.38 的联结中，变压器一、二次绕组的首端不是同名端，而是异名端；则二次绕组的电动势相量均反向，$\dot{E}_{uv}$ 将指向时钟的"6"，成为 Y，y6 联结组。

3．Y，d 联结组

如图 1.39 所示为 Y，d11 联结组，变压器一次绕组用星形联结，二次绕组用三角形联结，且二次绕组 U 相的首端 U_1 与 V 相的末端 V_2 相连，如图 1.39(a) 所示的逆序连接。

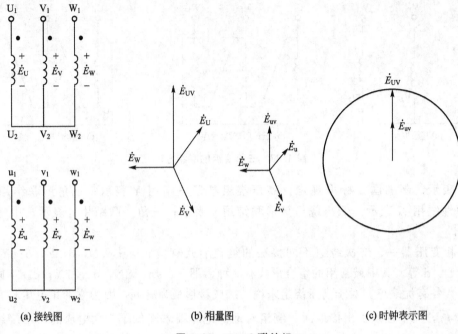

(a) 接线图　　　　　(b) 相量图　　　　　(c) 时钟表示图

图 1.38　Y, y0 联结组

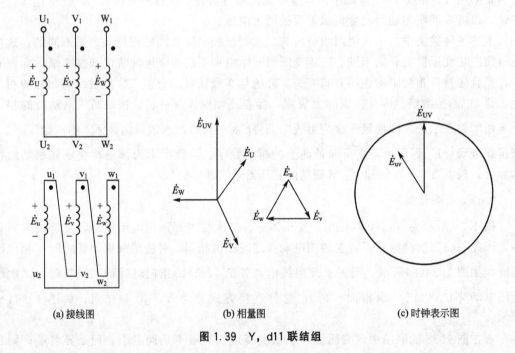

(a) 接线图　　　　　(b) 相量图　　　　　(c) 时钟表示图

图 1.39　Y, d11 联结组

且一、二次绕组的首端为同名端，则对应的相量图如图 1.39(b) 所示。其中 $\dot{E}_{uv} = -\dot{E}_v$，它超前 $\dot{E}_{UV}$ 30°，指向时钟"11"，故为 y, d11 联结组，如图 1.39(c) 所示。

若变压器一次绕组仍用星形联结，二次绕组仍为三角形联结。但是二次绕组 U 相的首端 U_1 与 W 相末端 W_2 相连，且一、二次绕组的首端为同名端，其联结组为 Y, d1。

三相电力变压器的联结组别还有许多种,但实际上为了制造及运行方便的需要,国家标准规定了三相电力变压器只采用 5 种标准联结组,即 Y,yn0、YN,d11、YN,y0、Y,y0 和 Y,d11。

在上述 5 种联结组中,Y,yn0 联结组是经常碰到的,它用于容量不大的三相配电变压器,低压侧电压为 400~230V,用以供给动力和照明的混合负载。一般这种变压器的最大容量为 1800kV·A,高压方面的额定电压不超过 35kV。此外,Y,y0 联结组不能用于三相变压器组,只能用于三铁心的三相变压器。

1.7 三相变压器的并联运行

三相变压器的并联运行是指几台三相变压器的高压绕组、低压绕组分别连接到高压电源及低压电源母线上,共同向负载供电的运行方式。在变电站中,总的负载经常由两台或多台三相电力变压器并联供电,其原因如下。

(1) 变电站所供的负载一般来讲总是在以后将不断发展、不断增加的,随着负载的不断增加,可以相应的增加变压器的台数,这样做可以减少建站、安装时的一次性投资。

(2) 当变电站所供的负载有较大的昼夜或季节波动时,可以根据负载的变动情况,随时调控投入并联运行的变压器台数,以提高变压器的运行效率。

(3) 当某台变压器需要检修(或故障)时,可以切换下来,而用备用变压器投入并联运行,以提高供电的可靠性。

为了使变压器能正常地投入并联运行,各并联运行的变压器必须满足以下条件。

(1) 一、二次绕组电压应相等,即变比应相等。

(2) 联结组别必须相同。

(3) 短路阻抗(即短路电压)应相等。

实际并联运行的变压器,其变比不可能绝对相等,其短路电压也不可能绝对相等。允许有小的差别,但变压器的联结组别则必须要相同。下面分别说明这些条件。

1. 变比不等时的并联运行

设两台同容量的变压器 T_1 和 T_2 并联运行,如图 1.40(a)所示,其变压比有微小的差别。其一次绕组接在同一电源电压 U_1 下,二次绕组并联后,也应有相同的 U_2,但由于变

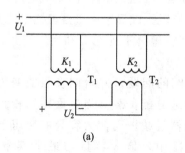
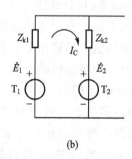

图 1.40 变压比不等时的并联运行

压比不同，两个二次绕组之间的电动势有差别，设 $\dot{E}_1 > \dot{E}_2$，则电动势差值 $\Delta \dot{E} = \dot{E}_1 - \dot{E}_2$ 会在两个二次绕组之间形成环流 I_C，如图 1.40(b) 所示。这个电流称为平衡电流，其值与两台变压器的短路阻抗 Z_{k1} 和 Z_{k2} 有关，即

$$I_C = \frac{\Delta E}{Z_{k1} + Z_{k2}} \tag{1-27}$$

变压器的短路阻抗不大，故在不大的 ΔE 下也会有很大的平衡电流。变压器空载运行时，平衡电流流过绕组，会增大空载损耗，平衡电流越大则损耗会更多。变压器负载时，二次侧电动势高的那一台电流增大，而另一台则减少，可能使前者超过额定电流而过载，后者则小于额定电流值。所以，有关变压器的标准中规定，并联运行的变压器，其变压比误差不允许超过 $\pm 0.5\%$。

2. 联结组别不同时变压器的并联运行

如果两台变压器的变比和短路阻抗均相等，但是联结组别不同时并联运行，则其后果十分严重。因为联结组别不同时，两台变压器二次绕组电压的相位差就不同，它们线电压的相位差至少为 $30°$，因此会产生很大的电压降 $\Delta \dot{U}_2$。如图 1.41 所示为 Y，y0 和 Y，d11 两台变压器并联，二次绕组线电压之间的电压差，其数值为

$$\Delta U_2 = 2U_{2N} \sin \frac{30°}{2} = 0.518 U_{2N} \tag{1-28}$$

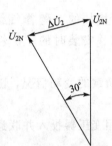

图 1.41 两台变压器并联运行时的电压差

这样大的电压差将在两台并联变压器二次绕组中产生比额定电流大得多的空载环流，导致变压器损坏，故联结组别不同的变压器绝对不允许并联运行。

3. 短路阻抗（短路电压）不等时变压器的并联运行

如果假设两台容量相同、变比相等、联结组别也相同的三相变压器并联运行，现在来分析它们的负载如何均衡分配。设负载为对称负载，则可取其一相来分析。

如果这两台变压器的短路阻抗也相等，则流过两台变压器中的负载电流也相等，即负载均匀分布，这是理想情况。如果短路阻抗不等，设 $Z_{k1} > Z_{k2}$，则由于两台变压器一次绕组接在同一电源上，变比及联结组又相同。因此二次绕组的感应电动势及输出电压均应相等，但由于 Z_k 不等，如图 1.40(b) 所示，由欧姆定律可得 $Z_{k1} I_1 = Z_{k2} I_2$；其中 I_1 为流过变压器 T_1 绕组的电流（负载电流）；I_2 为流过变压器 T_2 绕组的电流（负载电流）。由此可见并联运行时，负载电流的分配与各台变压器的短路阻抗成反比；短路阻抗小的变压器输出的电流要大，短路阻抗大的输出电流较小，则其容量得不到充分利用。因此，国家标准规定：并联运行的变压器其短路电压比不应超过 10%。

变压器的并联运行，还存在一个负载分配的问题。两台同容量的变压器并联，由于短路阻抗的差别很小，可以做到接近均匀地分配负载。当容量差别较大时，合理分配负载是困难的，特别是担心小容量的变压器过载，而使大容量的变压器得不到充分利用。为此，要求投入并联运行的各变压器中，最大容量与最小容量之比不宜超过 3 : 1。

1.8 其他用途变压器

1.8.1 自耦变压器

1. 结构特点及用途

前面叙述的变压器，其一、二次绕组是分开绕制的，它们虽装在同一铁心上，但相互之间是绝缘的，即一、二次绕组之间只有磁的耦合，而没有电的直接联系。这种变压器称为双绕组变压器。如果把一、二次绕组合二为一，使二次绕组成为一次绕组的一部分，这种只有一个绕组的变压器称为自耦变压器，如图 1.42 所示。可见自耦变压器的一、二次绕组之间除了有磁的耦合外，还有电的直接联系。由分析可知，自耦变压器可节省铜和铁的消耗量，从而减小变压器的体积、重量，降低制造成本，且有利于大型变压器的运输和安装。在高压输电系统中，自耦变压器主要用来连接两个电压等级相近的电力网，当作联络变压器之用。实验室常用具有滑动触点的自耦调压器获得可任意调节的交流电压。此外，自耦变压器还常用作异步电动机的启动补偿器，对电动机进行降压启动。

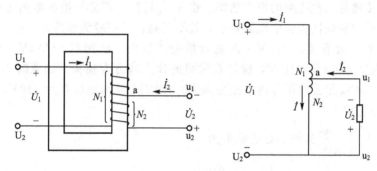

图 1.42 自耦变压器的工作原理

2. 电压、电流及容量关系

自耦变压器也是利用电磁感应原理工作的，当一次绕组 U_1U_2 两端加交变电压 U_1 时，铁心中产生交变的磁通，并分别在一次绕组及二次绕组中产生感应电动势 E_1 及 E_2，它们也有下述关系。

$$U_1 \approx E_1 = 4.44fN_1\Phi_m$$
$$U_2 \approx E_2 = 4.44fN_2\Phi_m$$

故自耦变压器的变比 K 为

$$K = \frac{E_1}{E_2} = \frac{N_1}{N_2} \approx \frac{U_1}{U_2} \tag{1-29}$$

当自耦变压器二次绕组加上负载后，由于外加电源电压不变，故主磁通近似不变，因此总的励磁磁通势仍等于空载磁通势，即

$$N_1\dot{I}_1 + N_2\dot{I}_2 = N_1\dot{I}_0 \tag{1-30}$$

若忽略空载磁通势，则

$$N_1\dot{I}_1 + N_2\dot{I}_2 \approx 0$$

$$\dot{I}_1 \approx -\frac{N_2}{N_1}\dot{I}_2 = -\frac{\dot{I}_2}{K} \tag{1-31}$$

式(1-31)说明：自耦变压器一、二次绕组中的电流大小与匝数成反比，在相位上互差180°。因此，流经公共绕组中的电流 I 的大小为

$$I = I_1 + I_2 = \left(1 - \frac{1}{K}\right)I_2 \tag{1-32}$$

可见流经公共绕组中的电流总是小于输出电流 I_2；当变比 K 接近于1时，则 I_1 与 I_2 的数值相差不大，即公共绕组中的电流 I 很小。因此这部分绕组可用截面积较小的导线绕制，以节约用铜量，并减小自耦变压器的体积与重量。

自耦变压器输出的视在功率为

$$S_2 = U_2 I_2$$

将式(1-32)中的 I_2 代入上式，可得

$$S_2 = U_2(I + I_1) = U_2 I + U_2 I_1 \tag{1-33}$$

从式(1-33)可看出，自耦变压器的输出功率由两部分组成，其中 $U_2 I$ 部分是依据电磁感应原理从一次绕组传递到二次绕组的视在功率；而 $U_2 I_1$ 则是通过电路的直接联系从一次绕组直接传递到二次绕组的视在功率。由于 I_1 只在一部分绕组的电阻上产生铜损耗，因此自耦变压器的损耗比普通变压器要小，效率较高，因而较为经济。

例1-5 在一台容量为 15kV·A 的自耦变压器中，已知 $U_1 = 220\text{V}$，$N_1 = 150$ 匝。(1)如果要使输出电压 $U_2 = 210\text{V}$，应该在绕组的什么地方有抽头？满载时 I_1 和 I_2 各是多少？此时一、二次绕组公共部分的电流是多少？(2)如果输出电压 $U_2 = 110\text{V}$，那么公共部分的电流又是多少？

解： 由公式 $\dfrac{U_1}{U_2} = \dfrac{N_1}{N_2}$ 知抽头处的匝数为

$$N_2 = \frac{U_2}{U_1} N_1 = \frac{210}{220} \times 150(\text{匝}) = 143(\text{匝})$$

由于自耦变压器的效率很高，可以认为

$$U_1 I_1 = U_2 I_2 = S_N = 15 \times 10^3 (\text{V·A})$$

所以满载时的电流为

$$I_1 = \frac{S_N}{U_1} = \frac{15 \times 10^3}{220}(\text{A}) = 68.2(\text{A})$$

$$I_2 = \frac{S_N}{U_2} = \frac{15 \times 10^3}{210}(\text{A}) = 71.4(\text{A})$$

而一、二次绕组公共部分的电流则按式(1-32)计算，即

$$I = I_1 - I_2 = (71.4 - 68.2) = 3.2(\text{A})$$

可见自耦变压器一、二次绕组公共部分的电流比普通变压器二次绕组在相应情况下的电流小得多。

如果输出电压 $U_2 = 110\text{V}$，则

$$I_2 = \frac{15 \times 10^3}{110}(\text{A}) = 136.4(\text{A})$$

此时绕组公共部分的电流为

$$I = I_2 - I_1 = (136.4 - 68.2)(\text{A}) = 68.2(\text{A})$$

上例表明,当一、二次绕组的电压较接近时,采用自耦变压器,其绕组公共部分的电流是很小的,这一部分绕组的导线可以用得细一些;而公共部分的匝数几乎就是绕组的全部匝数,小电流在这里引起的损耗也小,因此经济效果显著。

理论分析和实践都可以证明:当一、二次绕组电压之比接近于 1 时,或者说不大于 2 时,自耦变压器的优点比较显著;当变比大于 2 时,好处就不多了。所以实际应用的自耦变压器,其变比一般在 1.2~2.0 的范围内。因此在电力系统中,用自耦变压器把 110kV、150kV、220 kV 和 330kV 的高压电力系统连接成大规模的电力系统。自耦变压器的缺点在于:一、二次绕组的电路直接连在一起,造成高压侧的电气故障会波及低压侧,这是很不安全的。因此要求自耦变压器在使用时必须正确接线,且外壳必须接地,并规定安全照明变压器不允许采用自耦变压器结构形式。

自耦变压器不仅用于降压,也可作为升压变压器。如果把自耦变压器的抽头做成滑动触点,就可构成输出电压可调的自耦变压器。为了使滑动接触可靠,这种自耦变压器的铁心做成圆环形。其上均匀分布绕组,滑动触点由碳刷构成,由于其输出电压可调,因此称为自耦调压器,其外形和原理电路如图 1.43 所示。自耦变压器的一次绕组匝数 N_1 固定不变,并与电源相连,一次绕组的另一端点 U_2 和触点 a 之间的绕组 N_2 就作为二次绕组。当滑动触点 a 移动时,输出电压 U_2 随之改变,这种调压器的输出电压 U_2 可低于一次绕组电压 U_1,也可稍高于一次绕组电压。如果实验室中常用的单相调压器,一次绕组输入电压 $U_1 = 220\text{V}$,二次绕组输出电压 $U_2 = 0 \sim 250\text{V}$。在使用时,特别要注意:一、二次绕组的公共端 U_2 或 u_2 接中性线,U_1 端接电源相线(火线),u_1 端和 u_2 端作为输出。此外还必须注意自耦调压器在接电源之前,必须把手柄转到 0,使输出电压为 0,以后再慢慢顺时针转动手柄,使输出电压逐步上升。

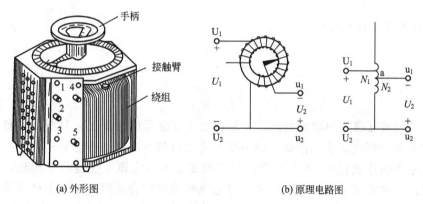

图 1.43 自耦变压器

1.8.2 仪用互感器

电工仪表中的交流电流表一般可直接用来测量 5~10A 以下的电流,交流电压表可直接用于测量 450V 以下的电压。而在实践中有时往往需测量几百、几千安的大电流及几千、几万的高电压,此时必须加接仪用互感器。

仪用互感器是作为测量用的专用设备,它分电流互感器和电压互感器两种。它的工作原理与变压器相同。

仪用互感器的目的有两点:一是为了测量人员的安全,使测量回路与高压电网相互隔离;二是扩大测量仪表(电流表及电压表)的测量范围。

仪用互感器除了用于交流电流和交流电压的测量外,还用于各种继电保护的测量系统,因此仪用互感器的应用非常广泛,下面分别介绍。

1. 电流互感器

在电路测量中用来按比例变换交流电流的仪器称为电流互感器。

电流互感器的基本结构形式及工作原理与单相变压器相似,它也有两个绕组:一次绕组串联在被测的交流电路中,流过的是被测电流 I,它一般只有一匝或几匝,用粗导线绕制;二次绕组匝数较多,与交流电流表(或瓦时计、功率表)相接,如图 1.44 所示。

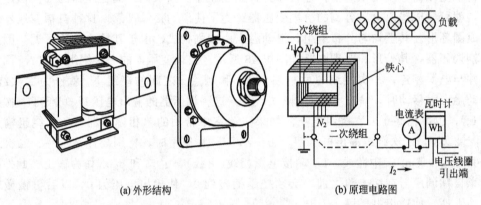

(a) 外形结构　　　　　　　　　　(b) 原理电路图

图 1.44　电流互感器

由变压器工作原理可得

$$\frac{I_1}{I_2} = \frac{N_2}{N_1} = K_i$$

即

$$I_1 = K_i I_2 \tag{1-34}$$

K_i 称为电流互感器的额定电流比,标在电流互感器的铭牌上,只要读出接在电流互感器二次线圈一侧电流表的读数,则一次电路的待测电流就很容易从式(1-34)中得到。一般二次电流表用量程为 5A 的仪表。只要改变接入的电流互感器的变流比,就可测量大小不同的一次电流。在实际应用中,与电流互感器配套使用的电流表已换算成一次电流,其标度尺即按一次电流分度,这样可以直接读数,不必再进行换算。例如按 5A 制造的但与额定电流比 600/5A 的电流互感器配套使用的电流表,其标度尺即按 600A 分度。

特别提示

使用电流互感器时必须注意以下事项:

(1) 电流互感器的二次绕组绝对不允许开路。因为二次绕组开路时,电流互感器处于空载运行状态,此时一次绕组流过的电流(被测电流)全部为励磁电流,使铁心中的磁通急剧增大,一方面使铁心损耗急剧增加,造成铁心过热,烧坏绕组;另一方面将在二次绕组感应出很高的电压,可能使绝缘击穿,并危及测量人员和设备的安全。因此在一次电路工作时,如需检修或拆换电流表、功率表的电流线圈时,必须先将电流互感器的二次绕组短接。

(2) 电流互感器的铁心及二次绕组一端必须可靠接地,如图1.44(b)所示,以防止绝缘击穿后,电力系统的高压危及工作人员及设备的安全。

例 1-6 有一台三相异步电动机,型号为 Y280S-4,额定电压380V,额定电流140A,额定功率75kW,试选择电流互感器规格,并计算流过电流表的实际电流。

解: 为了测量准确,又考虑到电机允许可能出现的短时过负荷等因素,应使被测电流大致为满量程的1/2～3/4,因此选择电流互感器额定电流为200A。变流比为

$$K_i = \frac{200}{5} = 40$$

流过电流表的电流 I_2 可由式(1-34)计算得到

$$I_2 = \frac{I_1}{K_i} = \frac{140}{40} = 3.5(A)$$

利用互感器原理制造的便携式钳形电流表如图1.45所示。它的闭合铁心可以张开,将被测载流导线嵌入铁心窗口中,被测导线相当于电流互感器的一次绕组;铁心上绕二次绕组,与测量仪表相连,可直接读出被测电流的数值。其优点是测量线路电流时不必断开电路,使用方便。

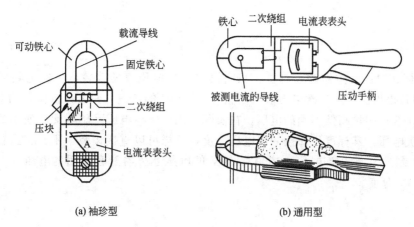

(a) 袖珍型   (b) 通用型

图 1.45 钳形电流表

使用钳形电流表时应注意使被测导线处于窗口中央,否则会增加测量误差;不知电流大小时,应将选挡开关置于大量程上,以防损坏表计;如果被测电流过小,可将被测导线在钳口内多绕几圈,然后将读数除以所绕匝数,使用时还要注意安全;保持与带电部分的安全距离,如被测导线的电压较高时,还应戴绝缘手套和使用绝缘垫。

与变压器一样,式(1-34)只是一个计算公式,即用电流互感器进行电流测量时存在一定的误差,根据误差的大小,电流互感器分下列各级:0.2、0.5、1.0、3.0和10.0。

如 0.5 级的电流互感器表示在额定电流时，测量误差最大不超过±0.5%。电流互感器精确等级越高，测量误差越小，但价格越贵。

2. 电压互感器

在电工测量中用来按比例变换交流电压的仪器称为电压互感器，如图 1.46 所示。

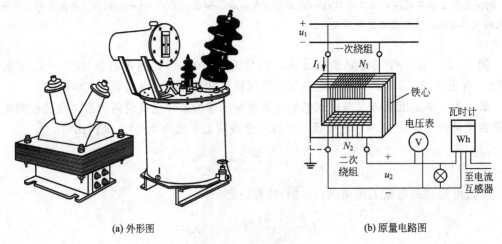

(a) 外形图　　　　　　　　　　　(b) 原量电路图

图 1.46　电压互感器

电压互感器的基本结构形式及工作原理与单向变压器很相似。它的一次绕组（一次线圈）匝数为 N_1，与待测电路并联；二次绕组（二次线圈）匝数为 N_2，与电压表并联。一次电压为 U_1，二次电压为 U_2，因此电压互感器实际上是一台降压变压器，其变压比 K_u 为

$$K_u = \frac{U_1}{U_2} = \frac{N_1}{N_2} \tag{1-35}$$

K_u 常标在电压互感器的名牌上，只需读出二次电压表的读数，一次电路的电压即可由式(1-35)得出。一般二次电压表均用量程为 100V 的仪表。只要改变接入的电压互感器的变压比，就可测量高低不同的电压。在实际应用中，与电压互感器配套使用的电压表已换算成一次电压，其标度尺即按一次电压分度，这样可以直接读数，不必再进行换算。例如按 100V 制造但与额定电压比 10000/100V 的电压互感器配套使用的电压表，其标度尺即按 10000V 分度。

特别提示

使用电压互感器时必须注意以下事项。

(1) 电压互感器的二次绕组在使用时绝不允许短路。如二次绕组短路，将产生很大的短路电流，导致电压互感器烧坏。

(2) 电压互感器的铁心及二次绕组的一端必须可靠地接地，如图 1.46(b)所示，以保证工作人员及设备的安全。

(3) 电压互感器有一定的额定容量，使用时二次绕组回路不宜接入过多的仪表，以免影响电压互感器的测量精度。

1.9 变压器常见故障及维护

1. 异常响声

(1) 音响较大而嘈杂时,可能是变压器铁心的问题。例如,夹件或压紧铁心的螺钉松动时,仪表的指示一般正常,绝缘油的颜色、温度与油位也无大变化,这时应停止变压器的运行,进行检查。

(2) 音响中夹有水的沸腾声,发出"咕噜咕噜"的气泡溢出声,可能是绕组有较严重的故障,使其附近的零件严重发热使油气化。分接开关的接触不良而局部点有严重过热或变压器匝间短路,都会发出这种声音。此时,应立即停止变压器运行,进行检修。

(3) 音响中夹有爆炸声,既大又不均匀时,可能是变压器的器身绝缘有击穿现象。这时,应将变压器停止运行,进行检修。

(4) 音响中夹有放电的"吱吱"声时,可能是变压器器身或套管发生表面局部放电。如果是套管的问题,在气候恶劣或夜间时,还可见到电晕辉光或蓝色、紫色的小火花。此时,应清理套管表面的脏污,再涂上硅油或硅脂等涂料。需要停下变压器,检查铁心接地与各带电部位对地的距离是否符合要求。

(5) 音响中夹有连续的、有规律的撞击或摩擦声时,可能是变压器某些部件因铁芯振动而造成机械接触,或者是因为静电放电引起的异常响声,而各种测量表计指示和温度均无反应。这类响声虽然异常,但对运行无大危害,不必立即停止运行,可在计划检修时予以排除。

2. 温度异常

变压器在负荷和散热条件、环境温度都不变的情况下,较原来同条件时的温度高,并有不断升高的趋势,也是变压器温度异常升高,与超极限温度升高同样是变压器故障象征。引起温度异常升高的原因如下。

(1) 变压器匝间、层间、股间短路。

(2) 变压器铁心局部短路。

(3) 因漏磁或涡流引起油箱、箱盖等发热。

(4) 长期过负荷运行,事故过负荷。

(5) 散热条件恶化等。

运行时发现变压器温度异常,应先查明原因,再采取相应的措施予以排除,把温度降下来。如果是变压器内部故障引起的,应停止运行,进行检修。

3. 喷油爆炸

喷油爆炸的原因是变压器内部的故障短路电流和高温电弧使变压器油迅速老化,而继电保护装置又未能及时切断电源,使故障较长时间持续存在,使箱体内部压力持续增长,高压的油气从防爆管或箱体其他强度薄弱之处喷出形成事故。

(1) 绝缘损坏。匝间短路等局部过热使绝缘损坏;变压器进水使绝缘受潮损坏;雷击等过电压使绝缘损坏等导致内部短路的基本因素。

(2) 断线产生电弧。线组导线焊接不良、引线连接松动等因素,在大电流冲击下可能造成断线，断点处产生高温电弧使油气化促使内部压力增高。

(3) 调压分接开关故障。配电变压器高压绕组的调压段线圈是经分接开关连接在一起的，分接开关触头串接在高压绕组回路中，与绕组一起通过负荷电流和短路电流。如分接开关动静触头发热，跳火起弧，使调压段线圈短路。

4. 严重漏油

变压器运行中渗漏油现象比较普遍，油位在规定的范围内，仍可以继续运行或安排计划检修。但是变压器油渗漏严重，连续从破损处不断外溢，以至于油位计已见不到油位，此时应立即将变压器停止运行，进行补漏和加油。

变压器油的油面过低，使套管引线和分接开关暴露于空气中，绝缘水平将大大降低，因此易引起击穿放电。引起变压器漏油的原因有：焊缝开裂或密封件失效；运行中受到震动；外力冲撞；油箱锈蚀严重而破损；等等。

5. 套管闪络

变压器套管积垢，在大雾或小雨时造成污闪，使变压器高压侧单相接地或相间短路。变压器套管因外力冲撞或机械应力、热应力而破损，也是引起闪络的因素。变压器箱盖上落异物，如大风将树枝吹落在箱盖时引起套管放电或相间短路。

以上对变压器的声音、温度、油位、外观及其他现象对配电变压器故障的判断，只能作为现场直观的初步判断。因为，变压器的内部故障不仅是直观反映，它还涉及诸多因素，有时甚至会出现假象。必要时必须进行变压器特性试验及综合分析，才能准确可靠地找出故障原因，判明事故性质，提出较完备的合理处理方法。

拓展阅读

SF6 气体绝缘变压器

随着中国的城市化发展，大城市人口更加密集，高层建筑林立，用电量急剧增加，变压器数量也在不断增加。传统的大容量油浸式变压器油量大，一旦因故障着火，将对高层建筑和人们的生命财产安全构成严重的威胁。因此，对不燃变压器的研究和应用也越来越被人们重视。不燃变压器按其绝缘介质不同可以分为：硅变压器、环氧树脂浇注变压器、复敏绝缘液介质变压器和 SF6 气体绝缘变压器（GasInsulated transformer，GIT）。其中 GIT 以其独有的优势受到了人们的关注，20 世纪 60 年代以来，在日本、欧洲应用和开发较为广泛。GIT 采用 SF6 气体绝缘的真空有载分接开关，用真空开关切断有载开关切换机构的电流；并采用滚柱式触头系统和无润滑轴承，以防止由于电弧引起的 SF6 分解气体对变压器本体的影响。油浸式变压器则在变压器油中切断电流，并采用滑动接触。

与普通油浸式变压器的相比 GIT 有着以下优势：绝缘性能和冷却效果好；不易燃易爆；安装方便；布局灵活；简洁、轻巧；噪声低；占地面积少；等等。

实训项目 1　变压器的参数测定

一、实训目的

1. 通过空载和短路试验测定变压器的变比和参数。

2. 掌握在试验中各种仪表的正确联接使用。

二、实训器材

1. 单相变压器　　　　230kW　380/95V　　　　1台
2. 单相调压器　　　　1kV·A　0～500V　　　　1台
3. 交流电压表　　　　0～500V　　　　　　　　2只
4. 交流电流表　　　　0～5A　　　　　　　　　1只
5. 单三相功率表　　　　　　　　　　　　　　　1只

三、实训内容

1. 空载试验

(1) 在三相调压交流电源断电的条件下，如图 1.47 所示。(注：为方便标注，用 A、B、C；a、b、c 分别表示变压器高、低压绕组的首端，X、Y、Z；x、y、z 表示变压器高、低压绕组的尾端)变压器的低压线圈 a、x 接电源，高压线圈 A、X 开路。

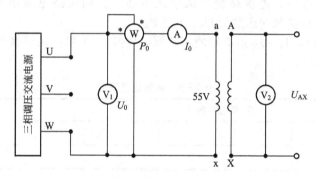

图 1.47　空载实验接线图

(2) 选好所有电表量程。将调压器旋钮向逆时针方向旋转到底，即将其调到输出电压为 0。

(3) 合上交流电源总开关，按"开"按钮，便接通了三相交流电源。调节三相调压器旋钮，使变压器空载电压 $U_0=1.2U_N$，然后逐次降低电源电压，在 $1.2～0.2U_N$ 的范围内，测取变压器的 U_0、I_0、P_0。

(4) 测取数据时，$U=U_N$ 点必须测，并在该点附近测的点较密，共测取数据 7～8 组。记录于表 1-1 中。

(5) 为了计算变压器的变比，在 U_N 以下测取原方电压的同时测出副方电压数据也记录于表 1-1 中。

表 1-1　数据记录表 1

实　验　数　据				计算数据
U_0/V	I_0/A	P_0/W	U_{AX}/V	$\cos\phi_0$

2. 短路试验

（1）如图 1.48 所示接线（每次改接线路，都要关断电源）。将变压器的高压线圈接电源，低压线圈直接短路。

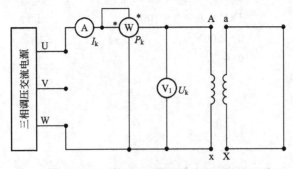

图 1.48 短路实验接线图

（2）选好所有电表量程，将交流调压器旋钮调到输出电压为 0。

（3）接通交流电源，逐次缓慢增加输入电压，直到短路电流等于 $1.1I_N$ 为止，在 $(0.2\sim1.1)I_N$ 范围内测取变压器的 U_k、I_k、P_k。

（4）测取数据时，$I_k=I_N$ 点必须测，共测取数据 6-7 组记录于表 1-2 中。实验时记下周围环境温度（℃）。

表 1-2 数据记录表 2   室温____℃

实验数据			计算数据
U_k/V	I_k/A	P_K/W	$\cos\phi_K$

四、实训报告

1. 记载实训操作过程。
2. 参数计算（计算公式见本章相关内容）。
（1）空载试验。变压器变比 K、空载电流 I_0、空载损耗功率 P_0 和励磁阻抗。
（2）短路试验。变压器铜损耗 P_{cu}、短路电压 U_k 和短路阻抗 Z_k。
3. 绘制空载特性 $U_0=f(I_0)$、$P_0=f(U_0)$、$\cos\varphi_0=f(U_0)$，短路特性 $U_k=f(I_k)$、$P_k=f(U_k)$、$\cos\varphi_k=f(U_k)$。
4. 实训体会。
（1）变压器的空载和短路实验中电源电压一般加在哪一方较合适？
（2）在空载和短路实验中，各种仪表应怎样联接才能使测量误差最小？

实训项目 2　三相变压器极性判别及绕组联结组判别

一、实训目的

1. 掌握用实验方法测定三相变压器的极性。

2. 掌握用实验方法判别变压器的联接组。

二、实训器材

1. 三相变压器　　　　230kW　380/95V　　　　1台
2. 三相调压器　　　　1kV·A　0～500V　　　　1台
3. 指针式万用表　　　　　　　　　　　　　　　1个
4. 交流电压表　　　　0～500V　　　　　　　　1只

三、实训内容

1. 三相变压器极性判别

(1) 测定相间极性。

① 如图1.49所示接线。A、X 接电源的 U、V 两端子，Y、Z 短接。

② 接通交流电源，在绕组 A、X 间施加约 50% U_N 的电压。

③ 用电压表测出电压 U_{BY}、U_{CZ}、U_{BC}，若 $U_{BC}=|U_{BY}-U_{CZ}|$，则首末端标记正确；若 $U_{BC}=|U_{BY}+U_{CZ}|$，则标记不对。须将 B、C 两相任一相绕组的首末端标记对调。

④ 用同样方法，将 B、C 两相中的任一相施加电压，另外两相末端相联，定出每相首、末端正确的标记。

(2) 测定原、副方极性。

① 暂时标出三相低压绕组的标记 a、b、c、x、y、z，然后如图1.50所示接线。原、副方中点用导线相连。

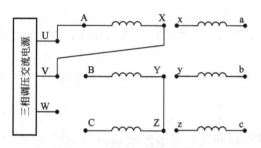
图1.49　测定相间极性接线图

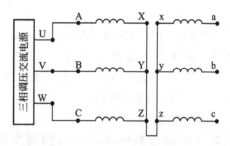
图1.50　测定原、副方极性接线图

② 高压三相绕组施加约 50% 的额定电压，用电压表测量电压 U_{AX}、U_{BY}、U_{CZ}、U_{ax}、U_{by}、U_{cz}、U_{Aa}、U_{Bb}、U_{Cc}，若 $U_{Aa}=U_{AX}-U_{ax}$，则 A 相高、低压绕组同相，并且首端 A 与 a 端点为同极性。若 $U_{Aa}=U_{AX}+U_{ax}$，则 A 与 a 端点为异极性。

③ 用同样的方法判别出 B、b，C、c 两相原、副方的极性。

④ 高低压三相绕组的极性确定后，根据要求连接出不同的联接组。

2. 绕组联接组判别

(1) Y/Y-12。

如图1.51所示接线。A、a 两端点用导线联结，在高压方施加三相对称的额定电压，测出 U_{AB}、U_{ab}、U_{Bb}、U_{Cc} 及 U_{Bc}，将数据记录于表1-3中。

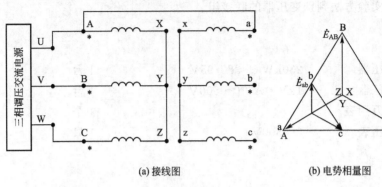

(a) 接线图　　(b) 电势相量图

图 1.51　Y/Y-12 联结组

表 1-3　数据记录表 3

实 测 数 据					计 算 数 据			
U_{AB}/V	U_{ab}/V	U_{Bb}/V	U_{Cc}/V	U_{Bc}/V	$K_L = \dfrac{U_{AB}}{U_{ab}}$	U_{Bb}/V	U_{Cc}/V	U_{Bc}/V

根据 Y/Y-12 联接组的电势相量图

$$U_{Bb} = U_{Cc} = (K_L - 1)U_{ab}$$

$$U_{Bc} = U_{ab}\sqrt{K_L^2 - K_L + 1}$$

$$K_L = \frac{U_{AB}}{U_{ab}}$$

若用两式计算出的电压 U_{Bb}，U_{Cc}，U_{Bc} 的数值与实验测取的数值相同，则表示绕组连接正确，属 Y/Y-12 联结组。

将 Y/Y-12 联接组的副方绕组首、末端标记对调，A、a 两点用导线相连，即可得到 Y/Y-6 联结组判别接线图。

(2) Y/D-11。

如图 1.52 所示接线。A、a 两端点用导线相连，高压方施加对称额定电压，测取 U_{AB}、U_{ab}、U_{Bb}、U_{Cc} 及 U_{Bc}，将数据记录于表 1-4 中。

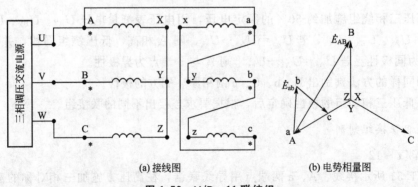

(a) 接线图　　(b) 电势相量图

图 1.52　Y/D-11 联结组

表 1-4 数据记录表 4

实测数据					计算数据			
U_{AB}/V	U_{ab}/V	U_{Bb}/V	U_{Cc}/V	U_{Bc}/V	$K_L = \dfrac{U_{AB}}{U_{ab}}$	U_{Bb}/V	U_{Cc}/V	U_{Bc}/V

根据 Y/D-11 联结组的电势相量可得

$$U_{Bb} = U_{Cc} = U_{Bc} = U_{ab}\sqrt{K_L^2 - \sqrt{3}K_L + 1}$$

若由上式计算出的电压 U_{Bb}、U_{Cc}、U_{Bc} 的数值与实测值相同，则绕组连接正确，属 Y/D-11 联结组。

将 Y/△-11 联结组的副方绕组首、末端的标记对调，A、a 两点用导线相连，即可得到 Y/D-5 联结组判别接线图。

附：变压器联结组校核公式，见表 1-5(设 $U_{ab}=1$，$U_{AB}=K_L \times U_{ab}=K_L$)。

表 1-5 校核公式

组 别	$U_{Bb}=U_{Cc}$	U_{Bc}	U_{Bc}/U_{Bb}
1	$K_L - 1$	$\sqrt{K_L^2 - K_L + 1}$	>1
2	$\sqrt{K_L^2 - \sqrt{3}K_L + 1}$	$\sqrt{K_L^2 + 1}$	>1
3	$\sqrt{K_L^2 - K_L + 1}$	$\sqrt{K_L^2 + K_L + 1}$	>1
4	$\sqrt{K_L^2 + 1}$	$\sqrt{K_L^2 + \sqrt{3}K_L + 1}$	>1
5	$\sqrt{K_L^2 + K_L + 1}$	$K_L + 1$	>1
6	$\sqrt{K_L^2 + \sqrt{3}K_L + 1}$	$\sqrt{K_L^2 + \sqrt{3}K_L + 1}$	=1
7	$K_L + 1$	$\sqrt{K_L^2 + K_L + 1}$	<1
8	$\sqrt{K_L^2 + \sqrt{3}K_L + 1}$	$\sqrt{K_L^2 + 1}$	<1
9	$\sqrt{K_L^2 + K_L + 1}$	$\sqrt{K_L^2 - K_L + 1}$	<1
10	$\sqrt{K_L^2 + 1}$	$\sqrt{K_L^2 - \sqrt{3}K_L + 1}$	<1
11	$\sqrt{K_L^2 - K_L + 1}$	$K_L - 1$	<1
12	$\sqrt{K_L^2 - \sqrt{3}K_L + 1}$	$\sqrt{K_L^2 - \sqrt{3}K_L + 1}$	=1

四、实训报告

1. 记载实训过程。
2. 如何确定同一相绕组的两端？
3. 计算出不同联接组的 U_{Bb}、U_{Cc}、U_{Bc} 的数值与实测值进行比较，判别绕组联结是否正确。
4. 实训体会。

本 章 小 结

1. 变压器是利用电磁感应原理对交流电压、交流电流等进行数值变换的一种常用电气设备，它主要用于输、配电方面，称为电力变压器。除此之外，变压器也被广泛地用于电工测量、电焊和电子技术领域中。

2. 铁心和绕组是变压器最基本的组成部分。铁心构成变压器的磁路系统，一般均用 0.35mm 冷轧硅钢片叠装而成；绕组构成变压器的电路系统，一般均用铜或铝线绕制而成。绕组套装在铁心上，铁心与绕组之间必须有良好的绝缘。

3. 变压器一次绕组接额定交流电压，二次绕组开路时的运行方式称为空载运行。若变压器一次绕组接额定交流电压，而二次绕组与负载相连的运行方式则称为负载运行。变压器运行时电压、电流变换的基本公式为

$$\frac{U_1}{U_2} = \frac{I_2}{I_1} = \frac{N_1}{N_2} = K$$

4. 变压器不仅具有电压变换和电流变换的作用，还有阻抗变换的作用，其变换公式为

$$Z' = K^2 Z$$

5. 电力变压器在运行中其输出电压将随输出电流的变化而变化，从实际应用出发，希望输出电压的变化越小越好，即希望变压器的外特性曲线尽量平均，或者变压器的电压变化率尽量小。

6. 变压器在运行过程中有能量的损耗，其中铁损耗主要是指铁心中的磁滞及涡流损耗。铁损耗与变压器输出电流的大小无关，又称为"不变损耗"。铜损耗主要指电流在一次、二次绕组中电阻上的损耗，它随电流变化而变化，因此又称为"可变损耗"。通常变压器的损耗比电机要小得多，因此变压器的效率很高。变压器的铁损耗、铜损耗可通过变压器的空载试验及短路试验进行测定。

7. 输、配电系统中的变压器一般均为三相电力变压器，其结构形式目前主要为油浸式。它除了铁心及绕组外，还有油箱、变压器油、散热冷却装置及保护装置等部分。

8. 电力变压器在实际运行时，会遇到几台变压器并联运行的问题。进行并联运行最关键的一点是变压器的联结组必须相同，联结组是由一次和二次绕组的连接方式决定的。除了联结组别以外，变压器的一、二次绕组电压应相等，变压器的短路阻抗也应尽量相等。

9. 一、二次绕组共用一个绕组的变压器称为自耦变压器，它结构比较简单。输出电压可自由调节的自耦变压器称为自耦调压器，它主要在实验室中使用。

10. 仪用互感器分为电压互感器和电流互感器两大类。它们主要用于扩大交流电压表和交流电流表的测量范围。

思 考 题

1. 简要说明变压器的工作原理?
2. 变压器一次绕组若接在直流电源上,变压器能工作吗?为什么?
3. 变压器铁心的作用是什么?为什么要用 0.35mm 厚、表面涂有绝缘漆的硅钢片叠成?
4. 当变压器一次绕组匝数比设计值减少而其他条件不变时,铁心饱和程度、空载电流大小、铁损耗、二次侧感应电动势和变比将如何变化?
5. 什么叫做变压器的空载试验?进行空载试验的目的是什么?
6. 什么叫做变压器的短路试验?进行短路试验的目的是什么?
7. 什么是变压器的外特性?一般希望电力变压器的外特性曲线呈什么形状?
8. 什么叫做变压器的联结组?常用的联结组有哪些?
9. 什么叫做变压器的同极性端?如何判定变压器的同极性端?
10. 自耦变压器的结构特点是什么?自耦变压器的优点有哪些?
11. 电流互感器的作用是什么?能否在直流电路中使用?为什么?
12. 电压互感器的作用是什么?能否在测量直流电压中使用?为什么?

第 2 章 三相异步电动机

知识目标	(1) 能够认识三相异步电动机的基本组成和铭牌参数 (2) 掌握三相异步电动机的工作原理与工作特性,理解三相异步电动机技术参数的物理含义 (3) 熟练掌握三相异步电动机各技术参数的计算
技能目标	(1) 具有识别电动机类型、型号及铭牌参数的能力 (2) 具有三相异步电动机常见故障的判断及处理能力

引言

门座式起重机是港口最常见的起重运输机械。它包括行走、起升、旋转和变幅4大机构。这些机构一般都是利用三相交流异步电动机来驱动的。事实上,三相异步电动机,因为它具有结构简单、坚固耐用、运行可靠、价格低廉和维护方便等优点,被广泛地用来驱动各种金属切削机床、起重机、锻压机、传送带、铸造机械以及功率不大的通风机、水泵等。

引言图

2.1 概　　述

电机是一种能将电能与机械能相互转换的电磁装置。其运行原理基于电磁感应定律。电机的种类与规格很多，按其电流类型分类，可分为直流电机和交流电机两大类。按其功能的不同，可分为发电机和电动机两大类。目前广泛采用的交流发电机是同步发电机，这是一种由原动机拖动旋转（例如火力发电厂的汽轮机、水电站的水轮机）产生交流电能的装置。目前世界各国的电能几乎均由同步发电机产生。交流电动机则是指由交流电源供电将交流电能转变为机械能的装置。根据电动机转速的变化情况，可分为同步电动机和异步电动机两类。同步电动机是指电动机的转速始终保持与交流电源的频率同步，不随所拖动的负载变化而变化的电动机。它主要用于功率较大，转速不要求调节的生产机械，如大型水泵、空气压缩机和矿井通风机等上面。而交流异步电动机是指由交流电源供电，电动机的转速随负载变化而稍有变化的旋转电机，这是目前使用最多的一类电动机。按供电电源的不同，异步电动机又可分为：三相异步电动机和单相异步电动机两大类。三相异步电动机由三相交流电源供电，由于其结构简单、价格低廉、坚固耐用、使用维护方便，因此在工、农业及其他各个领域中都获得了广泛的应用。据我国及世界上一些发达国家的统计表明，在整个电能消耗中，电动机的耗能约占60%～67%，而在整个电动机的耗能中，三相异步电动机又居首位。单相异步电动机采用单相交流电源，电动机功率一般都比较小，主要用于家庭、办公等只有单相交流电源的场所，用于电风扇、空调、电冰箱和洗衣机等电器设备中。本章重点讲述有关三相异步电动机的工作原理、结构、特性、使用和维护知识。

2.2　三相异步电动机的工作原理

2.2.1　旋转磁场

1. 旋转磁场及其产生

如图2.1所示异步电动机旋转原理，在一个可旋转的马蹄形磁铁中间，放置一只可以自由转动的笼型短路线圈。当转动马蹄形磁铁时，笼型转子就会跟着一起旋转。这是因为磁铁转动时，其磁力线（磁通）切割笼型转子的导体，在导体中因电磁感应而产生感应电动势，由于笼型转子本身是短路的，在电动势作用下导体中就有电流流过，如图2.2所示。该电流又和旋转磁场相互作用，产生转动力矩，驱动笼型转子随着磁场的转向而旋转起来，这就是异步电动机的简单旋转原理。

实际使用的异步电动机其旋转磁场不可能靠转动永久磁铁来产生，因为电动机的功能是将电能转换成机械能。下面先分析旋转磁场产生的条件，再分析三相异步电动机的旋转原理。

如图2.3所示三相异步电动机定子

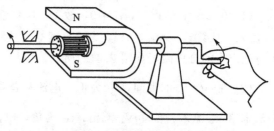

图2.1　异步电动机原理

绕组结构示意图。在定子铁心上冲有均匀分布的铁心槽，在定子空间各相差120°电角度的铁心槽中布置有三相绕组 U_1U_2、V_1V_2、W_1W_2，三相绕组接成星形联结。现向定子三相绕组中分别通入三相交流电 i_U、i_V、i_W，各相电流将在定子绕组中分别产生相应的磁场，如图2.4所示。

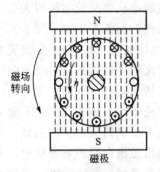

图2.2 异步电动机旋转原理图

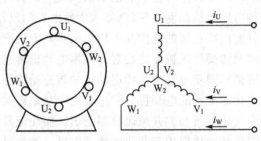

图2.3 定子三相绕组结构示意图极对数 $p=1$

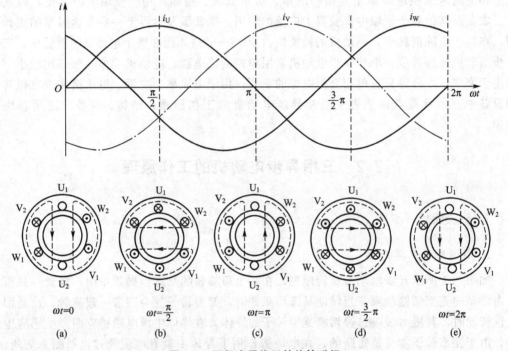

图2.4 两极定子绕组的旋转磁场

（1）在 $\omega t=0$ 的瞬间，$i_U=0$，故 U_1U_2 绕组中无电流；i_V 为负，假定电流从绕组末端 V_2 流入，从首端 V_1 流出；i_W 为正，则电流从绕组首端 W_1 流入，从末端 W_2 流出。绕组中电流产生的合成磁场如图2.4(a)所示。

（2）在 $\omega t=\dfrac{\pi}{2}$ 的瞬间，i_U 为正，电流从首端 U_1 流入、末端 U_2 流出；i_V 为负，电流仍从末端 V_2 流入、首端 V_1 流出；i_W 为负，电流从末端 W_2 流入、首端 W_1 流出。绕组中电流产生的合成磁场如图2.4(b)所示，可见合成磁场顺时针转过了90°。

(3) 继续按上法分析，$\omega t = \pi$、$\frac{3}{2}\pi$、2π 的不同瞬间三相交流电在三相定子绕组中产生的合成磁场，可得到如图 2.4(c)、(d)、(e)所示的变化。观察这些图中合成磁场的分布规律为：合成磁场的方向按顺时针方向旋转，并旋转了一周。

由此可以得出如下结论：在三相异步电动机定子铁心中布置结构完全相同，在空间各相差 120°电角度的三相定子绕组，分别向三相定子绕组通入三相交流电，则在定子、转子与空气隙中产生一个沿定子内圆旋转的磁场，该磁场称为旋转磁场。

特别提示

对称绕组中通入对称电流会产生一个圆形旋转磁场。

2. 旋转磁场的旋转方向

如图 2.4 所示，三相交流电的变化次序(相序)为 U 相达到最大值→V 相达到最大值→W 相达到最大值→U 相……。将 U 相交流电接 U 相绕组，V 相交流电接 V 相绕相，W 相交流电接 W 相绕组，则产生的旋转磁场的旋转方向为 U 相→V 相→W 相(顺时针旋转)，即与三相交流电的变化相序一致。如果任意调换电动机两相绕组所接交流电源的相序，即假设 U 相交流电仍接 U 相绕组，将 V 相交流电改与 W 相绕组相接，W 相交流电与 V 相绕组相接。此时可以对照图 2.4 分别绘出 $\omega t=0$ 及 $\omega t=\pi/2$ 瞬时的合成磁场图，如图 2.5 所示。

由图可见，此时合成磁场的旋转方向已变为逆时针旋转，即与图 2.4 旋转方向相反。由此可以得出结论：旋转磁场的旋转方向决定于通入定子绕组中的三相交流电源的相序，且与三相交流电源的相序 U→V→W 的方向一致。只要任意调换电动机两相绕组所接交流电源的相序，旋转磁场即反转。这个结论很重要，因为后面将要分析到三相异步电动机的旋转方向与旋转磁场的转向一致，因此要改变电动机的转向，只要改变旋转磁场的转向即可。

3. 旋转磁场的旋转速度

(1) $p=1$。以上讨论的是两极三相异步电动机(即 $p=1$)定子绕组产生的旋转磁场，由分析可见，当三相交流电变化一周后(即每相经过 360°电角度)，其所产生的旋转磁场，也正好旋转一周。因此两极电动机中旋转磁场的转速等于三相交流电的变化速度，即 $n_1 = 60f_1 = 3000 \text{r/min}$。

(2) $p=2$。若在定子铁心上放置如图 2.6 所示的两套三相绕组，每套绕组占据半个定子内圆，并将属于同相的两个线圈串联，即成 $p=2$ 的四极三相异步电动机。再通入三相交

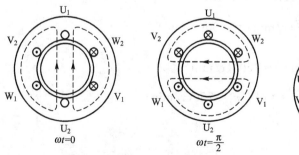

图 2.5　旋转磁场转向的改变

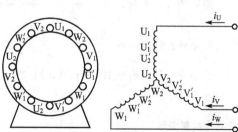

图 2.6　定子三相绕组的结构示意图

流电,采用与前面的相似的分析方法,如图 2.7 所示,可以得到如下结果,即当三相交流电变化一周时,四极电机的合成磁场只旋转了半圈(即转过 180°机械角度),因此四极电机中旋转磁场的转速等于三相交流电变化速度的一半,即 $n_1=\dfrac{60}{2}f=30\times 50=1500\text{r/min}$。故当磁极对数增加 1 倍时,旋转磁场的转速减小一半。

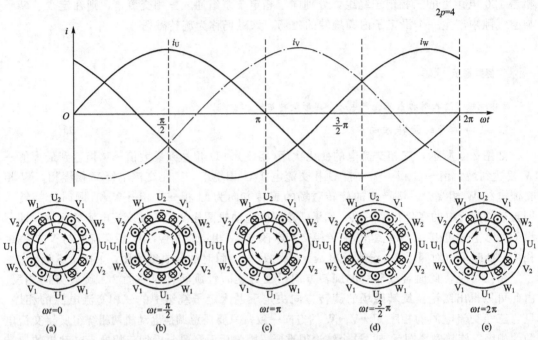

图 2.7 四极定子绕组的旋转磁场

(3) p 对磁极。同上分析得 p 对磁极时,旋转磁场的转速为

$$n_1=\frac{60f_1}{p} \tag{2-1}$$

式中:f_1——交流电的频率,Hz;

p——电动机的磁极对数;

n_1——旋转磁场的转速,又称为同步转速,r/min。

例 2-1 通入三相异步电动机定子绕组中的交流电频率 $f_1=50\text{Hz}$,试分别求电动机磁极对数 $p=1$、$p=2$、$p=3$ 及 $p=4$ 时旋转磁场的转速 n_1。

解: 当 $p=1$ 时,$n_1=\dfrac{60f_1}{p}=\dfrac{60\times 50}{1}(\text{r/min})=3000(\text{r/min})$

当 $p=2$ 时,$n_1=\dfrac{60f_1}{p}=\dfrac{60\times 50}{2}(\text{r/min})=1500(\text{r/min})$

当 $p=3$ 时,$n_1=1000(\text{r/min})$;当 $p=4$ 时,$n_1=750(\text{r/min})$。

特别提示

上述四个数据很重要,因为目前使用的各类三相异步电动机的转速与上述四种转速有关(均稍小

于上述四种转速)。例如，Y132S-2 三相异步电动机($p=1$)的额定转速 $n=2900$r/min；Y132S-4($p=2$)的额定转速 $n=1440$r/min；Y132S-6($p=3$)为 960r/min；Y132S-8($p=4$)$n=710$r/min。

2.2.2 三相异步电动机的旋转原理

1. 转子旋转原理

如图 2.8 所示一台三相笼型异步电动机定子与转子剖面图。转子上的 6 个小圆圈表示自成闭合回路的转子导体。当三相定子绕组 U_1U_2、V_1V_2、W_1W_2 中通入三相交流电后，按前分析可知将在定子、转子及其空气隙内产生一个同步转速为 n_1、在空间按顺时针方向旋转的磁场。该旋转磁场将切割转子导体，在转子导体中产生感应电动势，由于转子导体自成闭合回路，因此该电动势将在转子导体中形成电流，其电流方向可用右手定则判定。在使用右手定则时必须注意，右手定则的磁场是静止的，导体在作切割磁感力线的运动，而这里正好相反。因此可以相对地把磁场看成不动，而导体以与旋转磁场相反的方向(逆时针)去切割磁力线，从而可以判定出在该瞬间转子导体中的电流方向见图 2.8，即电流从转子上半部的导体中流出，流入转子下半部导体中。

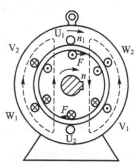

图 2.8 三相笼型异步电动机工作原理

有电流流过的转子导体将在旋转磁场中受电磁力 F 的作用，其方向可用左手定则判定，见图 2.8 中箭头，该电磁力 F 在转子轴上形成电磁转矩，使异步电动机以转速 n 旋转。由此可以归纳出三相异步电动机的旋转原理为：当定子三相绕组中通入三相交流电时，在电动机气隙中即形成旋转磁场。转子绕组在旋转磁场的作用下产生感应电流，载有电流的转子导体受电磁力的作用，产生电磁转矩使转子旋转。由图可见，电动机转子的旋转方向与旋转磁场的旋转方向一致。因此要改变三相异步电动机的旋转方向只需改变旋转磁场的转向即可。

2. 转差率 s

由上面的分析还可看出，转子的转速 n 一定要小于旋转磁场的转速 n_1，如果转子转速与旋转磁场转速相等，则转子导体就不再切割旋转磁场，转子导体中就不再产生感应电动势和电流，电磁力 F 将为 0，转子就将减速。因此异步电动机的"异步"就是指电动机转速 n 与旋转磁场转速 n_1 之间存在着差异，两者的步调不一致。又由于异步电动机的转子绕组，并不直接与电源相接，而是依据电磁感应来产生电动势和电流，获得电磁转矩而旋转，因此又称感应电动机。

把异步电动机旋转磁场的转速，即同步转速 n_1 与电动机转速 n 之差称为转速差，转速差与旋转磁场转速 n_1 之比称为异步电动机的转差率 s，即

$$s=\frac{n_1-n}{n_1} \tag{2-2}$$

转差率 s 是异步电动机的一个重要物理量；其 s 的大小与异步电动机运行状态密切相关。

3. 异步电动机的三种运行状态

(1) 电动机运行状态($0<s<1$)。前面讨论的是气隙旋转磁场与转子中感应电流之间形

成的磁转矩方向相同，即为电动机运行状态，输入电功率，输出机械功率，如图2.9(b)所示。

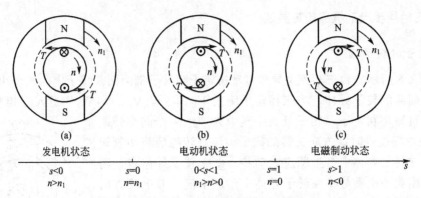

图2.9 转差率 s 与异步电机的运行状态

① 当异步电动机在静止状态或刚接上电源，即电动机刚开始启动的一瞬间，转子转速 $n=0$，则对应的转差率 $s=1$。

② 如转子转速 $n=n_1$，则转差率 $s=0$。

③ 异步电动机在正常状态下运行时，转差率 s 在 0～1 之间变化。

④ 三相异步电动机在额定状态(即加在电动机定子三相绕组上的电压为额定电压，电动机输出的转矩为额定转矩)下运行时，额定转差率 s_N 约在 0.01～0.06 之间。由此可以看出三相异步电动机的额定转速 n_N 与同步转速 n_1 较为接近。在例 2-1 后面给出的一组数据即说明了这一点。下面再举一例予以说明。

例 2-2 已知 Y2-160M-4 三相异步电动机的同步转速 $n_1=1500\text{r/min}$，额定转差率 $s_N=0.027$，求该电动机的额定转速 n_N。

解：
$$s_N = \frac{n_1 - n_N}{n_1}$$

可得
$$n_N = (1-s_N)n_1 = (1-0.027) \times 1500 = 1460(\text{r/min})$$

⑤ 当三相异步电动机空载时(即轴上没有拖动机械负载，电动机空转)。由于电动机只需克服空气阻力及摩擦阻力，故转速 n 与同步转速 n_1 相差甚微，转差率 s 很小，约为 0.004～0.007。

(2) 发电机状态($-\infty < s < 0$)。若异步电机定子绕组接三相交流电源，而转子由机械外力拖动与旋转磁场同方向转动，且使转子转速 n 超过同步转速 n_1，即 $n>n_1$，则 $s<0$。此时，转子导体与旋转磁场的相对切割方向与电动状态时正好相反，故转子绕组中的电动势及电流和电动状态时相反，电磁转矩 T 也反向成为阻力矩。机械外力必须克服电磁转矩做功，以保持 $n>n_1$。即电机此时输入机械功率，输出电功率，处于发电状态运行。如图2.9(a)所示。故异步电机的运行状态是可逆的，既可作电动机运行，又可作发电机运行。

(3) 电磁制动状态($1 < s < +\infty$)。若异步电机转子受外力的作用，使转子转向与旋转磁场转向相反，则 $s>1$，如图2.9(c)所示。此时旋转磁场与其在转子导体上产生的电磁转矩两者方向仍相同，故电磁转矩方向与转子受力方向相反，即此时的电磁转矩属制动转矩性质。此状态时一方面定子绕组从电源吸取电功率；另一方面外加力矩克服电磁转矩做功，向电机输入机械功率,它们均变成电机内部的热损耗。

例 2-3 已知三相异步电动机极对数 $p=2$,额定转速 $n_N=1450\text{r/min}$,电源频率 $f=50\text{Hz}$,求额定转差率 s_N。该电动机在进行变频调速时,频率突然降为 $f'=45\text{Hz}$,求此时对应的转差率 s',并问此时电机在何种状态下运行?

解:
$$s=\frac{n_1-n_N}{n_1}=\frac{1500-1450}{1500}=0.033$$

当频率变为 45Hz 时,即
$$n_1'=\frac{60f'}{p}=\frac{60\times 45}{2}(\text{r/min})=1350(\text{r/min})$$

此瞬间由于机械惯性可认为转子转速仍为 1450r/min,则
$$s'=\frac{n_1'-n_N}{n_1'}=\frac{1350-1450}{1350}=-0.074$$

由于 $s'<0$ 可知,此瞬间电动机处于发电状态运行,电磁转矩变为制动性质,使转子减速,直到在 $n<1350\text{r/min}$ 以下稳定运行。

2.3 三相异步电动机的结构

三相异步电机种类繁多,按其外壳防护方式的不同可分为:开启型(IP11)、防护型(IP22)、封闭性(IP44)(IP54)3 大类,如图 2.10 所示。由于封闭型结构能防止固体异物、水滴等进入电动机内部,并能防止人与物触及电动机带电部位与运动部位,运行中安全性好,因此是目前使用最广泛的结构形式。按电动机转子结构的不同又可分为:笼型异步电动机和绕线式转子异步电动机。图 2.10 属于笼型异步电动机外形图,如图 2.11 所示为绕线式转子异步电动机外形图。另外异步电动机还可按其工作电压的高低不同分为:高压异步电动机和低压异步电动机。按其工作性能的不同可分为:高启动转矩异步电动机和高转差异步电动机。按其外形尺寸及功率的大小可分为:大型、中型和小型异步电动机等。

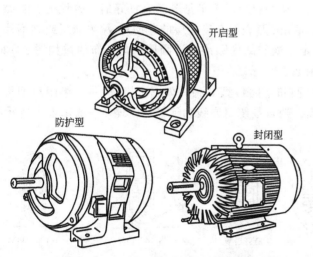

图 2.10 三相笼型异步电动机外形图

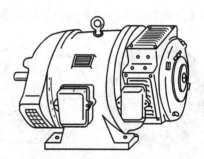

图 2.11 三相绕线式转子异步电动机外形

三相异步电动机虽然种类繁多，但基本结构均由定子和转子两大部分组成。定子和转子之间有空气隙。

如图 2.12 所示封闭型三相笼型异步电动机结构图。它的主要组成部分如下。

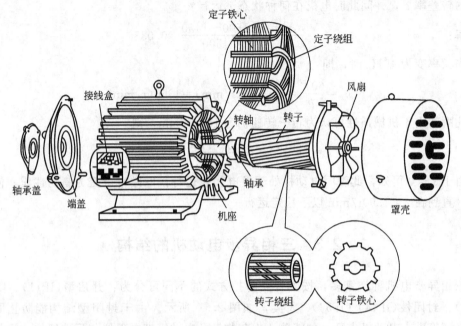

图 2.12　三相笼型异步电动机结构图

2.3.1　定子

定子是指电动机中静止不动的部分，主要包括定子铁心、定子绕组、机座、端盖和罩壳等部件。

1. 定子铁心

定子铁心作为电动机磁通的通路，对铁心材料的要求是既要有良好的导磁性能、剩磁小，又要尽量降低涡流损耗。一般用 0.5 mm 厚表面有绝缘层的硅钢片(涂绝缘层或硅钢片表面具有氧化膜绝缘层)叠压而成。在定子铁心的内圆冲有沿圆周均匀分布的槽如图 2.13 所示。在槽内嵌放三相定子绕组，如图 2.12 上部所示。

定子铁心的槽型有开口型、半开口型和半闭口型 3 种，如图 2.14 所示。半闭口型槽的优点是电动机的效率和功率因数较高；缺点是绕组嵌线和绝缘都较难，一般用于小型低

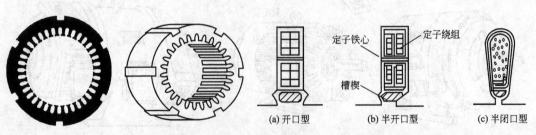

图 2.13　定子冲片及定子铁心　　　　　图 2.14　定子铁心槽

压电机中。半开口型槽可以嵌放成型并经过绝缘处理的绕组,因此开口型槽内绕组绝缘方法比半开口槽方便,主要用在高压电机中。定子铁心制作完成后再整体压入机座内,随后在铁心槽内嵌放定子绕组。

2. 定子绕组

定子绕组作为电动机的电路部分,通入三相交流电产生旋转磁场。它由嵌放在定子铁心槽中的线圈按一定规则连成三相定子绕组。小型异步电动机定子三相绕组一般采用高强度漆包扁铜线和玻璃丝包扁铜线绕成。三相定子绕组根据其中铁心槽内的布置方式不同可分为:单层绕组如图 2.14(c)和双层绕组如图 2.14(a)和(b)。单层绕组用于功率较小(一般在 15kW 以下)的三相异步电动机中,而功率稍大的三相异步电动机则采用双层绕组。三相定子绕组之间及绕组与定子铁心槽间均以绝缘材料绝缘,定子绕组匝槽内嵌放完毕后再用胶木槽楔固紧。常用的薄膜类绝缘材料包括:聚酯薄膜青壳纸、聚酯薄膜、聚酯薄膜玻璃漆布箔和聚四氟乙烯等。三相异步电动机定子绕组的主要绝缘项目有以下 3 种。

(1) 对地绝缘。定子绕组整体与定子铁心之间的绝缘。

(2) 相间绝缘。各相定子绕组之间的绝缘。

(3) 匝间绝缘。每相定子绕组各线匝之间的绝缘。

定子三相绕组的结构完全对称,一般有 6 个出线端口 U_1、U_2、V_1、V_2、W_1、W_2 置于机座外部的接线盒内。根据需要接成星形(Y)或三角形(D),如图 2.15 所示。也可将 6 个出线端接入控制电路中实行星形和三角形的换接。

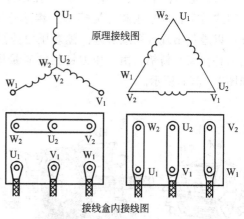

图 2.15 三相笼型异步电动机出线端

3. 机座

机座的作用是固定定子铁心和定子绕组,并通过两侧的端盖和轴承来支承电动机的转子。同时可保护整台电机的电磁部分和发散电机运行中产生的热量。

机座通常为铸铁件,大型异步电动机机座一般用钢板焊接成,而有些微型电动机的机座则采用铸铝件以降低电机的重量。封闭式电机的机座外面有散热筋以增加散热面积,防护式电机的机座两端端盖开有通风孔,使电动机内外的空气可以直接对流,以利于散热。

4. 端盖

借助置于端盖内的滚动轴承将电动机转子和机座连成一个整体。端盖一般均为铸钢件,微型电动机则用铸铝件。

2.3.2 转子

转子是指电动机的旋转部分。它主要包括转子铁心、转子绕组、风扇和转轴等。

1. 转子铁心

转子铁心作为电动机磁路的一部分，一般用 0.5mm 硅钢片冲制叠压而成，硅钢片外圆冲有均匀分布的孔，用来安置转子绕组。通常都是用定子铁心冲落后的硅钢片来冲制转子铁心。一般小型异步电动机的转子铁心直接压装在转轴上，而大、中型异步电动机（转子直径在 300～400mm 以上）的转子铁心，则借助于转子支架压在转轴上。

为了改善电动机的启动及运行性能，笼型异步电动机转子铁心一般都采用斜槽结构（即转子槽并不与电动机转轴的轴线在同一平面上，而是扭斜了一个角度），如图 2.12 所示。

2. 转子绕组

转子绕组用来切割定子旋转磁场，产生感应电动势和电流，并在旋转磁场的作用下受力而使转子转动，分为笼型转子和绕线式转子两类，笼型和绕线式转子异步电动机即由此得名。

（1）笼型转子。通常有两种不同的结构形式，中、小型异步电动机的笼型转子一般为铸铝式转子，即采用离心铸铝法。将熔化了的铸铝在离心力的作用下充满铁心槽的各部分，以避免出现气孔或裂缝。随着压力铸铝技术的不断完善，目前不少已改用压力铸铝工艺来替代离心铸铝，由于压力铸铝的质量优于离心铸铝，因此离心铸铝法将被逐步淘汰，如图 2.16（a）所示。

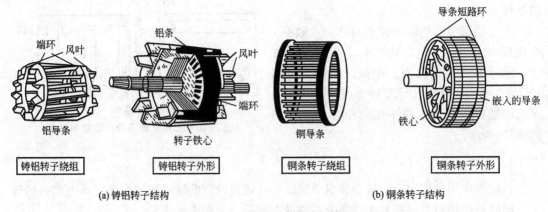

图 2.16　笼型异步电动机转子

另一种结构为铜条转子，即在这种铁心槽内放置没有绝缘的铜条，铜条的两端用短路环焊接起来，形成一个笼型的形状，如图 2.16（b）所示。铜条转子制造较复杂，价格高，主要用于功率较大的异步电动机上。

为了提高电动机的启动转矩，在容量较大的异步电动机中，有的转子采用双笼型或深槽结构，如图 2.17 所示。双笼型转子上有内外两个鼠笼，外笼采用电阻率较大的黄铜条制成，内笼则用电阻率较小的紫铜条制成。而深槽转子绕组则用狭长的导体制成。

（2）绕线式转子。三相异步电动机的另一种结构形式是绕线式。它的定子部分构成与笼型异步电动机相同，即由定子铁心、三相定子绕组和机座等构成。主要不同之处是转子绕组，如图 2.18 所示绕线转子异步电动机的转子结构及接线原理图。转子绕组的结构形

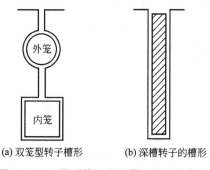

(a) 双笼型转子槽形　　(b) 深槽转子的槽形

图 2.17　双笼型转子及深槽型转子的槽形

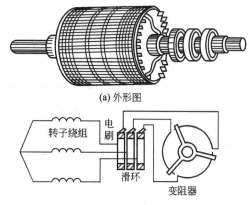

(a) 外形图

(b) 起动时转子接线图

图 2.18　三相绕线式异步电动机的转子

式与定子绕组相似,采用由绝缘导线绕成的三相绕组或成型的三相绕组嵌入转子铁心槽内;并作星形联结,三个引出端分别接到压在转子轴一端并且互相绝缘的铜制滑环(称为集电环)上;再通过压在集电环上的三个电刷与外电路相接,外电路与变阻器相接,该变阻器采用星形联结。在后面将会叙述。调节该变阻器的电阻值就可达到调节电动机转速的目的。而笼型异步电动机的转子绕组由于被本身的端环直接短路,因此转子电流无法按需要进行调节。在某些对启动性能及调速有特殊要求的设备中,如起重设备、卷扬机械、鼓风机、压缩机和泵类等,较多地采用绕线式转子异步电动机。

2.3.3　其他部件

1. 轴承

用来连接转动部分与固定部分,目前都采用滚动轴承以减小摩擦力。

2. 轴承端盖

保护轴承,使轴承内的润滑脂不致溢出,并防止灰、砂、赃物等侵入润滑脂内。

3. 风扇

用于冷却电动机。

2.3.4　气隙

为了保证三相异步电动机的正常运转,在定子与转子之间有空隙。气隙的大小对三相异步电动机的性能影响极大。气隙大,则磁阻大,由电源提供的励磁电流大,使电动机运行时的功率因数低。但气隙过小,将使装配困难,容易造成运行中定子与转子铁心相碰,一般空气隙约 0.2~1.5mm。

2.3.5　电动机铭牌

在三相异步电动机的机座上均装有一块铭牌,如图 2.19 所示。铭牌上标出了该电动机的型号及主要技术数据,供正确使用电动机时参考。现分别说明如下。

三相异步电动机		
型号 Y2-132S-4	功率 5.5kW	电流 11.7A
频率 50Hz	电压 380V	接法△	转速 1440r/min
防护等级 IP44	重量 68kg	工作制 S1	F级绝缘
××电机厂		

图 2.19 三相异步电动机的铭牌

1. 型号(Y2-132S-4)

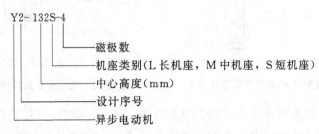

中心高度越大，电动机容量越大，因此三相异步电动机按容量分类与中心高度有关，中心高度在 80～315mm 为小型，中心高度在 315～615mm 为中型，630mm 及以上为大型。在同样的高度下，机座长则铁心长，相应的电动机容量较大。20 世纪 50 年代起，我国三相笼型异步电动机的产品进行了多次更新换代，使电动机的整体质量不断地完善。其中 J、JO 系列为我国 50 年代生产的仿苏产品，容量为 0.6～125kW，现在已经很少见到。J2、JO2 系列为我国 60 年代自行设计的统一系列产品。采用 E 级绝缘，性能比 J、JO 系列有较大的提高，目前仍在许多设备上使用。Y 系列为我国 80 年代设计并定型的新产品，与 JO2 系列相比，效率有所提高，启动转矩倍数平均为 2，有大幅度的提高，体积平均减小 15%，质量减轻 12%。由于采用 B 级绝缘，温升裕度较大，功率等级较多，可避免大马拉小车的弊病；Y 系列电动机完全符合国际电工委员会标准，有利于设备出口及与进口设备上的电动机互换。

20 世纪 90 年代起，我国又设计开发了 Y2 系列三相异步电动机，机座中心高 80～355mm，功率 0.55～315kW。它是在 Y 系列基础上重新设计的，已达到国际向期先进水平；它是取代 Y 系列的更新换代产品。Y2 系列电动机较 Y 系列效率高，启动转矩大，由于采用 F 级绝缘(用 B 级考核)，故温升裕度大，且噪声低，电机结构合理，体积小，质量轻，外形新颖美观，与 Y 系列一样、电机完全符合国际电工委员会标准。从 90 年代末期起，我国已开始实现从 Y 系列向 Y2 系列过渡。如图 2.20(a)、(b)所示分别为 Y 系列和 Y2 系列三相笼型异步电动机外形图。目前我国已大批量生产 Y2 系列电动机。

(a) Y系列　　　　　　　　　　　(b) Y2系列

图 2.20　Y，Y2 三相笼型异步电动机外形图

2. 额定功率 P_N(5.5kW)

表示电动机在额定工作状态下运行时,允许输出的机械功率(kW)。

3. 额定电流 I_N(11.7A)

表示电动机在额定工作状态下运行时,定子电路输入的线电流(A)。

4. 额定电压 U_N(380V)

表示电动机在额定工作状态下运行时,定子电路所加的线电压(V)三相异步电动机的额定功率 P_N 与其他额定数据之间关系如下。

$$P_N = \sqrt{3} U_N I_N \cos\varphi_N \eta_N \times 10^{-3} \tag{2-3}$$

式中:$\cos\varphi_N$——额定功率因数;

η_N——额定效率。

5. 额定转速 n_N(1440r/min)

表示电动机在额定工作状态下运行时的转速(r/min)。

6. 接法(D)

表示电动机定子三相绕组与交流电源的连接方法,对JO2、Y及Y2系列电动机而言,国家标准规定3kW及以下者均采用星形联结;4kW及以上者均采用三角形联结。

7. 防护等级(IP44)

表示电动机外壳防护的方式。IP11是开启型;IP22、IP23是防护型;IP44是封闭型。

8. 频率(50Hz)

表示电动机使用交流电源的频率(Hz)。

9. 绝缘等级

表示电机各绕组及其他绝缘部件所用绝缘材料的等级。绝缘材料按耐热性能分为7个等级,见表2-1。目前国产电机使用的绝缘材料等级为B、F、H、C 4个等级。

表2-1 绝缘材料耐热性能等级

绝缘等级	Y	A	E	B	F	H	C
最高允许温度/℃	90	105	120	130	155	180	大于180

10. 定额工作制

指电机按铭牌值工作时,可以持续运行的时间和顺序。电机定额分为:连续定额、短时定额和断续定额3种。分别用S1、S2和S3表示。

(1) 连续定额(S1)。表示电动机按铭牌值工作时可以长期连续运行。

(2) 短时定额(S2)。表示电动机按铭牌值工作时只能在规定的时间内短时运行。我国规定的短时运行时间为:10min、30min、60min及90min 4种。

(3) 断续定额(S3)。表示电动机按铭牌值工作时,运行一段时间就要停止一段时间,周而复始地按一定周期重复运行。每一周期为10min,我国规定的负载持续率为15%、

25%、40%和60% 4种(如标明40%则表示电机工作4min就需休息6min)。

例2-4 已知Y2-132S-4三相异步电动机的额定数据为$P_N=5.5\text{kW}$，$I_N=11.7\text{A}$，$U_N=380\text{V}$，$\cos\varphi_N=0.83$，定子绕组三角形联结，求电动机的效率η_N。

解：由式(2-3)可得

$$\eta_N=\frac{P_N}{\sqrt{3}U_N I_N \cos\varphi_N \times 10^{-3}}=\frac{5.5\times 10^3}{\sqrt{3}\times 380\times 11.7\times 0.83}=0.86$$

由本例数据可以看到$I_N\approx 2P_N$，这是额定电压为380V的三相异步电动机的一般规律(特别是2极和4极电动机更接近)。因此在今后实际应用中，根据三相异步电动机的功率即可估算出电动机的额定电流，即每千瓦按2A电流估算。

2.4 三相异步电动机的运行原理与工作特性

2.4.1 三相异步电动机的运行原理

异步电动机的工作原理与变压器有许多相似之处，如异步电动机的定子绕组与转子绕组相当于变压器的一次绕组与二次绕组；变压器是利用电磁感应把电能从一次绕组传递给二次绕组；异步电动机定子绕组从电源吸取的能量，也是靠电磁感应传递给转子，因此可以说变压器是不动的异步电动机。变压器与异步电动机的主要区别有：变压器铁心中的磁场是脉动磁场，而异步电动机气隙中的磁场是旋转磁场；变压器的主磁路只有接缝间隙，而异步电动机定子与转子间有气隙存在；变压器二次侧是静止的，输出电功率；异步电动机转子是转动的，输出机械功率。因而当异步电动机转子未动时，则转子中各个物理量的分析与计算可以用分析与计算变压器的方法进行。但当转子转动以后，则转子中的感应电动势及电流的频率就要跟着发生变化，而不再与定子绕组中的电动势及电流频率相等。随之引起转子感抗、转子功率因数等也跟着发生变化，使分析与计算较为复杂。下面分别进行讨论。

1. 旋转磁场对定子绕组的作用

前面已叙述，在异步电动机的三相定子绕组内通入三相交流电后，即产生旋转磁场，此旋转磁场将在不动的定子绕组中产生感应电动势。通常认为，旋转磁场按正弦规律随时间而变化，即

$$\Phi=\Phi_m\sin\omega t$$

旋转磁场以转速$n_1=\dfrac{60f_1}{p}$沿定子内圆旋转，而定子绕组是固定不动的，故定子绕组切割旋转磁场产生的感应电动势的频率与电源频率一样为f_1，而感应电动势的大小为

$$E_1=4.44K_1 N_1 f_1 \Phi_m \qquad (2-4)$$

式中：E_1——定子绕组感应电动势有效值，V；

K_1——定子绕组的绕组系数，$K_1<1$；

N_1——定子每相绕组的匝数；

f_1——定子绕组感应电动势频率，Hz；

Φ_m——旋转磁场每极磁通最大值，Wb。

式(2-4)与前面变压器中的感应电动势公式相比,多了一个绕组系数 K_1,这是因为变压器绕组是集中绕在一个铁心上的,因此任意瞬间穿过绕组的各个线圈中的主磁通大小及方向都相同,整个绕组的电动势为各线圈电动势的代数和。而在异步电动机中,同一相的定子绕组并不是集中嵌放在一个槽内,而是分别嵌放在若干个槽内,这种绕组称分布绕组,整个绕组的电动势是各个线圈中电动势的相量和,比起代数和来要小些。另外为了改善定子绕组电动势的波形和节省导线起见,一般采用短距绕组,从而使两个线圈边的电动势有一定的相位差,使短距绕组的电动势比整距绕组的电动势要小,因此乘上一个绕组系数 K_1。K_1 即是由于绕组是分布绕组和短距绕组,从而使感应电动势减少的倍数,$K_1<1$。

由于定子绕组本身的阻抗压降比电源电压要小得多,即可以近似认为电源电压 U_1 与感应电动势 E_1 相等,即

$$U_1 \approx E_1 = 4.44 K_1 N_1 f_1 \Phi_m \tag{2-5}$$

由式(2-5)可见:当外加电源电压 U_1 不变时,定子绕组中的主磁通 Φ_m 也基本不变。这个结论很重要,在后面分析三相异步电动机的运行特性时要经常用到。

旋转磁场不仅交链定子绕组,而且也与转子绕组相交链。

2. 旋转磁场对转子绕组的作用

1) 转子感应电动势及电流的频率

转子以转速 n 旋转后,转子导体切割定子旋转磁场的相对转速为 (n_1-n),因此在转子中感应出电动势及电流的频率 f_2 为

$$f_2 = \frac{p(n_1-n)}{60} = \frac{p(n_1-n)n_1}{60 n_1} = sf_1 \tag{2-6}$$

即转子中的电动势及电流的频率与转差率 s 成正比。

当转子不动时,即 $s=1$,则 $f_2=f_1$。

当转子达到同步转速时,$s=0$,则 $f_2=0$。即转子导体中没有感应电动势及电流。

2) 转子绕组感应电动势 E_2 的大小

$$E_2 = 4.44 K_2 N_2 f_2 \Phi_m = 4.44 K_2 N_2 s f_1 \Phi_m \tag{2-7}$$

式中:K_2——转子绕组的绕组系数;

N_2——转子每相绕组的匝数。

当转子不动时($s=1$)的感应电动势 E_{20} 为

$$E_{20} = 4.44 K_2 N_2 f_1 \Phi_m \tag{2-8}$$

故可得

$$E_2 = sE_{20} \tag{2-9}$$

由式(2-9)可见转子转动时,转子绕组中的电动势 E_2 等于转子不动时的电动势 $E_{20} \times s$。当转子未动时(启动瞬间),$s=1$,因此转子内感应电动势最大。随着转子转速的增加,转子中的感应电动势 E_2 下降,由于异步电动机在正常运行时,约为 $0.01 \sim 0.06$(即 $1\% \sim 6\%$),所以在正常运行时,转子中的感应电动势也只有启动瞬间的 $1\% \sim 6\%$ 左右。

3) 转子的电抗和阻抗

异步电动机中的磁通绝大部分穿过空气隙与定子和转子绕组相交链,称为主磁通 Φ,它在定子及转子绕组中分别产生感应电动势 E_1 及 E_2。另外还有一小部分磁通仅与定子绕

组相交链，称为定子漏磁通。而只与转子绕组相交链的则称为转子漏磁通，漏磁通的变化也将在定子及转子绕组中产生漏磁感应电动势，而在电路中则表现为电抗压降。下面将讨论转子电路内的电抗和阻抗。

$$X_2 = 2\pi f_2 L_2 = 2\pi s f_1 L_2 \tag{2-10}$$

式中：X_2——转子每相绕组的漏电抗，Ω；

L_2——转子每相绕组的漏电感，H。

当转子不动时，$S=1$，则 $X_{20}=2\pi f_1 L_2$，此时电抗最大，在正常运行时，$X_2 = sX_{20}$
由此可得

$$Z_2 = \sqrt{R_2^2 + X_2^2} = \sqrt{R_2^2 + (sX_{20})^2} \tag{2-11}$$

式中：Z_2——转子每相绕组的阻抗，Ω；

R_2——转子每相绕组的电阻，Ω。

可见转子绕组的阻抗在启动瞬间最大，随转速的增加（则 s 下降）而减小。

4) 转子电流和功率因数

(1) 转子每相绕组的电流 I_2 为

$$I_2 = \frac{E_2}{Z_2} = \frac{sE_{20}}{\sqrt{R_2^2 + (sX_{20})^2}} \tag{2-12}$$

(2) 转子电路的功率因数 $\cos\varphi_2$ 为

$$\cos\varphi_2 = \frac{R_2}{Z_2} = \frac{R_2}{\sqrt{R_2^2 + (sX_{20})^2}} \tag{2-13}$$

对于一台异步电动机而言，R_2 及 X_{20} 基本上是不变的，故 I_2 与 $\cos\varphi_2$ 均随 s 的变化而变化。由式(2-12)可看出当 $s=1$ 时，则 $I_2 = \dfrac{E_{20}}{\sqrt{R_2^2+X_{20}^2}}$ 很大，即启动时转子中的启动电流很大。

特别提示

由式(2-13)可以看出当 $s=1$ 时，由于 $R_2 < X_{20}$，故 $\cos\varphi_2 \approx \dfrac{R_2}{X_{20}}$ 很小，即电动机启动时转子功率因数很低；当 $s\approx 0$ 时，则 $\cos\varphi_2 \approx 1$，即正常运行时功率因数较高；当电动机空载运行时，$s\approx 0$，$R_2/s \to \infty$，即转子相当于开路，$I_1 \approx I_0$，用于产生主磁通，因此电动机空载时功率因数很低。对整台电动机而言，其功率因数应为定子的功率因数 $\cos\varphi_1$，它与转子功率因数 $\cos\varphi_2$ 不相同，但两者比较接近。

2.4.2 三相异步电动机的功率和转矩

1. 功率及效率

任何机械在实现能量的转换过程中总有损耗存在，异步电动机也不例外，因此异步电动机轴上输出的机械功率 P_2 总是小于其从电网输入的电功率 P_1，下面先举一例来加以说明。

例 2-5 Y2-160M-4 三相异步电动机输出功率（额定功率）$P_2 = 11\text{kW}$，额定电压 $U_1 = 380\text{V}$，额定电流 $I_1 = 22.3\text{A}$，电动机功率因数 $\cos\varphi_1 = 0.85$，求额定输入功率 P_1 及输出功率与输入功率之比 η。

解：由三相交流电路的功率公式知

$$P_1 = \sqrt{3}U_1 I_1 \cos\varphi_1 = \sqrt{3} \times 380 \times 22.3 \times 0.85(\text{W}) = 12480(\text{W}) = 12.48(\text{kW})$$

$$\eta = \frac{P_2}{P_1} \times 100\% = \frac{11}{12.48} \times 100\% = 88\%$$

由此可见，电动机从电网上输入的功率 P_1 为 12.48kW，而电动机输出的功率只有 11kW，故该电动机在运行中的功率损耗 $\sum P = P_1 - P_2 = (12.48 - 11)\text{kW} = 1.48\text{kW}$。三相异步电动机功率流程如图 2.21 所示，异步电动机在运行中的功率损耗如下。

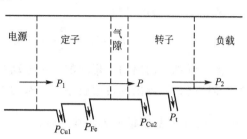

图 2.21 三相异步电动机功率流程图

（1）电流在定子绕组中的铜损耗 P_{Cu1} 及转子绕组中的铜损耗 P_{Cu2}。

（2）交变磁通在电动机定子铁心中产生的磁滞损耗及涡流损耗，通称为铁损耗 P_{Fe}。

（3）机械损耗 P_t。主要包括电动机在运行中的机械摩擦损耗、风的阻力及其他附加损耗。输入的功率 P_1 中有一小部分供给定子铜损耗 P_{Cu1} 和定子铁损耗 P_{Fe} 后，余下的大部分功率通过旋转磁场的电磁作用经过空气隙传递给转子，这部分功率称为电磁功率 P，电磁功率中再扣除转子铜损耗 P_{Cu2} 和机械损耗 P_t 后，即为输出功率 P_2，电动机的功率平衡方程式为

$$P_2 = P - P_{Cu2} - P_t = P_1 - P_{Cu1} - P_{Fe} - P_{Cu2} - P_t = P_1 - \sum P \qquad (2-14)$$

其中，$\sum P$——功率损耗。

电动机的效率 η 等于输出功率 P_2 与输入功率 P_1 之比，即

$$\eta = \frac{P_2}{P_1} \times 100\% = \frac{P_1 - \sum P}{P_1} \times 100\% \qquad (2-15)$$

异步电动机在空载运行及轻载运行时，由于定子与转子间空气隙的存在，定子电流 I_1 仍有一定的数值（不像变压器空载运行时那样空载电流很小）。因此电动机从电网输入的功率仍有一定的数值，而此时轴上输出的功率很小，使异步电动机在空载时效率很低。另外，理论分析及实践都表明，异步电动机在轻载时功率因数也很低。因此在选择及使用电动机时必须注意电动机的额定功率应稍大于所拖动的负载实际功率，避免电动机额定功率比负载功率大得多的所谓"大马拉小车"的现象。

2. 功率与转矩的关系

由力学知识得知：旋转体的机械功率等于作用在旋转体上的转矩 T 与它的机械角速度 Ω 的乘积，即 $P = T\Omega$，代入式(2-14)，并消去 Ω 后可得

$$T_2 = T - T_{Cu2} - T_t = T - T_0 \qquad (2-16)$$

式中：T——电磁转矩；T_0 为空载转矩；

T_2——输出转矩，其大小为

$$T_2 = \frac{P_2}{\Omega} = \frac{P_2 \times 60}{2\pi n} = \frac{1000 \times 60 \times P_2}{2\pi n} = 9550 \frac{P_2}{n} \qquad (2-17)$$

当电动机在额定状态下运行时，式(2-17)中的 T_2、P_2、n 分别为额定输出转矩(N·m)、额定输出功率(kW)、额定转速(r/min)。

例 2-6 有 Y160M-4 及 Y180L-8 型三相异步电动机各一台，额定功率都是 $P_2 =$

11kW，前者额定转速 1460r/min，后者额定转速 730r/min。分别求它们的额定输出转矩。

解： Y160M-4 型电动机

$$T_2 = 9550 \frac{P_2}{n} = 9550 \times \frac{11}{1460} \text{N} \cdot \text{m} = 71.95(\text{N} \cdot \text{m})$$

Y180L-8 型电动机

$$T_2 = 9550 \frac{P_2}{n} = 9550 \times \frac{11}{730} \text{N} \cdot \text{m} = 143.9(\text{N} \cdot \text{m})$$

由此可见，输出功率相同的异步电动机如级数多，则转速就低，输出转矩就大；级数少，转速高，则输出的转矩就小。在选用电动机时必须了解这个概念。

2.4.3 三相异步电动机的工作特性

三相异步电动机的工作特性是指当加在电动机上的电压 U_1 和电压的频率 f_1 均为额定值的条件下，电动机的转速 n、输出转矩 T_2、定子电流 I_1、功率因数 $\cos\varphi_1$、效率 η 与输出功率 P_2 之间的关系曲线，上述关系可以通过直接给异步电动机加上负载后测得，如图 2.22 所示。掌握三相异步电动机的工作特性对正确选择和使用电动机十分重要，下面从物理概念上说明它们之间的关系。

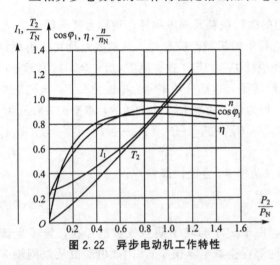

图 2.22 异步电动机工作特性

1. 转速特性 $n = f(P_2)$

三相异步电动机空载时，$P_2 = 0$，转子转速 n 接近同步转速 n_1；随着负载的增加，即输出功率增大时；转速将略为降低，使转子绕组中的电动势及电流增加，以产生较大的电磁转矩与负载转矩相平衡。因此随着 P_2 的增加，电动机转速 n 稍有下降，但下降不是很多；一般异步电动机 s_N 在 0.01～0.06 之间，即三相异步电动机的转速特性是一条稍向下倾斜的曲线，属于硬的转速特性。

2. 转矩特性 $T_2 = f(P_2)$

由式(2-17)知，由于异步电动机由空载到满载时 n 变化不大(略有下降)，故 T_2 与 P_2 接近成正比的变化，为一条过原点的直线，并略向上弯曲。

3. 定子电流特性 $I_1 = f(P_2)$

电动机空载时，$P_2 = 0$，定子电流 $I_1 = I_0$，随着负载的增加，转子电流增加定子电流也随之增加。在正常的工作范围内 $I_1 = f(P_2)$ 近似为一直线。

4. 功率因数特性 $\cos\varphi_1 = f(P_2)$

电动机空载时，定子电流 I_0 主要用于产生旋转磁场，为感性无功分量，功率因数很低，$\cos\varphi_1$ 在 0.2 左右。随着 P_2 的增加，转子电流及定子电流中的有功分量增加，使功率因数提高；接近额定负载时，功率因数最高。超过额定负载以后，电动机转速减小，即 s 增大，使 $\cos\varphi_2$ 减小，可参看式(2-13)。从而使定子的功率因数 $\cos\varphi_1$ 也略为下降。

5. 效率特性 $\eta=f(P_2)$

由式(2-14)知,电动机的功率损耗 $\Sigma P=P_{Cu1}+P_{Cu2}+P_{Fe}+P_t=$ 可变功率损耗+不变功率损耗。空载时 $P_2=0$,故 $\eta=0$。当负载开始增加时,可变损耗仍很小,故效率 η 将随负载增加而迅速增加;当可变损耗等于不变损耗时,电动机效率最高(一般异步电动机均在 $0.7P_N\sim P_N$ 时效率最高)。当再继续增加负载,由于可变损耗增加很快,效率又开始下降。

异步电动机的功率因数和效率是反映异步电动机工作性能的两个极为重要的参数。由上述曲线可见,电动机工作在接近满载时,功率因数和效率都比较高。因此选用电动机功率时应注意与负载相匹配,以保证运行性能良好。

2.5 常见故障及排除方法

1. 电源接通后电动机不启动的可能原因及排除方法

(1) 定子绕组接线错误。检查接线,纠正错误。

(2) 定子绕组断路、短路或接地,绕线转子异步电动机转子绕组断路。找出故障点,排除故障。

(3) 负载过重或传动机构被卡住。检查传动机构及负载。

(4) 绕线转子异步电动机转子回路断线(电刷与滑环接触不良、变阻器断路、引线接触不良等)。找出断路点,并加以修复。

(5) 电源电压过低。检查原因并排除。

2. 电动机温升过高或冒烟的可能原因及排除方法

(1) 负载过重或启动过于频繁。减轻负载、减少启动次数。

(2) 三相异步电动机断相运行。检查原因,排除故障。

(3) 定子绕组接线错误。检查定子绕组接线,加以纠正。

(4) 定子绕组接地或匝间、相间短路。查出接地或短路部位,加以修复。

(5) 笼型异步电动机转子断条。铸铝转子必须更换,铜条转子可修理或更换导条。

(6) 绕线转子异步电动机转子绕组断相运行。找出故障点,加以修复。

(7) 定子、转子相擦。检查轴承、转子是否变形,进行修理或更换。

(8) 通风不良。检查通风道是否畅通,对不可反转的电动机检查其转向。

3. 电动机振动的可能原因及排除方法

(1) 转子不平衡。校正平衡。

(2) 带轮不平稳或轴弯曲。检查并校正。

(3) 电动机与负载轴线不对。检查、调整机组的轴线。

(4) 电动机安装不良。检查安装情况及地脚螺栓。

(5) 负载突然过重。减轻负载。

4. 运行时有异常声音的可能原因及排除方法

(1) 定子、转子相擦。检查轴承、转子是否变形,进行修理或更换。

(2) 轴承损坏或润滑不良。更换轴承,清洗轴承。

(3) 电动机两相运行。查出故障点并加以修复。

(4) 风扇叶碰机壳等。检查并消除故障。

5. 电动机带负载时转速过低的可能原因及排除方法

(1) 电源电压过低,检查电源电压并排除故障。

(2) 负载过大,核对负载。

(3) 笼型异步电动机转子断条。铸铝转子必须更换转子,铜条转子可修理或更换。

(4) 绕线转子异步电动机转子绕组一相接触不良或断开。检查电刷压力,电刷与滑环接触情况及转子绕组。

6. 电动机外壳带电的可能原因

(1) 接地不良或接地电阻太大。按规定接好地线,消除接地不良处。

(2) 绕组受潮。进行烘干处理。

(3) 绝缘有损坏,有赃物或引出线碰壳。修理,并进行浸漆处理,消除脏物及重接引出线。

拓展阅读

近年来,欧美工业发达国家对节约能源及环境保护非常关注。电动机在电气传动中带动负载机械做功的同时也耗用大量的电能,因此提高电机的运行效率对节能起着重大的意义。

YB3 系列低压隔爆型三相异步电动机是在现代化工业中发展起来的最新型高效、环保和节能型的产品。外型上美观,结构上兼顾标准化、系列化、通用化,使企业能在基本系列的基础上派生出各个行业部门需要的产品,便于国际接轨。

YB3 不仅满足 GB 18613—2006 中的 2 级效率要求,并同时兼顾国际标准 IEC 60034—30 中 IE 2 效率指标。

1) 电磁设计特点

铁心叠片选择高牌号、低损耗电工钢片可降低涡流损耗,通过加长铁心降低磁通密度,也可以减少铁心损耗;定子绕组多用铜,增加定子绕组的截面,以降低绕组电阻和减少损耗;采用较大的转子导条,增加转子导条截面尺寸,以降低导条电阻和绕组损耗。

2) 结构设计特点

机座和端盖均采用优质耐腐蚀铸铁制造,带底脚铸铁机座和铸铁端盖,在正常和严酷工作制运行状态下有良好的强度和抗振性;转子:铸铝转子的转子导条、端环和冷却风叶为一整体,表面经防腐处理,转子和轴装配后,经校平衡以保证振动噪声低,运行可靠;优化槽型设计,可达到较高转矩、低温升和低噪声;优化风扇设计,降低由于空气流动引起的风摩耗及噪声级;轴承用真空脱气钢制造,高质量、温度范围宽的防锈油脂,使轴承具备最小摩擦损耗和较长的运行寿命;驱动轴伸上有模注氯丁橡胶或钢挡圈,防止潮气和灰尘进入轴承室。

实训项目 3 用日光灯法测三相异步电动机转差率

一、实训目的

1. 了解转差率在电动机实际工作中的意义。

2. 掌握用日光灯法测转差率的方法。

二、实训器材

    1. 测速发电机及转速表　　　1套
    2. 三相笼型异步电动机　　　1台
    3. 日光灯　　　　　　　　　1个
    4. 黑胶布、白纸条、计时器等

三、实训内容

    日光灯是一种闪光灯，当接到50Hz电源上时，灯光每秒闪亮100次，人的视觉暂留时间约为1/10s左右。日常生活中日光灯是一直发亮的，我们就利用日光灯这一特性来测量电机的转差率。

    (1) 三相异步电机(极数$2P=4$)直接与测速发电机同轴联接，在联轴器上用黑胶布包一圈，再用四张白纸条(宽度约为3mm)，均匀地贴在黑胶布上。

    (2) 由于电机的同步转速为1500r/min，而日光灯闪亮为100次/秒，即日光灯闪亮一次，电机转动四分之一圈。由于电机轴上均匀贴有四张白纸条，故电机以同步转速转动时，肉眼观察图案是静止不动的(可由三相同步电机验证)。

    (3) 开启电源，打开控制屏上日光灯开关，调节调压器升高电动机电压，观察电动机转向，如转向不对应停机调整相序。转向正确后，升压至220V，使电机启动运转，记录此时电机转速。

    (4) 因三相异步电机转速总是低于同步转速，故灯光每闪亮一次图案逆电机旋转方向落后一个角度，并观察图案逆电机旋转方向缓慢移动。

    (5) 计时(一般取30s)数条数见表2-2。

表2-2　数据记录表

$N(r)$	$t(s)$	S(转差率)	$n(r/min)$

转差率

$$S=\frac{\Delta n}{n_0}=\frac{\dfrac{N}{t}60}{\dfrac{60f_1}{P}}=\frac{pN}{tf_1}$$

式中：t——计数时间，单位为s；
      N——ts内图案转过的圈数；
      f_1——电源频率，50Hz。

四、实训报告

    1. 记载实训过程。
    2. 将计算出的转差率与实际观测到的转速算出的转差率比较。
    3. 实训体会。
    对于$2P=2$、$2P=6$、$2P=8$的电机，能用同样的方法测转差率吗？

本 章 小 结

1. 异步电动机是指由交流电源供电,但转速与交流电源产生的旋转磁场的转速不同步的旋转电机。主要可分为三相异步电动机和单相异步电动机两大类。这是目前应用最广泛的电动机。

2. 旋转磁场是三相或单相异步电动机能旋转的关键所在,而旋转磁场产生的基本条件是在空间相差一定角度的两相或三相绕组。并分别通入在时间上相差一定角度的两相或三相交流电流。

3. 不论单相还是三相异步电动机均由定子和转子两大部分组成。其中定子部分的作用是通入交流电产生旋转磁场,转子部分的作用是载流导体在磁场中受力,产生转矩而旋转。

4. 电动机铭牌标示了该电动机的型号及主要技术参数,是正确选用该电动机的依据,主要的技术数据有额定功率、额定电压、额定电流、额定转速、接法、频率和定额工作制等。

5. 绕组是三相异步电动机的关键部件,可分为定子绕组与转子绕组两大部分,经常接触到的是三相定子绕组。

6. 通过三相异步电动机运行原理的分析应了解电动机与变压器在运行中的相同点及不同点,掌握三相异步电动机功率的计算及与转矩的相互关系。

7. 三相异步电动机的工作特性是指电动机转速、输出转矩、定子电流、定子功率因数和电动机效率等物理量,与输出功率之间的相互关系,是选用电动机的重要依据。

思 考 题

1. 什么叫旋转磁场?它是怎样产生的?
2. 如果三相异步电动机的三相电源的一相断线,问三相异步电动机能否产生旋转磁场?为什么?
3. 如何改变旋转磁场的转速?如何改变旋转磁场的转向?
4. 说明三相异步电动机的工作原理,为什么三相异步电动机又称为三相感应电动机?
5. 三相异步电动机旋转磁场的转速由什么决定?试问两极、四极、六极三相异步电动机的同步转速是多少?
6. 什么叫做转差率?电动机转速增大时,转差率有什么变化?为什么异步电动机的转速不能等于同步转速?
7. 三相笼型异步电动机主要由哪些部分组成?各部分的作用是什么?
8. 三相笼型异步电动机和三相绕线转子异步电动机结构上的主要区别有哪些?
9. 某台进口设备上的三相异步电动机频率为 60Hz,现将其接在 50Hz 交流电源上使用,请问电动机的实际转速是否会改变?若改变的话,是升高还是降低?为什么?
10. 为什么三相异步电动机的定子铁心和转子铁心均用硅钢片叠压而成?能否用钢板或整块钢制作?为什么?

第3章 常用低压电器基础

知识目标	(1) 掌握低压电器的基本知识 (2) 掌握常用低压电器的工作原理
技能目标	(1) 掌握常用低压电器的作用 (2) 会使用各种常用低压电器

▶ 引言

2001年12月7日14时15分,某集团公司电气厂水汽电工班值班人员在MCC02B段PF-02B电容器柜更换控制回路的螺旋式熔断器。由于无合适的熔断器,自行用熔断器搭接;送电时,该柜发生短路,造成MCC02B段失电,使动力厂锅炉车间8台225t/h高压蒸汽锅炉跳车,迫使合成氨厂退出生产,损失巨大。经分析认为由于更换的自制熔断器接触不良,导致接触器频繁地分合动作,使电容器放电时间短,当接触器再次吸合时,电容器产生很高的过电压,造成设备的局部绝缘损坏,发生短路。因此为了保证电气设备安全可靠运行,应掌握控制电路中各种低压电器的正确选用。引言图为低压配电柜。

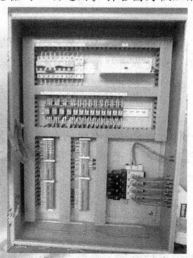

引言图

3.1 低压电器的基本知识

3.1.1 低压电器的定义

凡根据外界的电信号或非电信号，自动地或手动地对电路实现接通、断开控制，连续地或断续地改变电路参数，实现对电路或非电对象的切换、控制、保护、检测、变换和调节作用的电气设备，都称为电器。根据工作电压，电器分为低压电器和高压电器。低压电器一般为交流电压1200V以下，直流电压1500V及以下的电路中起通断、保护、控制或调节作用的电器。

3.1.2 低压电器的分类

1．按动作方式分

（1）自动电器。依据电器本身参数变化或外部其他信号作用，自动完成接通或分断等动作的电器。如接触器、继电器等。

（2）手动电器。依据外力作用直接控制电路状态的电器。如刀开关、按钮、转换开关等。

2．按用途及控制对象分

（1）控制电器。主要应用于电力拖动控制系统中，用以实现拖动设备的自动控制。如各种开关、接触器、继电器、主令电器、电磁铁和按钮等。

（2）配电电器。主要用于低压供电、配电系统中，用以实现对供电系统和配电系统电路的接通、断开、保护和检测作用等。如转换开关、刀开关、熔断器、断路器、互感器及各种保护用的继电器等。

低压电器还可以根据执行功能分为有触点电器和无触点电器；按工作条件、环境分为一般工业电器、牵引电器、船舶电器、矿山电器和航空电器等。

3.1.3 低压电器的组成

低压电器的结构主要包括感受部分和执行部分两大部分。

1．感受部分

主要用来感受外界信号，通过将信号转换、放大、判别后作出有规律的反应，使执行部分动作。在自动控制系统中，感受部分是电磁机构；在手动控制系统中，感受部分是操作手柄、按钮等。

2．执行部分

主要是触头（包括灭弧装置），用来完成电路的接通和断开任务。除了感受部分和执行部分外，还有中间部分，通过中间部分把感受部分和执行部分联接起来，使两者协调一致，按一定规律动作。

3.2 熔断器

熔断器是一种最简单有效的保护电器，主要在低压配电线路和电气设备控制线路中进行短路保护。当通过熔断器的电流大于熔体所允许的规定电流时，因熔体产生过热而融化切断电路。熔断器因其结构简单、使用方便、体积小、重量轻、可靠性高、经济等特性，在强电、弱电电路中被广泛地应用。

3.2.1 熔断器的结构及工作原理

熔断器由熔体（俗称保险丝）和安装熔体的绝缘管或绝缘座组成。熔体是熔断器的核心，主要用铅、铅锡合金、锌等材料制成低熔点熔体；用银、铜等材料制成高熔点熔体。熔体制成丝状和片状。绝缘管是装载熔体的外壳，由陶瓷、绝缘钢纸或玻璃纤维制成，具有灭弧、安装和固定作用。

在应用中，熔断器的熔体与所保护电路的负载串联，当电路发生过载或短路故障时，通过熔体的电流达到或超过某一规定值，在熔体上产生热量，温度上升，达到熔体熔点而使熔体熔断，切断故障电路，达到保护负载的作用。熔断器分断电路后，经维修排除电路故障，重新更换熔体，电路才可重新正常工作。

熔断器主要包括瓷插式、螺旋式、管式等几种形式，使用时应根据线路要求、使用场合和安装条件选择。图 3.1、图 3.2 所示为瓷插式熔断器和螺旋式熔断器。

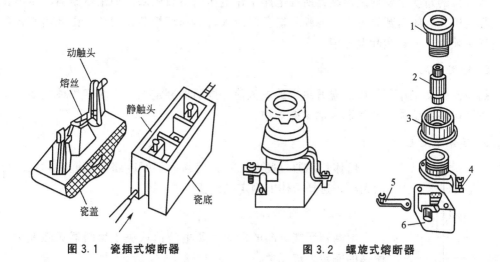

图 3.1　瓷插式熔断器　　图 3.2　螺旋式熔断器

3.2.2 保护特性

保护特性是指通过熔体的电流与熔体熔断的时间关系，如图 3.3 所示。其保护特性为一反时限特性曲线，即熔体熔断时间与通过电流平方成反比，电流越大，熔断速度越快。在保护特性中，通过熔体的电流在 1~2h 内使熔体熔断的最小电流值作为最小熔化电流 I_R。根据工作要求，电路在正常工作时，熔体绝不能熔断，所以通过熔体的实际电流值必须小于最小熔化电流。每个熔体都有一个额定电流值，熔体允许长期通过额定电流值而不熔断（产生的热温升达不到

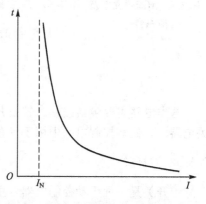

图 3.3　熔断器的保护特性

熔体熔点）。当通过熔体电流为额定值 1.3 倍时，熔体熔断时间在 1h 以上；通过 1.6 倍额定电流时，应在 1h 内熔断；通过 2 倍额定电流时，熔体几乎瞬间熔断。

最小熔化电流与熔体的额定电流之比，称为最小熔化系数，它是表示熔断器保护小倍数过载时的灵敏度的指标。最小熔化系数越小，保护特性越灵敏。由于电动机的启动电流是电动机额定电流的 4～7 倍，因此不合适用熔断器做过载保护。

3.2.3 主要技术参数

熔断器主要技术参数有额定电压、额定电流、熔体额定电流和分断能力等。型号含义如下。

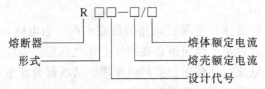

C—瓷插式；L—螺旋式；M—无填料封闭式；T—有填料封闭式；S—快速式；Z—自恢复式

1. 额定电压

从灭弧的角度出发规定熔断器所在电路工作电压的最高极限。如果熔断器额定电压小于实际电压，熔体熔断时可发生电弧不能及时熄灭，而损坏熔断器现象，因此熔断器的额定电压必须大于电路实际电压值。

2. 额定电流

熔断器长期工作所允许的温升决定的电流值。熔断器额定电流应大于熔体的额定电流值，不同规格的熔体可装入同一的熔断器中。

3. 熔体额定电流

熔体长期通过此电流不会熔断而切断电路，根据实际负载电流的大小来选择熔体的额定电流值。

4. 极限分断能力

熔断器所能分断的最大短路电流值取决于熔断器灭弧能力，与熔体的额定电流无关。

图 3.4 熔断器文字及图形符号

3.2.4 熔断器的电气符号

熔断器的文字符号用 FU 表示，图形符号如图 3.4 所示。

3.3 手控开关及主令电器

这类电器主要包括按钮、转换开关、行程开关和主令控制器等，属于非自动切换的开关电器。它们在控制电路中用于发布命令，使控制系统的状态改变。

3.3.1 刀开关

刀开关是一种手动控制电器，主要用来手动接通或断开交、直流电路。一般只作隔离开关使用；也用来非频繁地接通、分断容量不太大的低压供电和配电电路及小容量负载电路，可用作小功率电动机不频繁地直接启动、断开。

刀开关主要由刀片、触点座、手柄和绝缘底板等组成，如图 3.5 所示。根据不同的工作原理、使用条件和结构形式，刀开关可与熔断器结合，分为胶盖闸刀开关、封闭式负载开关和组合开关等。还可以按额定电压（电流）、刀的级数（单级、双级、多级）、有无灭弧罩和工作方式等区分。

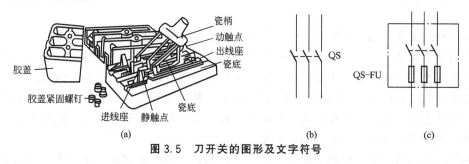

图 3.5 刀开关的图形及文字符号

3.3.2 按钮

按钮是一种结构简单、应用广泛的小容量主令电器，供低压手动控制各种电磁开关电器（接触器、继电器和大容量负载开关等）；以及转换各种信号电路、电器互锁电路等。

简单结构如图 3.6 所示，由按钮帽、复位弹簧、静触点及动触点桥组成。按钮不按时，1、2 接通，为常闭触点；按下按钮时，3、4 接通，为常开触点。当按下按钮时，常闭触点 1、2 断开，然后常开触点 3、4 接通。按钮松开后在弹簧作用下，常开触点 3、4 断开，然后常闭触点 1、2 接通。即先断开，后吸合。

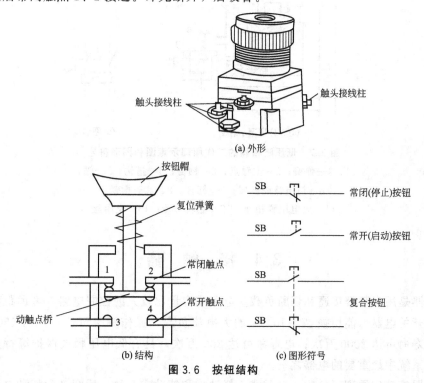

图 3.6 按钮结构

按钮开关一般为交流电压≤500V，额定电流5A。结构形式多种多样，适合各种场合，如紧急式，装有突出钮帽，以便于操作；旋转式，用手旋转进行操作；指示灯式，在透明的按钮内装入信号灯，以作信号显示；钥匙式，为使用安全起见须用钥匙插入方可转动打开；等等。按钮的颜色有红、绿、白、黄、蓝、黑等，供不同场合使用。

3.3.3 自动开关

自动开关又称自动空气断路器，具有刀开关、熔断器、热继电器和欠电压继电器的作用。它既有手动开关作用，又能自动进行欠压、失压、过载和短路等故障保护，还能自动切断故障电路，有效保护用电设备。可用于不频繁接通、断开负载电路的控制。

自动开关主要由触点、操作机构、脱扣器和灭弧装置等组成。操作机构分为直接手柄操作、杠杆操作、电磁铁操作和电动机驱动4种。脱扣器有电磁脱扣器、热脱扣器、复式脱扣器、欠压脱扣器和分励脱扣器等类型。

低压断路器简单工作原理如图3.7所示。断路器主触点串接在主电路中，过流脱扣器线圈串接在一相中，欠压线圈并接在其中两相上。操作手柄为合闸时，通过操作机构3、4锁住，主触点接通主电路。当电路工作中出现短路、过载、欠压时，相应脱扣机构使杠杆7动作，3、4脱扣、主触点断开，切断主电路，从而保护电器设备。当操作手柄处于断开时，3、4脱扣，主触头在弹簧作用下断开主电路。

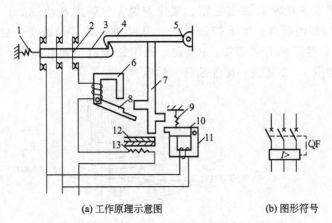

(a) 工作原理示意图　　　　(b) 图形符号

图3.7　低压断路器的工作原理示意图和图形符号

1、9—弹簧；2—主触点；3—锁键；4—搭钩；5—轴；
6—过电流脱扣器；7—杠杆；8、10—衔铁；
11—欠电压脱扣器；12—热脱扣器；13—电阻丝

3.4　接　触　器

接触器是用来频繁接通和切断负载主电路或容量比较大的控制电路，可远距离自动控制电路的开关电器。能切换$(7\sim10)I_N$的大电流负载，操作频率可达每小时1500～3000次；机械寿命可达2000万次；电寿命可达200万次；具有低电压释放保护等特点，它是电气控制系统中最重要的电器之一。

接触器按动作原理可分为：电磁式、气动式和液动式3种。后两者为特种电器，这里不做叙述。电磁式接触器按激磁电流性质分为交流激磁和直流激磁接触器；按主触头数分单级、双级、三级、四级、五级等。

3.4.1 接触器的结构和工作原理

接触器主要由如下 4 部分组成。

1. 电磁机构

电磁机构由线圈、静铁心、动铁心（衔铁）和释放弹簧组成。其结构形式取决于铁心与衔铁的运动方式：一种是衔铁绕轴转动的拍合式；另一种是铁心做直线运动的直动式。

2. 触头系统

分主触头和辅助触头。主触头用于控制主电路，通常是三对动合触头，分为单断点和双断点式；辅助触头用于控制电路，起到电气联锁作用，又称为联锁触头，分为常开触头和常闭触头。

3. 灭弧装置

容量在 10A 以上的接触器都有灭弧装置，对于较小容量的接触器可采用双断点桥式电动灭弧，或相间弧板隔弧及陶土灭弧罩灭弧；对于大容量的接触器采用纵缝灭弧罩及栅片灭弧。

4. 其他部分

它主要包括作用弹簧、缓冲弹簧、触头弹簧、传动机构、联结导线及处壳等。接触器结构如图 3.8 所示，当电磁线圈通入电流时，在电磁力作用下电磁铁克服弹簧作用力吸合，带动主触头与静触头闭合，接通主电路。主触头用于控制主电路，通过大电流。同时辅助常闭触头断开，辅助常开触头闭合。辅助触头用于控制电路中，通过小电流。当电磁线圈断电时，或电磁线圈电压过低使电磁力小于弹簧作用力时，电磁铁在弹簧力作用下恢复原位，主触头与静触头分开，从而切断所控制电路。

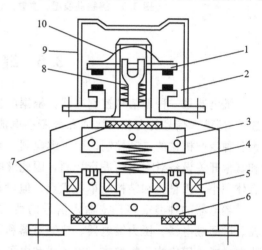

图 3.8 CJ20-63 型交流接触器结构示意图
1—动触点；2—静触点；3—衔铁；4—缓冲弹簧；
5—电磁线圈；6—铁心；7—垫毡；8—触点弹簧；
9—灭弧室；10—触点压力弹簧

3.4.2 主要技术参数

（1）额定电压。指主触头的额定工作电压。主触头额定工作电压应大于或等于实际电路工作电压值。

（2）额定电流。指主触头的额定工作电流，是指长期工作下，触头温度不超过额定温升时，主触头所允许通过的电流。

（3）线圈额定电压。指使接触器可靠吸合时加在线圈上的工作电压，一般等于控制电路的电压。

(4) 电气寿命和机械寿命。电气寿命是指接触器触点在额定工作条件下所允许的极限操作次数。机械寿命指接触器在不需要修理的条件下，无负载时能承受的操作次数。

(5) 操作次数。指接触器每小时的操作次数。由于交流接触器吸合电流大，容易使线圈过热，电气寿命降低，操作频率不超过每小时 600 次，直流接触器不超过每小时 1200 次。

3.4.3 接触器的电气符号

接触器的文字符号用 KM 表示，图形符号如图 3.9 所示。

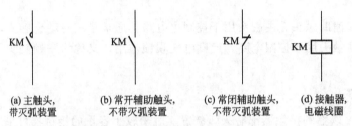

图 3.9 接触器线圈、主触点、辅助触点图形符号及文字符号

3.5 继 电 器

继电器是一种小信号控制电器，根据电量(如电压、电流等)或非电量(如时间、温度、速度等)输入信号的变化来接通和分断小电流电路的电器，广泛用于电动机或线路的保护及各种生产机械的自动控制。由于继电器一般都不用来直接控制主电路，而是通过接触器和其他开关设备对主电路进行控制，因此继电器载流容量小，不需要灭弧装置。继电器具有体积小、重量轻和结构简单等优点，但对其动作的灵敏度要求很高。

继电器的种类很多，按输入信号的性质可分为电压继电器、电流继电器、中间继电器、时间继电器、压力继电器、热继电器和速度继电器等；按其感受元件的动作原理可分为电磁式、感应式、机械式、电动式和电子式等；按用途可分为电力网保护用继电器、电力拖动控制用继电器、自动装置和电信用继电器等。

3.5.1 电磁式继电器

电磁式继电器也叫做有触点继电器，它的结构和动作原理与接触器大致相同。但电磁式继电器在结构上体积小、动作灵敏、没有庞大的灭弧装置，而且触点的种类和数量也比较多。

1. 电磁式继电器的原理及特性

继电器的主要特性用"继电特征"来表示，它反映的是继电器触头动作的输入量和输出量之间的关系。

1) 电流继电器

电流继电器的线圈与被测电路串联，以反应电路电流的变化。为不影响电路工作情况，其线圈匝数少，导线粗，线圈阻抗小。

电流继电器分为欠电流和过电流继电器。欠电流继电器的吸引电流为额定电流的30%～50%，释放电流为额定电流的10%～20%。因此，在电路正常工作时，其衔铁是吸合的，只有担负电流降低到某一程度时，继电器释放，输出信号。过电流继电器在电路正常工作时不动，当电流超过一整定值时才动作，整定范围通常为1.1～4倍额定电流。如图3.10所示，当接入主电路的线圈为额定值时，它所产生的电磁引力不能克服反作用弹簧的作用力，继电器不动作，常闭触点闭合，维持电路正常工作。一旦通过线圈的电流超过整定值，线圈电磁力将大于弹簧反作用力，静铁心吸引衔铁使其动作，分断常闭触点，切断控制回路，保护了电路和负载。

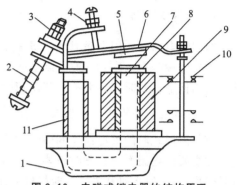

图3.10　电磁式继电器的结构原理

1—底座；2—反力弹簧；3、4—调节螺钉；
5—非磁性垫片；6—衔铁；7—铁心；8—极靴；
9—电磁线圈；10—触点系统

2）电压继电器

电压继电器的结构与电流继电器相似，不同的是电压继电器的线圈与被测电路并联，线圈匝数多，导线细，阻抗大。根据动作电压值的不同，电压继电器有过电压、欠电压和零电压继电器之分。过电压继电器在电压为额定电压值的110%～115%以上时动作；欠电压继电器在电压为额定电压值的40%～70%时动作；而零电压继电器当电压降至额定电压值的5%～25%时动作。

3）中间继电器

中间继电器实质上为电压继电器，但它的触点对数多，触点容量较大，动作灵敏。它的主要用途为：当其他继电器的触点对数或触点容量不够时，可借助中间继电器来扩大它们的触点数和触点容量，起到中间转换的作用。

2. 电磁式继电器的符号

电磁式继电器的图形和文字符号如图3.11所示。文字符号：电流继电器为KI，电压继电器为KV，中间继电器为KA。

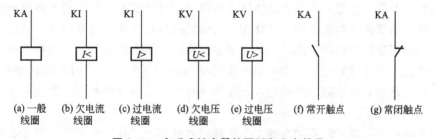

图3.11　电磁式继电器的图形和文字符号

3. 电磁式继电器的选用

选用电磁式继电器的主要依据是被控制或保护对象特性、触点的种类、数量、控制电路的电压、电流和负载性质等因素,特别是线圈电压、电流应满足控制线路的要求。如果控制电流超过继电器触点额定电流,可将触点并联使用,也可用触点串联方法提高触点的分断能力。

3.5.2 时间继电器

时间继电器是利用电磁原理或机械原理实现触点延时闭合,或延时断开的自动控制电器。常用的种类有电磁式、空气阻尼式、电动式和晶体管式等。这里以应用广泛、结构简单、价格低廉及延时范围大的空气阻尼式时间继电器为主进行介绍。

1. 时间继电器的结构和原理

空气阻尼式时间继电器又叫做气囊式时间继电器,是利用空气气隙阻尼作用原理制成的。它主要由电磁系统、延时机构和触点三部分组成。电磁机构为直动式双 E 型,触点系统是借用 LX5 型微动开关,延时机构采用气囊式阻尼器,外形及结构如图 3.12 所示。

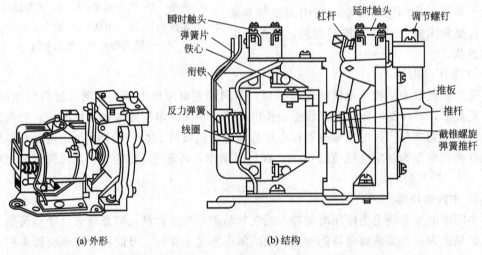

(a) 外形　　　　　　　　(b) 结构

图 3.12　JS7-A 系列空气阻尼式时间继电器

电磁机构可以是交流的,也可以是直流的,触点包括瞬动触点和延时触点两种。空气式时间继电器分为通电延时和断电延时两种时间继电器。

通电延时式工作原理为:电磁线圈通电时,电磁铁吸合,活塞杆在弹簧力作用下通过活塞带动橡皮膜移动。但受进气孔进气速度的限制,空气进入气囊,使气囊充满气体需经过一段时间,活塞杆才能使微动开关动作,动断触点断开,动合触点闭合。通过改变进气孔的气隙大小调整延时时间。同时,可以通过电磁铁动作直接控制一组微动开关,不需延时的瞬动开关。当线圈断电时,电磁铁在复位弹簧作用下复位;同时推动活塞杆、活塞、橡皮膜,利用活塞和橡皮膜之间的配合,在排气时形成单向阀的作用,使气囊中的气体快速排出,微动开关复位。

断电延时空气阻尼式时间继电器工作原理与通电延时工作原理相似,只是在结构上将电磁机构进行调整,使电磁铁在断电时气囊延时进气。

2. 时间继电器的电气符号

时间继电器的文字符号用 KT 表示,图形符号如图 3.13 所示。

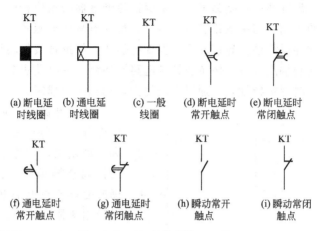

图 3.13 时间继电器的图形符号

3.5.3 热继电器

热继电器是利用电流通过热元件时产生热效应来切断电路的保护电器。电动机在实际运行中,常遇到过载情况,若过载不大,时间较短,只要电机绕组不超过允许的温升,电机是允许的。但过载时间过长,绕组温升超过了允许值时,将会加剧绕组绝缘的老化,缩短电动机的使用寿命,严重时会烧毁电动机的绕组。因此,凡是长期运行的电动机必须设置过载保护。

1. 热继电器的结构和原理

热继电器种类很多,应用最广泛的是基于双金属片的热继电器,其外形、结构及工作原理如图 3.14 所示。它主要由双金属片、热元件、动作机构、触点装置、整定装置、温度补偿元件和复位装置等组成。

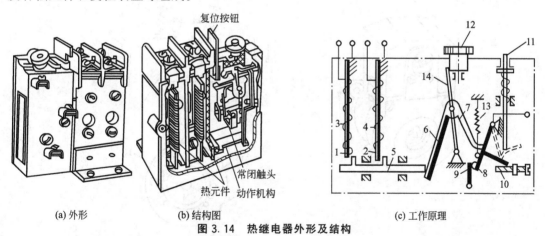

图 3.14 热继电器外形及结构

1、2—主双金属片;3、4—加热元件;5—导板;6—温度补偿;7—推杆;8—动触点;
9—静触头;10—螺钉;11—复位按钮;12—旋钮;13—弹簧;14—支撑杆

主金属片和温度补偿片都由两种膨胀系数不同的金属片焊压而成。双金属片与热元件串接在负载电路中,当电路电流增加时,温度增加,由于两种金属受热弯曲率不同,它们会向一边变形弯曲。温度补偿片是为了进一步保证热继电器的动作精度而设的，即补偿环境温度对双金属片的影响。当主电路发生过载时，过载电流使电阻丝发热过量，引起双金属片受热弯曲，推动导板移动。导板又推动温度补偿片，使推杆绕轴转动，又推动了动触点连杆，使动触点与静触点分开，使负载控制电路被切断，主电路也断电，起到保护的作用。热继电器具有反时保护特性，即通过电流越大，动作时间越短。

热继电器动作后，需经过一段时间冷却，方可恢复原位，有手动复位和自动复位。动作电流的整定是通过旋钮调整推板和温度补偿片的距离，即改变推板的行程进行调整的。如超过使用年限，严重时会使电动机绕组烧毁。因此，用热继电器来保护电动机或其他负载免于长时间过载。

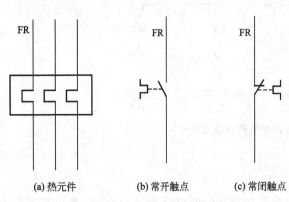

(a) 热元件　　(b) 常开触点　　(c) 常闭触点

图 3.15　热继电器的图形符号和文字符号

2. 热继电器的符号

热继电器的文字符号用 FR 或 KR 表示，图形符号如图 3.15 所示。

3.5.4　速度继电器

1. 速度继电器工作原理

速度继电器是根据电磁感应原理制成的。如图 3.16 所示，它由套有永久磁铁的轴与被控电动机的轴相联，用以接收转速信号。当继电器的轴由电动机带动旋转时，磁铁磁通

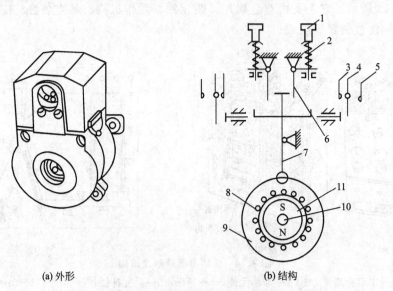

(a) 外形　　　　　　　　　　(b) 结构

图 3.16　JF20 型速度继电器的外形和结构示意图

1—螺钉；2—反力弹簧；3—动触点；4—动触点；5—静触点；
6—返回杠杆；7—杠杆；8—定子导体；9—定子；10—转轴；11—转子

就切割圆环内的笼型绕组,绕组感应出电流。此电流与磁铁磁场作用产生电磁转矩,在这个转矩的推动下,圆环带动摆杆克服弹簧力顺电动机旋转方向转过一定角度,并拨动触点改变其通断状态。调节弹簧松紧可调节速度继电器的触点在电动机不同转速时的切换。

2. 速度继电器电气符号

速度继电器的电气符号如图 3.17 所示。

(a) 转子　　(b) 常开触点　　(c) 常闭触点

图 3.17　速度继电器的电气符号

拓展阅读

为适应现代工业自动化发展的需要,以及新技术、新工艺、新材料的研究与应用,低压电器的发展目前正朝着高性能、高可靠性、智能化、小型化、数字化、模块化、组合化、零部件通用化及绿色环保方向发展。

(1) 高性能。额定短路分断能力与额定短时耐受电流进一步提高,并实现 $I_{cu}=I_{cs}$,如施耐德公司的 MT 系列产品,其运行短路分断和极限短路分断能力最高达到 150kA。

(2) 高可靠性。产品除要求较高的性能指标外,又可做到不降容使用。可以满容量长期使用而不会发生过热,从而实现安全运行。

(3) 智能化。随着专用集成电路和高性能的微处理器的出现,断路器实现了脱扣器的智能化,使断路器的保护功能大大加强,可实现过载长延时、短路短延时、短路瞬时、接地和欠压保护等功能。它还可以在断路器上显示电压、电流、频率、有功功率、无功功率和功率因数等系统运行参数;并可以避免高次谐波的影响下发生误动作。

(4) 现场总线技术。低压电器新一代产品实现了可通信、网络化,能与多种开放式的现场总线连接,进行双向通信,实现电器产品的遥控、遥信、遥测和遥调功能。现场总线技术的应用,不仅能对配电质量进行监控,减少损耗,而且现场总线技术能对同一区域电网中多台断路器实现区域连锁,实现配电保护的自动化,进一步提高配电系统的可靠性。工业现场总线领域使用的总线有 Profibus、Modbus、DeviceNet 等,其中 Modbus 与 Profibus 的影响较大。

(5) 模块化、组合化。将不同功能的模块按照不同的需求组合成模块化的产品,是新一代产品的发展方向。如 ABB 推出的 Tmax 系列,热磁式、电子式、电子可通信式脱扣器都可以互换。附件全部采用模块化结构,不需要打开盖子就可以安装。

(6) 采用绿色材料。产品材料的选用、制造过程及使用过程不污染环境,符合欧盟环保指令。

实训项目 4　常用低压电器的认识

一、实训目的

1. 认识常用的低压电器。
2. 了解各低压电器的作用。

电机应用技术

二、实训器材

由常用低压电器组成的控制箱(柜)　　1台

三、实训内容

1. 通过教师讲解了解控制箱(柜)完成的控制任务。
2. 写出控制箱(柜)内的低压电器的名称及其电气符号。
3. 描述各电器在此电路中的作用。

四、实训报告

根据格式要求完成实训报告。

本 章 小 结

1. 低压电器一般为交流电压1200V以下,直流电压1500V及以下的电路中起通断、保护、控制或调节作用的电器。其结构主要包括感受部分和执行部分。

2. 熔断器是一种最简单有效的保护电器,主要在低压配电线路和电气设备控制线路中进行短路保护。其保护特性为一反时限特性曲线,即熔体熔断时间与通过电流平方成反比,电流越大,熔断速度越快。

3. 按钮是一种结构简单、应用广泛的小容量主令电器,供低压手动控制各种电磁开关电器及转换各种信号电路、电器互锁电路等。其动作特点是按下按钮帽其常开触点闭合,常闭触点断开,松开按钮帽,触点复位。

4. 自动开关又称自动空气断路器,它是一种既有手动开关作用,又能自动进行欠压、失压、过载和短路等故障保护,还能够自动切断故障电路,有效保护用电设备的电器。

5. 接触器是用来频繁接通和切断交直流主电路或大容量电器的控制电路,可远距离地自动地控制电路的开关电器。它主要由电磁系统、触头系统和灭弧系统等组成。

6. 继电器是一种小信号控制电器,根据电量(如电压、电流等)或非电量(如时间、温度、速度等)输入信号的变化来接通和分断小电流电路。具有载流容量小,不需要灭弧装置、体积小、重量轻和结构简单等特点。

7. 时间继电器是利用电磁原理、机械原理实现触点延时闭合或延时断开的自动控制电器。空气阻尼式时间继电器是利用空气气隙阻尼作用原理制成。它主要由电磁系统、延时机构和触头三部分组成。它可分为通电延时和断电延时两种时间继电器。

8. 热继电器是利用电流通过热元件时产生热效应来切断电路的保护电器,在电路中起过载保护的作用。

思 考 题

1. 什么是电器?什么是低压电器?按在电气线路中的位置和作用可分为哪两大类?
2. 简述自动开关的工作原理及用途。

3. 交流接触器主要由哪几部分组成？它们各自的特点及作用是什么？
4. 直流接触器和交流接触器在结构上有哪些区别？
5. 什么是继电器？一般来说由哪几部分组成？其用途是什么？
6. 中间继电器的作用是什么？
7. 电压继电器线圈和电流继电器线圈在结构上有哪些区别？能否互相替代？为什么？
8. 简述接触器与继电器的区别。
9. 简述热继电器的主要结构和工作原理，二相保护式和三相保护式各在什么情况下使用？为什么热继电器不能对电路进行短路保护？
10. 熔断器的主要作用是什么？常用类型有哪些？为什么熔断器不能过载保护？

第4章

三相异步电动机的电力拖动

知识目标	（1）掌握电力拖动系统的基本组成、运动方程及负载的机械特性 （2）掌握三相异步电动机的机械特性及运行性能 （3）掌握三相异步电动机启动、调速及制动的原理、方法，掌握一般电力拖动控制线路的分析方法
技能目标	（1）能够正确选择三相异步电动机的启动方式 （2）具有三相异步电动机基本使用、维护能力 （3）具有一般电力拖动控制线路的分析能力

▶ 引言

在国民经济各部门中，广泛地使用着各种各样的生产机械，各种生产机械都需要有原动机拖动才能正常工作。目前拖动生产机械的原动机一般都采用电动机，这种以电动机来拖动生产机械的方式就称为"电力拖动"。电力拖动所以能得到广泛应用是因为驱动电机的电能可以很小的损失，输送很远的距离；电动机种类和型式很多，可以充分满足各种不同类型生产机械对原动机的要求；电动机控制方法简单，并且可以实现遥控和自动控制。电力拖动系统的控制方式也经历了由简单到复杂，由低级到高级的过程。电力拖动自动控制技术的提高决定了机电一体化的工业发展。引言图为由PLC加变频器控制的某水厂加药系统。

引言图

4.1 电力拖动的基本知识

4.1.1 电力拖动系统简介

电力拖动系统通常由电源、电动机、控制设备、生产及工作机构等部分组成,如图 4.1 所示。

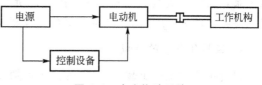

图 4.1 电力拖动系统

电动机作为原动机是通过传动机构(或直接)带动生产,或工作机构按事先设计好的程序工作。控制设备是由各种电器、控制电机、自动化元件、工业控制计算机及可编程控制器等组成,用以控制电动机的运动状态。电源则是向电动机及控制设备提供电能。最常见的生产或工作机构如电风扇、洗衣机、水泵、压缩机、各种生产机床和电梯等。

4.1.2 电力拖动系统的运动方程

当电动机拖动工作机构工作时,根据动力学原理,为方便工程分析及计算,通过等量转换,可得电力拖动系统的转动方程式为(忽略空载转矩 T_0)如下

$$T - T_L = \frac{GD^2}{375} \frac{dn}{dt} \tag{4-1}$$

式中:T——电动机的拖动转矩(电磁转矩),N·m;

T_L——工作机械的阻力矩(负载转矩),N·m;

GD^2——转动系统的飞轮矩,N·m²;

一般地,电动机转子及其他转动部分的飞轮矩可由相应的产品目录中查到。

式(4-1)即为机组的运行方程式,该机组是处于静态(静止不动或匀速运动),还是动态(加速或减速),都可由运动方程式来判定。

首先必须规定各转矩的参考方向,先任意规定某一旋转方向(例如顺时针方向)为参考方向,即 n 为规定方向,则拖动转矩 T 与规定方向相同时为正,相反时为负;负载转矩 T_L 与规定方向相同时为负,相反时为正。即 T 与 n 同向为正,T_L 与 n 反向为正。

因此当 T 的方向是正时,表示 T 的作用方向与 n 的方向相同,T 为拖动转矩;当 T 的方向是负时,表示 T 的作用方向与 n 的方向相反,T 为制动转矩。

当 T_L 的方向是正时,表示 T_L 的作用方向与 n 的方向相反,T_L 为制动转矩;当 T_L 的方向是负时,表示 T_L 的作用方向与 n 的方向相同,T_L 为拖动转矩。

特别提示

按此方程可对电力拖动系统的运动状态进行分析如下。

(1) $T = T_L$,则 $dn/dt = 0$,电力拖动系统处于静止不动或匀速运动的稳定状态。

(2) $T > T_L$,则 $dn/dt > 0$,系统处于加速状态。

(3) $T < T_L$,则 $dn/dt < 0$,系统处于减速状态。

4.1.3 负载的机械特性

生产、工作机构在运行时所需的转矩 T_L（或功率 P_L）与转速 n 两者之间必须满足一定的关系，通常用负载的机械特性来描述，所谓机械特性，即是指负载转矩 T_L 与转速 n 之间的关系，即 $n=f(T_L)$。各种不同的工作机构的机械特性可分以下三类。

1. 恒转矩负载的机械特性

恒转矩负载是指负载转矩 T_L 的大小不随转速 n 的变化而变化，即 T_L = 常数。此类负载又分为反抗性恒转矩负载和位能性恒转矩负载。

1) 反抗性恒转矩负载

其特点是负载转矩 T_L 的大小不变，但负载转矩 T_L 的方向始终与工作机械运动的方向相反，总是阻碍电动机的转动。主要有由摩擦力产生转矩的机械，如皮带运输机、机床工作台运动和轧钢机械等。不论是向前或向后运动，摩擦力总是阻力矩，其特性曲线如图 4.2(a)所示。

2) 位能性恒转矩负载

其特点是不论工作机械的运动方向是否变化，负载转矩的大小及方向始终保持不变。这类负载转矩主要是由重力作用产生。例如起重机在提升重物时，负载转矩为阻力矩，其方向与电动机旋转方向相反；当放下重物时，负载转矩为驱动转矩；其作用方向与电动机旋转方向相同，促使电动机旋转，其特性曲线如图 4.2(b)所示。

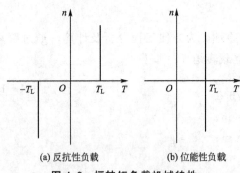

图 4.2 恒转矩负载机械特性

2. 恒功率负载的机械特性

此类负载的特点是所需的转矩与转速成反比，而两者的乘积（即功率）$T \cdot \Omega = P$ 近似不变，故称为恒功率负载。例如车床在切削加工时，粗加工时切削量大（T_L 大），则转速低；精加工时切削量小（T_L 小），则转速高。其特性曲线如图 4.3 所示。

3. 通风机型负载的机械特性

风机、水泵、油泵和螺旋桨等工作机械，其转矩 T_L 与转速的平方成正比，即 $T_L \propto n^2$，其特性曲线如图 4.4 所示。

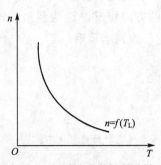

图 4.3 恒功率负载机械特性

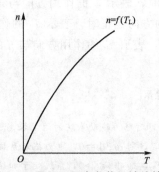

图 4.4 风机、泵类负载机械特性

4.2 三相异步电动机的机械特性

4.2.1 三相异步电动机的机械特性

对用来拖动其他机械的电动机而言,在使用中最关心的是电动机输出的转矩大小、转速高低、转矩与转速之间的相互关系等问题。

由于异步电动机的转矩是由载流导体在磁场中受电磁力的作用而产生的,因此转矩的大小与旋转磁场的磁通 $\varPhi_m$、转子导体中的电流 I_2 及转子功率因数有关,即

$$T = C_m \varPhi_m I_2 \cos\varphi_2 \tag{4-2}$$

式中:C_m——电动机的转矩常数。

式(4-2)在实际应用或分析时不太方便,为此可将式(2-9)中的 $\varPhi_m$,式(2-16)中的 I_2 及式(2-17)中的 $\cos\varphi_2$ 分别代入本式中,再经过整理后可得

$$T \approx \frac{CsR_2 U_1^2}{f_1 [R_2^2 + (sX_{20})^2]} \tag{4-3}$$

式中:T——电磁转矩。在近似分析与计算中可将其看作电动机的输出转矩,N·m;

U_1——电动机定子每相绕组上的电压,V;

s——电动机的转差率;

R_2——电动机转子绕组每相的电阻,Ω;

X_{20}——电动机静止不动时转子绕组每相的感抗值,Ω;

C——电动机结构常数;

f_1——交流电源的频率,Hz。

对某台电动机而言,它的结构常数及转子参数 C、R_2、X_{20} 是固定不变的,因而当加在电动机定子绕组上的电压 U_1 不变时,(电源频率 f_1 当然也不变)。由式(4-3)可看出:异步电动机轴上输出的转矩 T 仅与电动机的转差率有关(即是电动机的转速)。在实际应用中为了更形象化地表示出转矩与转差率(或转速)之间的相互关系,常用 T 与 s 间的关系曲线来描述,如图4.5所示。该曲线通常称为异步电动机的转矩特性曲线。

在电力拖动系统中,由于由电动机拖动的机械负载给出的是负载的机械特性,为了便于分析起见,通常直接表示出电动机的转速与转矩之间的关系,因此常如图4.5所示顺时针转过90°,并把转差率 s 变换成转速 n,变成如图4.6所示的 n 与 T 之间的关系曲线,称为异步电动机的机械特性曲线。它的形状与转矩特性曲线是一样的。

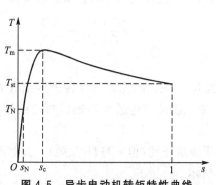

图4.5 异步电动机转矩特性曲线

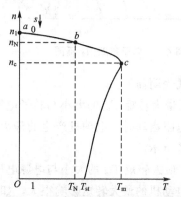

图4.6 异步电动机机械特性曲线

下面以机械特性曲线为例来分析异步电动机的运行性能。

4.2.2 三相异步电动机的运行性能

1. 启动状态

在电动机启动的瞬间，即 $n=0$（或 $s=1$）时，电动机轴上产生的转矩称为启动转矩 T_{st}（又称堵转转矩），如启动转矩 T_{st} 大于电动机轴上所带的机械负载转矩 T_L，则电动机就能启动；反之，电动机则无法启动。

2. 同步转速状态

当电动机转速达到同步转速时，即 $n=n_1$（或 $s=0$）时，转子电流 $I_2=0$，故转矩 $T=0$。

3. 额定转速状态

当电动机在额定状态下运行时，对应的转速称为额定转速 n_N，此时的转差率称为额定转差率 s_N，而电动机轴上产生的转矩则称为额定转矩 T_N。

4. 临界转速状态

当转速为某一值 n_c 时，电动机产生的转矩最大，称为最大转矩 T_m。异步电动机的最大转矩 T_m 以及产生最大转矩时的转差率（称临界转差率）可用数学运算求得。将式(4-3)对 s 求导数 dT/ds，并令其等于零。经过运算后，便可求得 s_c，即

$$s_c = \frac{R_2}{X_{20}} \qquad (4-4)$$

式(4-4)说明，产生最大转矩时的临界转差率 s_c（即临界转速 n_c）与电源电压 U_1 无关。但与转子电路的总电阻 R_2 成正比，故改变转子电路电阻 R_2 的数值，即可改变产生最大转矩时的临界转差率（即临界转速），如图 4.7 所示，图中 $R_2'' > R_2' > R_2$。如果 $R_2 = X_{20}$，$s_c = 1$，即说明电动机在启动瞬间产生的转矩最大（换句话说也就是电动机的最大转矩产生在启动瞬间）。所以绕线转子异步电动机可以在转子回路中串入适当的电阻，使启动时能获得最大的转矩。

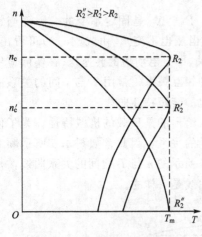

图 4.7 转子电路 R_2 不同

将式(4-4)代入式(4-3)，整理后可得

$$T_m \approx \frac{CU_1^2}{f_1(2X_{20})} \qquad (4-5)$$

上式表明如下。

(1) 最大转矩 T_m 的大小与转子电路的电阻 R_2 无关，因此，绕线转子异步电动机转子电路串电阻启动时，电动机产生的最大转矩不变，仅是产生最大转矩时对应的转速不同，如图 4.7 所示。

(2) 最大转矩 T_m 的大小与电源电压 U_1 的平方成正比（但 s_c 与 U_1 无关），故电源电压的波动对电动机的最大转矩影响很大，如图 4.8 所示。

5. 启动转矩倍数

前面已经说过，电动机刚接入电网时尚未开始转动（$n=0$）的一瞬间，轴上产生的转矩称为启动转矩（或堵转转矩）T_{st}，启动转矩必须大于电动机轴上所带的机械负载阻力矩，电动机才能启动。因此启动转矩 T_{st} 是衡量电动机启动性能好坏的重要指标，通常用启动转矩倍数 λ_{st} 表示。

$$\lambda_{st} = \frac{T_{st}}{T_N} \quad (4-6)$$

式中：T_N 是电动机的额定转矩。旧型号的国产三相异步电动机 J2、JO2 系列 λ_{st} 约在 0.95~1.9 之间。目前国产 Y 系列及 Y2 系列三相异步电动机该值约 2.0 左右，因此 Y 系列及 Y2 系列电动机的启动性能较老产品优越。

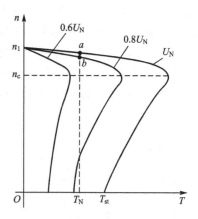

图 4.8 不同电压的机械特性曲线

6. 过载能力 λ

电动机产生的最大转矩 T_m 与额定转矩 T_N 之比称为电动机的过载能力 λ。即

$$\lambda = \frac{T_m}{T_N} \quad (4-7)$$

一般三相异步电动机的 λ 在 1.8~2.2 之间，它表明电动机在短时间内轴上带的负载只要不超过 (1.8~2.2)T_N，电动机仍能继续运行。因此 λ 表明电动机具有的过载能力。

特别提示

由公式（4-3）可得出：异步电动机的转矩 T（最大转矩 T_m 及启动转矩 T_N 也一样）与加在电动机上的电压 U_1 的平方成正比。因此电源电压的波动对电动机的运行影响很大。例如当电源电压为额定电压的 90% 即为 $0.9U_1$ 时，电动机的转矩则降为额定值的 81%。因此当电源电压过低时，电动机就有可能拖不动负载而被迫停转，这一点在使用电动机时必须注意。在后面异步电动机的启动中也会讨论到，当异步电动机采用降低电源电压启动时，虽然对降低电动机电流很有效，但带来的最大缺点就是电动机的启动转矩也随之降低，因此只适用于轻载或空载的电动机。

4.2.3 三相异步电动机的稳定运行区

电动机在运行中拖动的负载转矩 T_L 必须小于电动机的最大转矩 T_m，电动机才有可能稳定运行，否则电动机将因拖不动负载而被迫停转。

通常异步电动机稳定运行如图 4.6 所示机械特性曲线的 abc 段上。从这段曲线可以看出，当负载转矩有较大的变化时，异步电动机的转速变化并不大，因此异步电动机具有硬的机械特性，这个转速范围（n_1~n_c），称为异步电动机的稳定运行区。对于稳定运行区可作这样的理解，设电动机拖动的负载转矩为 T_L，则在图 4.9 中可见，T_L 与电动机机械特性

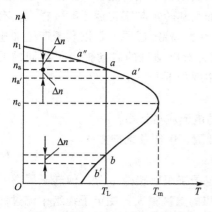

图 4.9 电动机组运行稳定性

相交的 a 点和 b 点，都满足转矩平衡关系，但 a 点位于稳定运行区，是稳定工作点。现在说明如下，假设负载转矩突然增大，则电动机转矩将小于负载转矩，电动机即减速由 n_a 降为 n_a'，随着电动机转速的下降，电动机产生的转矩即增加，当增加到与负载转矩相等时，电动机即在该转速下稳定运行。用同样的道理可分析当负载转矩减小时，电动机将在稍高的转速下稳定运行。这也就是为什么电动机的空载转速稍高于额定转速的原因。

同理分析 b 点的情况，若负载转矩突然增加，则电动机将减速 Δn 使工作点移到 b'，但此时电动机产生的转矩更小，则机组将进一步减速，直至停转。故 b 点为不稳定工作点，转速范围 $(n_c \sim 0)$ 为不稳定运行区，异步电动机一般不能在该区域内正常稳定运行。只有电风扇、通风机等风机型负载是一种特例。因为风机型负载的特点是阻力矩 T_L 随转速急剧增加，如图 4.10 所示。它与电动机的机械特性曲线相交于 e 点，并在 e 点稳定运行，当由于某种原因使电动机转速稍有增加时，则电动机的转矩增加较少；而负载阻力矩 T_L 增加较多，从而使电动机减速。同理，当电动机转速下降时，则电动机的电磁转矩比负载转矩 T_L 下降得要少。于是电动机加速。因此在转速变化消失后，电动机仍能恢复到稳定工作点 e 处工作。

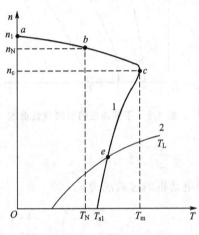

图 4.10　风机型负载的稳定运行

4.3　三相异步电动机的启动

4.3.1　概述

启动是指电动机通电后转速从零开始逐渐加速到正常运转的过程。由于电动机所拖动的各种生产、运输机械及电气设备经常需要进行启动和停止，所以电动机的启动、调速和制动性能的好坏，对这些机械或设备的运行影响很大。在实际运行中，不同的机械或设备有不同的启动情况。有些机械如机床，在启动过程中接近空载，待正常运转后再加上负载；有些机械如电风扇、鼓风机启动时负载转矩很小，负载转矩随转速的平方近似成正比增加；有些机械如电梯、起重机、皮带运输机启动时的负载转矩与正常运行时一样大；有些机械如交通运输工具，要求启动时的转矩比正常运行时的转矩还要大，以利于产生加速度，使交通运输工具能很快加速。以上这些机械或设备对电动机的启动提出了不同的要求。从总体来讲，对异步电动机的启动所提出的要求主要如下。

(1) 电动机应有足够大的启动转矩。
(2) 在保证足够的启动转矩前提下，电动机的启动电流应尽量小。
(3) 启动所需的控制设备应尽量简单、力求价格低廉、操作及维护方便。
(4) 启动过程的能量损耗应尽量小。

由 4.2 节的分析知道，异步电动机在启动瞬间，定子绕组已接通电源。但转子因惯性转速从零开始增加的瞬间转差率 $s=1$，转子绕组中感应的电流很大，使定子绕组中流过的启动电流也很大，约为额定电流的 4~7 倍。虽然启动电流很大，但由于启动时功率因数很低。因此电动机的启动转矩并不大（最大也只有额定转矩的两倍左右）。因此异步电动机启动的主要问题是：启动电流大，而启动转矩并不大。

在正常情况下，异步电动机的启动时间很短（一般为几秒到十几秒），短时间的启动大电流一般不会对电动机造成损害（对于频繁启动的电动机则需要注意启动电流对电动机工作寿命的影响），但它会在电网上造成较大的电压降从而使供电电压下降，影响在同一电网上其他用电设备的正常工作，会造成正在启动的电动机启动转矩减小、启动时间延长甚至无法启动。

另一方面由于异步电动机的启动转矩不大，因此用来拖动机械的异步电动机可先空载或轻载启动，待升速后再用机械离合器加上负载。但有的设备（如起重机械）则要求电动机能带负载起功，因此要求电动机有较大的启动转矩。为此专门设计制造了各种用途不同的三相异步电动机系列以满足不同的需要。

三相笼型异步电动机的启动方式有两类，即在额定电压下的直接启动和降低启动电压的降压启动，他们各有优缺点，可按具体情况正确选用。

4.3.2 三相笼型异步电动机的直接启动

1. 直接启动的条件

所谓直接启动即是将电动机三相定子绕组直接接到额定电压的电网上来启动电动机，因此又称全压启动。一台异步动动机能否采用直接启动应由电网的容量（变压器的容量）、电网允许干扰的程度及电动机的型式、启动次数等许多因素决定，究竟多大容量的电动机能够直接启动呢？通常认为只需满足下述三个条件中的一条即可。

（1）容量在 7.5kW 以下的三相异步电动机一般均可采用直接启动。

（2）用户由专用的变压器供电时，如电动机容量小于变压器容量的 20% 时，允许直接启动。对于不经常启动的电动机，则该值可放宽到 30%。

（3）可用下面的经验公式来粗估电动机是否可以直接启动。

$$\frac{I_{st}}{I_N} < \frac{3}{4} + \frac{变压器容量(kV \cdot A)}{4 \times 电动机功率(kW)} \tag{4-8}$$

其中：$\frac{I_{st}}{I_N}$ 即电动机启动电流倍数，可由三相异步电动机技术条件中查得。

直接启动控制电路如图 4.11 所示。直接启动的优点是所需设备简单，启动时间短，缺点是对电动机及电网有一定的冲击。在实际使用中的三相异步电动机，只要允许采用直接启动，则应优先考虑使用直接启动。

2. 直接启动控制电路分析

如图 4.11 所示三相笼型异步电动机直接启动控制线路，线路分主电路和控制电路。主电路中，三相交流电经过刀开关 QS、熔断器 FU_1、接触器主触点 KM、热继电器 FR 引至电动机定子绕组。

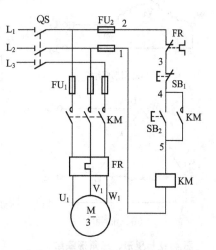

图 4.11 直接启动控制电路

控制电路则通过控制接触器 KM 线圈是否得电，从而控制主电路的通断。具体分析过程如下。

(1) 直接启动。合上刀开关 QS，按下启动按钮 SB_2 后，接触器 KM 线圈得电，接触器 KM 主触点吸合，交流电源引入电动机的三相绕组 U_1、V_1、W_1，电动机直接启动。同时，接触器 KM 辅触点吸合实现自锁，保证 KM 线圈持续得电，电动机连续不断的运行。

(2) 停止运行。按下停止按钮 SB_1，接触器 KM 线圈失电，KM 主触点、辅出点断开，电动机因断电而停止运行。

(3) 保护措施。熔断器 FU_1 起短路保护，热继电器 FR 起过载保护，接触器 KM 起失压欠压保护。

4.3.3 三相笼型异步电动机的降压启动

降压启动是指启动时降低加在电动机定子绕组上的电压，启动结束后加额定电压运行的启动方式。降压启动虽然能起到降低电动机启动电流的目的，但由于电动机的转矩与电压的平方成正比。因此降压启动时电动机的转矩减小较多，故降压启动一般适用于电动机空载或轻载启动，常用的降压启动有 Y-D 降压启动、串电阻（电抗）降压启动和自耦变压器降压启动。

1．Y-D 降压启动

启动时先把定子三相绕组作星形联结，待电动机转速升高到一定值后再改接成三角形。因此这种降压启动方法只能用于正常运行时，作三角形联结的电动机上。星形、三角形联结如图 4.12 所示。Y-D 降压启动控制电路如图 4.13 所示。

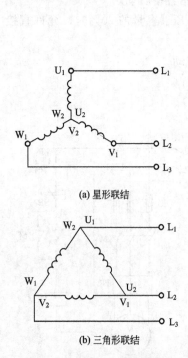

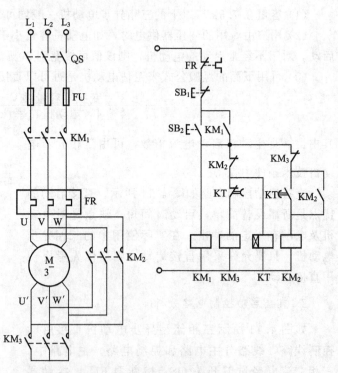

图 4.12 星形、三角形联结　　　　图 4.13 Y-D 降压启动控制电路

用 Y-D 降压启动时,启动电流为直接采用三角形联结时启动电流的 1/3,所以对降低启动电流很有效,但启动转矩也只有用三角形联结直接启动时的 1/3,即启动转矩降低很多,因此只能用于轻载或空载启动的设备上。此方法的最大优点是所需设备较少、价格低。因而获得较为广泛的采用。由于此法只能用于正常运行时为三角形联结的电动机上,因此我国生产的 JO2 系列、Y 系列、Y2 系列三相笼型异步电动机,凡功率在 4kW 及以上者,正常运行时都采用三角形联结。

如图 4.13 所示三相笼型异步电动机 Y-D 降压启动控制电路。启动时,合上刀开关 QS,按下启动按钮 SB_2,接触器 KM_1 和 KM_3 线圈得电。其主触点闭合,使电动机定子三相绕组的末端 U′、V′、W′ 连成一个公共点,三相电源 L_1、L_2、L_3 经 QS 向电动机定子三相绕组的首端 U、V、W 供电,电动机以星形联结启动,这时加在每相定子绕相上的电压为电源线电压 U_1 的 $1/\sqrt{3}$ 倍,因此启动电流较小。经时间继电器 KT 延时后,接触器 KM_3 线圈失电,接触器 KM2 线圈得电,使定子三相绕组接成三角形联结。这时加在每相定子绕组上的电压即为线电压 U_1,电动机正常运行,启动过程结束,KT 也因 KM_2 得电而失电。在 KM_2 和 KM_3 的线圈回路中采用电气互锁联接方法,以防止 KM_2 和 KM_3 同时吸合会导致电源短路事故。电路中熔断器 FU_1 起短路保护,热继电器 FR 起过载保护,接触器 KM_1、KM_2、KM_3 还起到失压欠压保护。

2. 定子绕组串电阻(或电抗器)降压启动

要将电阻(或电抗器)串接在电动机定子绕组中,通过其分压作用来降低通入定子绕组的电压。待启动后再通过手动或自动的方法将电阻(或电抗器)短接,使电动机在额定电压下运行,如图 4.14 所示自动降压启动控制电路。

由于串电阻启动时,在电阻上有能量损耗而使电阻发热,故一般常用铸铁电阻片。有时为了减小能量损耗,也可用电抗器代替。

串电阻降压启动具有启动平稳、工作可靠、启动时功率因数高等优点。另外,改变所串入的电阻值即可改变启动时加在电动机上的电压,从而调整电动机的启动转矩,不像 Y-D 降压启动那样,只能获得一种降压值。但由于其所需设备比 Y-D 降压启动要多,投资相应较大,同时电阻上有功率损耗,不宜频繁启动,因此在这两种降压启动方法中,优先选用 Y-D 降压启动。

启动过程分析如下:合上 QS,按下启动按钮 SB_2,接触器 KM_1 线圈得电,KM_1 主触点吸合,电动机定子绕组串电阻 R 实现降压启动。KM_1 的 2 个辅触点吸合,分别实现自锁和使时间继电器

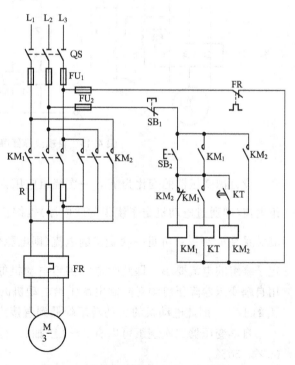

图 4.14 定子串电阻降压启动控制电路

KT线圈得电；当KT延时时间到，KT的常开触点吸合使KM_2线圈得电，KM_2主触点吸合，短接电阻R，使电动机转入全压运行。同时，KM_2常闭辅触点断开使KM_1失电，KT随之也失电；KM_2常开辅触点吸合实现自锁，保证电动机连续运行。当按下停止按钮SB_1，KM_2线圈失电，电动机随之因断电而停止运行。电路中熔断器FU_1起短路保护，热继电器FR起过载保护，接触器KM_1、KM_2还起到失压欠压保护。

3. 自耦变压器（补偿器）降压启动

前面两种降压启动方法的主要缺点是随着电源供给电动机的启动电流减小的同时，电动机的启动转矩下降较多，因此只能用于轻载或空载启动。而自耦变压器降压启动的最主要特点就是在相同的启动电流下，电动机的启动转矩相应的比较高。它是利用自耦变压器来降低启动时加在定子三相绕组上的电压以限制启动电流。启动时变压器的一次侧接在电源电压上，二次侧接在电动机的定子绕组上，经一段延时后电动机转速达到一定值时；将自耦变压器从电路中切除，同时额定电压加到定子绕组，使电动机进入全压运行，如图4.15所示。

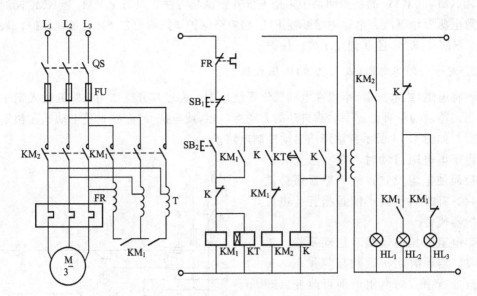

图4.15 自耦变压器降压启动控制电路

设自耦变压器的变比为K，一次绕组电压为U_1，则二次绕组电压为$U_2=\dfrac{U_1}{K}$，二次绕组电流（即通过电动机定子绕组的线电流）也按正比减小。又因为变压器一、二次绕组的电流关系是$I_1=\dfrac{I_2}{K}$；可见一次绕组的电流（即电源供给电动机的启动电流）比直接流过电动机定子绕组的电流要小，即此时电源供给电动机的启动电流为直接启动时的$1/K^2$倍。因此用自耦变压器降压启动对限制电源供给电动机的启动电流是很有效。由于启动电压降低到U_1的$1/K$，因此电动机的启动转矩降低到直接启动时的$1/K^2$。

自耦变压器二次绕组可以有2~3组抽头，其电压可以分别为电源线电压U_1的80%、65%、50%。

在实际使用中都把自耦变压器、开关触点、操作手柄等组合在一起，构成自耦减压启动器，又称为启动补偿器。

这种启动方法的优点是可以按允许的启动电流和所需的启动转矩来选择自耦变压器的不同抽头实现降压启动。并且不论电动机定子绕组采用星形联结，或三角形联结都可以使用。缺点是设备体积大，投资较贵，不能频繁启动。主要用于带一定负载启动的设备上。

启动过程如下：合上 QS，控制回路中照明变压器的原边得电，其付边通过接触器 KM_1 的常闭辅助触头和中间继电器 K 的常闭触点，使电源指示灯 HL_3（绿色）亮，指示电源接通。按下启动按钮 SB_2 后，接触器 KM_1 线圈得电，主触头吸合，将自耦变压器 T 一次侧接入电源；由二次侧输送给电动机实现降压启动，KM_1 的一对串在 KM_2 线圈回路中的常闭辅助触头打开，对 KM_2 进行触头互锁。另一常开和一常闭触头在指示电路内互换通断，使 HL_3 灯熄灭，而降压启动指示灯 HL_2（黄色）亮，表示正在降压启动中，还有一常开触头闭合实现自锁。时间继电器 KT 线圈得电，经一段延时后，其延时闭合的常开触头闭合，将中间继电器 K 吸合，中间继电器 K 的一常开触头闭合自锁；另一常闭触头打开使 KM_1 线圈失电，切断了降压电源，KM_1 串在接触器 KM_2 线圈电路中的常闭触头恢复闭合，为 KM_2 线圈得电提供了条件。由于中间继电器 K 的常开触头闭合使 KM_2 接触器得电，它的常闭辅助触头打开，切断了变压器原边的星形联接 KM_2 主触头闭合，使电动机获得了全压电源；中间继电器 K 在指示电路中的常闭触头打开，使 HL_2 灯熄灭，接触器 KM_2 的常开触头闭合使正常运行指示灯 HL_1（红色）亮，表示进入全压运行。由于 KM_1 失电也将时间继电器 KT 的线圈断电，故运行中的时间继电器不带电。停止按钮 SB_1 控制停车。电路中用熔断器 FU_1 起短路保护，热继电器 FR 起过载保护，接触器 KM_1、KM_2 还起到失压欠压保护。

4. 延边三角形启动

延边三角形启动方法和 Y-D 启动方法的原理基本相同。在启动时将电动机的定子绕组联接成延边三角形，以减少启动电流，待启动结束后再将定子绕组接成三角形全压运行。这种方法适用于定子绕组是特别设计的电动机，其绕组共有 9 个接线柱，如图 4.16 所示。各相绕组的接线柱分别为 1、7、4 与 2、8、5 和 3、6、9。其中 1、2、3 为各绕组首端；4、5、6 为各绕组的尾端；7、8、9 为各绕组的中间抽头。如图 4.16 所示定子绕组延边三角形的接法。在启动时将电动机的一部分定子绕组接成 Y 形，另一部分接以 D 形，从图形上看，就好像是将一个三角形的三条边延长，因此称为延边三角形。可见电动机在

(a) 原始状态　　　　(b) 起动时(延边三角形)　　　　(c) 正常运行时(三角形)

图 4.16　定子绕组延边三角形的接线

启动时，每相绕组(14 或 25 或 36)所承受的电压要比电网的线电压有所减低，启动电流也随之减小。绕组上相电压的大小取决于电动机绕组抽头的比例，采取不同的抽头比例，可以使每相绕组上承受的电压低于 380V，而高于 220V，通常可选取在 250～300V 之间。由此可见，用延边三角形启动时，各相绕组的电压较星形联结启动时高，故启动转矩也相应提高。启动完毕后，电动机按三角形联结正常运行。延边三角形启动时与 Y-D 启动一样，所需设备较简单，但电动机在制造时多了三个抽头比较麻烦，因此不是特殊需要，一般少用。

如图 4.17 所示三相笼型异步电动机延边三角形降压启动控制电路。启动过程如下：合上 QS，按下启动按钮 SB_2，接触器 KM_1、KM_3 和时间继电器 KT 线圈得电；KM_1、KM_3 主触点吸合，KM_2 主触点断开，74、85、96 组成一个三角形；三角形的三个顶点再分别经过 17、28、39 这 3 个绕组延伸接到电源上，构成一个延边三角形。当时间继电器 KT 的延时时间到，其延时闭合的常开触点闭合使 KM_2 线圈得电吸合，其延时断开的常闭触点断开使 KM_3 线圈失电释放；KM_1、KM_2 触点吸合，KM_3 触点断开，14、25、36 直接构成三角形接到三相电源上，电动机全压运行，启动过程结束。同时，由于 KM_2 线圈得电，其常闭辅触点断开，使 KM_3、KT 线圈失电，也就是三角形正常运行时只有 KM_1、KM_2 两个接触器得电，提高了电路的可靠性。电路中熔断器 FU 起短路保护，热继电器 FR 起过载保护，接触器 KM_1、KM_2 还起到失压欠压保护。

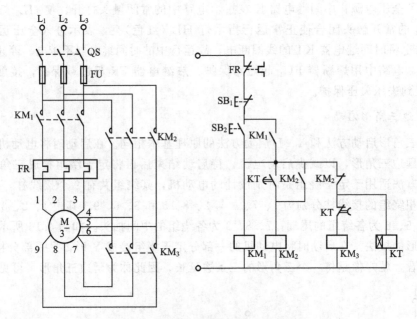

图 4.17　延边三角形降压启动控制电路

4.3.4　双笼型和深槽转子异步电动机

由前面的分析知道笼型异步电动机采用降压启动虽能限制启动电流，但启动转矩也下降得很厉害，因此只适用于轻载启动。如要求有较大的启动转矩，又要限制启动电流，则可用增大启动时转子电阻的方法。但转子电阻大，会使电动机正常运行时效率降低。因此可通过改变转子的结构，设计特殊笼型转子异步电动机，以达到启动时转子电阻增大，而在运行时转子电阻自行变小的要求。双笼型异步电动机和深槽式异步电动机即属于此。其工作原理是利用电动机启动时，转子绕组的电流频率高，由于集肤效应使转子导体电阻增加，从而使启动转矩增大；而在正常运行时，转子绕组的电流频率很小，使转子电阻自动变小，达到改善笼型异步电动机的启动性能。与普通笼型电动机相比，它们的转子结构较复杂，机械强度较弱，且转子漏抗较大，功率因数稍低，只在特殊场合下采用。

4.3.5 绕线转子异步电动机的启动

绕线转子异步电动机与笼型异步电动机的主要区别是绕线转子异步电动机的转子采用三相对称绕组，且均采用星型联结。启动时通常在转子三相绕组中串可变电阻启动，也有部分绕线转子异步电动机用频敏变阻器启动。

1. 转子串电阻启动

如图 4.18 所示，在绕线转子异步电功机的转子电路中串入一组可以均匀调节的变阻器，称为启动变阻器。启动开始时，手柄置于图所示的值置，此时全部电阻串在转子回路中，随着电动机转速的升高，逐渐将手柄按顺时针方向转动，则串入转子电路中的电阻逐渐减小，当电阻被全部切除时（即电阻为零），电动机启动即告结束。此法一般用于小容量的绕线转子电动机上。当电动机容量稍大时则采用如图 4.20 所示，此时电阻不是均匀地减小，而是通过接触器触点或凸轮控制器触点的开合有级地切除电阻。该线路的具体动作原理简述如下：启动时接触器的全部触点 KM_1、KM_2、KM_3 均断开，合上电源开关 QS 后，绕线转子异步电动机开始启动，此时电阻器的全部电阻都串入转子电路内。如正确选取电阻位，使转子回路的总电阻 $R_2 \approx X_{20}$，则由式（4-4）知，此时 $s_c \approx 1$，电动机对应的机械特性曲线如图 4.19 所示曲线 1。此时电动机的启动转矩接近最大转矩，电动机开始启动，随着转速的升高，转矩相应的下降（对应线段 ab），到达 b 点对应的转速时；KM_1 触点闭合转子电阻减小，对应于曲线 2，由于在此瞬间电动机转速不能突变，故电动机产生的转矩由 T_2 升为 T_1，然后电动机转速及转矩沿线段 cd 变化，到 d 点时，KM_2 触点闭合。过渡到曲线 3，最后转子电阻全部切除，电动机稳定运行于曲线 4 的 h 点，启动过程结束。电动机在整个启动过程中启动转矩较大，适合于重载启动，主要适用于桥式起重机、卷扬机和龙门吊车等机械。

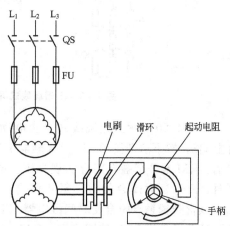

图 4.18 绕线式异步电动机转子串电阻启动示意图

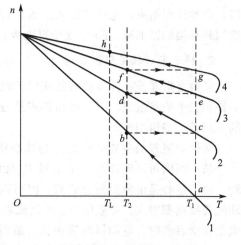

图 4.19 绕线式异步电动机转子串电阻启动机械特性

其缺点是所需启动设备较多,启动级数较少,启动时有一部分能量消耗在启动电阻上,因此出现了频敏变阻器启动。

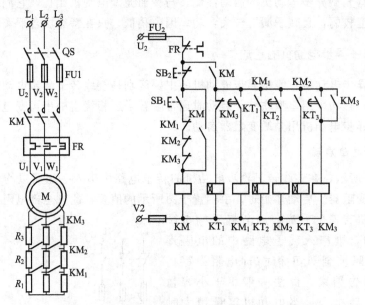

图 4.20　三相绕线式异步动机转子串电阻启动控制电路

如图 4.20 所示三相绕线式异步电动机转子串电阻启动控制电路。其启动过程如下：合上 QS,按下启动按钮 SB_1,接触器 KM 得电吸合,其主触点闭合,电动机串全部电阻启动,KM 常开辅触点闭合实现自锁。同时使时间继电器 KT_1 得电吸合,经过一段时间延时,KT_1 延时闭合的常开触点闭合,KM_1 得电吸合,其主触点闭合短接第一级电阻 R_1,其常开辅触点闭合使时间继电器 KT_2 线圈得电。当 KT_2 延时时间到,其延时闭合的常开触点闭合使 KM_2 线圈得电,KM_2 主触点闭合短接第二级电阻 R_2,KM_2 常开辅触点闭合使时间继电器 KT_3 线圈得电。当 KT_3 的延时时间到,其延时闭合的常开触点使 KM_3 得电吸合,短接第三级电阻 R_3,KM_3 常开辅触点闭合实现自锁。因此三级电阻全部被短接,启动过程结束,电动机进入全压运行。KM_3 常闭辅触点断开使 KT_1 失电,全压运行期间只有接触器 KM、KM_3 处于得电吸合状态,其他接触器、继电器均处于失电状态。

2. 转子串频敏变阻器启动

频敏变阻器是一种有独特结构的无触点元件,其构造与三相电抗器相似,即由三个铁心柱和三个绕组组成。三个绕组接成星型联结,并通过滑环和电刷与绕线转子异步电动机的三相转子绕组相连。

频敏变阻器的主要结构特点是铁心用 6～12mm 厚的钢板制成,并有一定的空气隙,一个铁心线圈可以等效为一个电阻 R_m 和电抗 X_m 的串联电路。R_m 主要反映铁心内的损耗,由于铁心是由厚钢板叠成的,因而当绕组中通过交流电后,在铁心中产生的涡流损耗和磁滞损耗都很大,等效的 R_m 也就比较大。涡流损耗与频率的平方成正比。当绕线转子电动机刚启动时,电动机转速很低,故转子电流频率 f_2 很大(接近于 f_1),铁心中的损耗很大,即 R_m 很大。因此限制了启动电流,增大了启动转矩。随着电动机转速的增加,转子电流频率下降($f_2=sf_1$),于是 R_m 减小,使启动电流及转矩保持一定数值。故频敏变阻器实际上是利用转子频率 f_2 的平滑变化来达到使转子回路总电阻平滑减小的目的。启动结束后，转子绕组短接，把频敏变阻器从电路中切除。

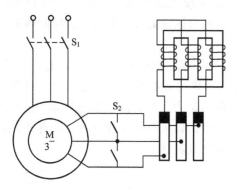

图 4.21　绕线电机转子串频敏变阻器启动电路

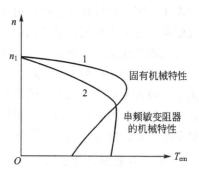

图 4.22　机械特性曲线

由于频敏变阻器的等效电阻和等效电抗都随转子电流频率而变，反应灵敏，又称为频敏变阻器。用该法启动的主要优点是结构简单、成本较低、使用寿命长、维护方便，能使电动机平滑启动(无级启动)，基本上可获得恒转矩的启动特性。主要缺点是由于有电感 L 的存在、使功率因数较低，启动转矩并不很大。因此当绕线转子电动机在轻载启动时，采用频敏变阻器法启动优点较明显，如重载启动一般采用串电阻启动。

4.4　三相异步电动机的调速

为了满足实际应用的需要，异步电动机需要进行调速。所谓调速即是用人为的方法来改变异步电动机的转速。

由前面异步电动机的转差率公式(2-2)可得

$$n = n_1(1-s) = \frac{60 f_1}{p}(1-s) \tag{4-9}$$

故异步电动机的调速有以下 3 种方法。

(1) 改变定子绕组的磁极对数 p -变极调速。

(2) 改变供电电网的频率 f_1 -变频调速。

(3) 改变电动机的转差率 S。方法有改变电源电压调速和绕线转子电动机的转子串电阻调速等。

4.4.1　调速的性能指标

为电力拖动系统选择调速方法，必须做好技术经济的比较，因此调速的性能指标主要有：技术指标和经济指标两大类。

1. 调速的技术指标

1) 调速范围 D

电动机在额定负载转矩下可能达到的最高转速 $n_{\max}$ 与最低转速 $n_{\min}$ 之比，称为调速范围，用 D 表示，即

$$D = \frac{n_{\max}}{n_{\min}}$$

式中：D 是电动机的调速范围，如果电力拖动系统仅由电气方法调速，则 D 也是生产机械的调速范围。如果拖动系统用机械电气配合的调速方案时，则生产机械的调速范围 D 应为机械调速范围与电气调速范围的乘积。

从调速性能来讲，调速范围 D 较大为好。由调速范围表达式可见：要扩大调速范围，必须设法尽可能地提高 $n_{\max}$ 与降低 $n_{\min}$。而电动机的最高转速 $n_{\max}$ 受其机械强度等方面的限制。一般在额定转速以上，转速提高的范围不是太大的。降低最低转速 $n_{\min}$ 受低速运行时的相对稳定性的限制。所谓相对稳定性，是指负载转矩变化的程度。转速变化越小，相对稳定性越好；能得到的 $n_{\min}$ 越小，调速范围 D 也就越大。

2. 静差率 δ（相对稳定性）

电动机在一条机械特性上运行时，有理想空载到额定负载的转速降与理想空载转速 n_0 的百分比，称为该特性的静差率，用 δ 表示，即

$$\delta = \frac{\Delta n_N}{n_0} \times 100\% = \frac{n_0 - n_N}{n_0} \times 100\%$$

可见，静差率实际上就是转速变化率，反映了负载转矩变化时电动机转速变化的程度。显然，电动机的机械特性越硬，则静差率越小，负载转矩变化时转速变化越小，负载转矩变化时转速变化就越小，相对稳定性就越高。

从调速性能来讲，静差率越小越好。一般生产机械对机械特性相对稳定性的程度是有要求的。调速时，为保持一定的稳定程度，总是要求静差率 δ 小于某一允许值。不同的生产机械，其允许的静差率是不同的，例如普通车床可允许 $\delta \leqslant 30\%$，有些设备上允许 50%，而精度高的造纸机械则要求 $\delta \leqslant 0.1\%$。

静差率和机械特性的硬度有关系，但是又有不同之处。两条互相平行的机械特性，硬度相同，但静差率不同。如图 4.23 所示中特性 1 与 3 平行，虽然 $\Delta n_{N1} = \Delta n_{N3}$，但是 $n_0' < n_0$，则 $\delta_1 < \delta_3$。即同样硬度的特性，n_0 越低，静差率越大。如图 4.23 中特性 1 与 2，理想空载转速 n_0 相同，由于特性 2 较软，可见 $\delta_1 < \delta_2$。

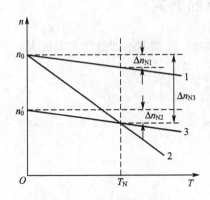

图 4.23 机械特性与静差率的关系

静差率 δ 和调速范围 D 是相互联系又是互相制约的指标。机械特性的静差率必须要满足生产机械对静差率的要求，由图 4.23 可见，由于一般情况下低速特性的静差率总是较大。则系统可能达到的最低转速 $n_{\min}$ 就决定于低速特性的静差率，即调速范围 D 将受低速特性静差率的制约。由图 4.23 中的特性 1 与特性 3，可推导出调速范围 D 与低速静差率 δ 间的关系表达式为

$$D = \frac{n_{\max}}{n_{\min}} = \frac{n_{\max}}{n_0' - \Delta n_N} = \frac{n_{\max}}{n_0'\left(1 - \frac{\Delta n_N}{n_0'}\right)} = \frac{n_{\max}}{\frac{\Delta n_N}{\delta}(1-\delta)} = \frac{n_{\max}\delta}{\Delta n_N(1-\delta)}$$

式中：δ 为低速特性的静差率。Δn_N 为低速特性额定负载下的转速降，本例中低速特性为特性 3，则 $\Delta n_N = \Delta n_{N3}$。

由调速范围 D 与低速静差率 δ 间的关系表达式可见，生产机械允许的静差率 δ 越小，电动机的调速范围 D 也就越小。所以调速范围 D 只有在对静差率 δ 提出一定要求的前提下才有意义。上式还表明，调速范围 D 还将受到低速特性额定负载下的转速降的 Δn_N 影响，在静差率 δ 一定时，Δn_N 越大，即低速特性越软，可能达到的调速范围 D 越小。为扩大调速范围，在设计调速方案时，为扩大调速范围，在设计调速范围时应尽量选择低速硬特性。例如图 4.23 中，如要求静差率较小，则选择特性 3（降压调速）就比选择特性 2（电枢串电阻调速）能够达到的调速范围要大一些。

一般设计调速方案前，D 由生产机械的要求确定，这时可算出允许的转速降，调速范围 D 与低速静差率 δ 间的关系可改写成另一形式，即

$$\Delta n_N = \frac{n_{\max}\delta}{D(1-\delta)}$$

在一定的调速范围内，调速的级数越多，则认为调速的平滑性越好。平滑的程度用平滑系数来衡量，它是相邻两级的转速或线速度之比，即

$$\psi = \frac{v_i}{v_{i-1}} = \frac{n_i}{n_{i-1}}$$

值越接近于 1，则平滑性越好。值为 1 时称为无级调速，即转速或线速度连续可调。因此调速的平滑性最好。

电动机的调速方法不同，可能得到的级数多少与平滑性的程度也是不同的。

调速时的允许输出（或调速时的功率与转矩），允许输出是指电动机在得到充分利用的情况下，也即电动机在保持额定电流的条件下，在调速过程中电动机所能输出的功率和转矩。采用不同的调速方法时，允许输出的功率与转矩随转速变化的规律是不同的。允许输出的最大转矩与转速无关的调速方法称为恒转矩调速，允许输出的最大功率与转速无关调速的方法称为恒功率调速。

电动机稳定运行时实际输出的功率与转矩是由负载需要决定的。在本书前面章节中曾讨论过负载特性。在转速变化时，负载转矩不随之变化的称为恒转矩负载，而负载功率不随之变化的称为恒功率负载。调速过程中，不同的负载需要的功率与转矩也是不同的，这就要求调速方法与负载类型相互匹配，否则电动机得不到充分利用。例如，恒功率负载用恒转矩调速方法，为使电动机不过载运行，应保证低速时电动机的转矩满足要求，则在高速时电动机的转矩得不到充分利用。同理，恒转矩负载用恒功率调速方法，应保证高速时电动机的转矩满足要求，则在低速时的电动机的转矩得不到充分利用。总之，在选择调速方法时，应该是调速方法适应负载的要求，使电动机既能得到充分利用，又能长期运行。

3. 调速的经济指标

调速的经济指标决定于调速系统的设备投资、运行中能量损耗及维修费等。各种调速方法的经济指标极为不同。

实际工作中，经济与技术指标往往是互相联系。在确定调速方案时，应满足一定的技术指标条件下，力求设备投资少，电能损耗小，维护简单方便。

4.4.2 变极调速

1. 变极调速原理

三相异步电动机定子绕组形成的磁极对数取决于定子绕组中的电流方向，只要改变定

子绕组的接线方式,就能达到改变磁极对数的目的。如图 4.24(a)所示接线方式可见,此时 U 相绕组的磁极数为 $2P=4$,若改变绕组的连接方法,使一半绕组中的电流 f 方向改变,成为图 4.24(b)的形式。则此时 U 相绕组的磁级数即变为 $2p=2$,由此可以得出:当每相定子绕组中有一半绕组内的电流方向改变时,即达到了变极调速的目的。

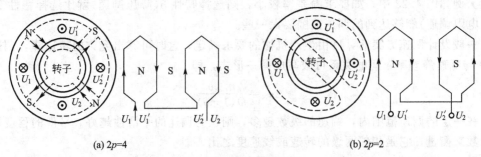

图 4.24 变极调速原理

采用改变定子绕组极数的方法来调速的异步电动机称为多速异步电动机。下面介绍多速异步电动机的变极原理,如图 4.25 所示 D/YY 联结双速异步电动机定子绕组接线图。如果没有 U_2、V_2、W_2 三个抽头,即为一台三角形联结的三相异步电动机定子绕组接线原理图,当将 U_1、V_1、W_1 接三相电源时,每相绕组的两组线圈为正向串联连接,电流方向如图中虚线箭头所示,对应于图 4.24 中的(a),因此磁极数 $2p=4$;如果把 U_1、V_1、W_1 点接在一起,将 U_2、V_2、W_2 接到电源上,就成了双星形(YY)联结,每相绕组中有一半反接了,电流如图中实线箭头,这时的磁极数 $2p=2$。即实现了变极调速。

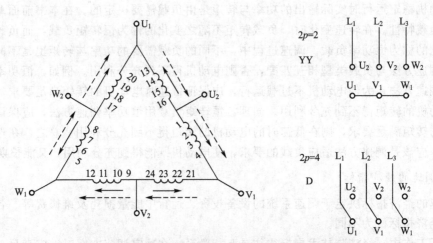

图 4.25 D/YY 联结双速异步电动机定子绕组接线图

三相变极多速异步电动机有双速、三速和四速等多种,定子绕组常用的接线方法除 D/YY 外,也有部分采用 Y/YY 接线方法,如图 4.26 所示。其中 D/YY 联结的双速电动机,变极调速前后电动机的输出功率基本上不变,因此适用于近恒功率情况下的调速,较多用于金属切削机床上。Y/YY 联结的双速电动机,变极调速前后的输出转矩基本不变,故适用于负载转矩基本恒定的恒转矩调速,例如起重机和运输带等机械。

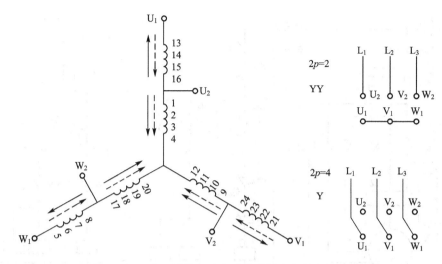

图 4.26　Y/YY 联结双速异步电动机定子绕组接线图

变极调速的优点是所需设备简单,其缺点是电动机绕组引出头较多,调速级数少。为了避免转子绕组变极的困难,故绕线转子异步电动机不采用变极调速,即变极调速只用于笼型异步电动机中。

 特别提示

由于定子绕组级数改变后,绕组相序发生了变化,因此变极前后要保持电动机转向不变时,应将三相电源中任意两相线对调。

2. 变极调速控制电路

如图 4.27 所示双速电动机控制电路,其中图 4.27(a) 控制电路通过按钮 SB_1、SB_2 手动选择低速或高速,图 4.27(b) 则通过转换开关 SA 选择低速或高速。具体工作过程分析如下。

图 4.27(a):合上 QS,按下按钮 SB_1,接触器 KM_1 线圈得电,接触器 KM_2、KM_3 失电,KM_1 主触点闭合,KM_2、KM_3 主触点断开,三相电源通过 QS、KM_1 主触点引入至三相定子绕组的 U_1、V_1、W_1 端,三相定子绕组成三角形(D)联结,磁极数 $2p=4$,电动机表现为低速。同理按下按钮 SB_2,则 KM_2、KM_3 得电吸合,三相电源通过 QS、KM_2 主触点引入至三相定子绕组的 U_2、V_2、W_2 端;三相定子绕组成双星形(YY)联结,磁极数 $2p=2$,电动机表现为高速。

图 4.27(b):合上 QS,将 SA 打在低速挡 1,接触器 KM_1 线圈得电,KM_1 主触点闭合,三相定子绕组成三角形(D)联结,电动机表现为低速。将 SA 打在高速挡 2,则时间继电器 KT 线圈先得电,其瞬动的常开触点闭合,使 KM_1 得电吸合,进入低速运行状态。当 KT 延时时间到,其延时闭合的常开触点闭合、延时断开的常闭触点断开,使 KM_1 失电释放,KM_2、KM_3 得电吸合,三相定子绕组由三角形(D)联结转成双星形(YY)联结,

电动机由低速运行转为高速运行。可见在 4.27(b) 图中,电动机在高速运行之前必须经过一段时间的低速运行,低速运行时间由时间继电器 KT_1 的延时时间决定。

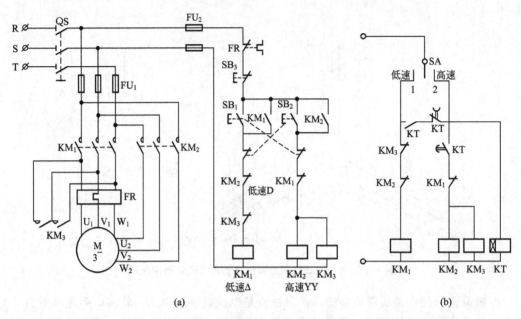

图 4.27 双速电机控制电路

在图 4.27(a)、(b) 两个控制电路中将 KM_2 和 KM_3 的常闭触点与 KM_1 常闭触点互相串入对方线圈回路中。实现电气互锁,保证电动机只能处于低速或高速运行,避免出现相间短路故障。

4.4.3 改变转子电阻调速

改变转子电路的电阻调速,此法只适用于绕线转子异步电动机。如图 4.28 所示一组电源电压 U_1 不变,而转子电路电阻在改变的异步电动机机械特性曲线;由于 U_1 不变,故最大转矩不变,但产生最大转矩时的转速(即临界转差率),则随转子电路电阻的变化而改变。因此对应于一定的负载阻力矩 T_L,在转子电阻不同时,就有不同的转速,而电动机的转速随转子电阻的增加而下降。其具体调速过程分析如下:设电动机原来运行于特性曲线 1 的 a 点,现若将转子电阻增加为 R_2'(对应机械特性曲线 2),在此瞬间电动机转速来不及变化,因此工作点将由 a 点过渡到 b 点,此时电动机产生的转矩小于负载阻力矩 T_L,电动机减速(转矩则相应增大),工作点由 b 点很快过渡到 c 点,此时电动机产生的转矩等于 T_L,即在此点稳定运行。此法与电动机转子电路串电阻启动的情况完全一样,因此启动电阻又可看作调速电阻,但由于启动的过程是短暂的,而调速时则电动机可以长期在某一转速下运行,因而调速电阻的功

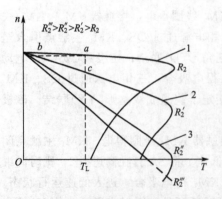

图 4.28 绕线转子电动机转子串电阻调速的 $n = f(T)$ 曲线

率容量要比启动电阻大。调速电阻的切除通常也用凸轮控制器来控制。这种调速方法的优点是所需设备较简单,并可在一定范围内进行调速。缺点是调速电阻上有一定的能量损耗,调速特性曲线的硬度不大,即转速随负载的变化较大,且电阻越大,特性越大。在空载和轻载时调速范围很窄。此法主要用于运输、起重机械中的绕线转子异步电动机上。

改变转子电阻调速控制电路与绕线式异步电动机转子回路串电阻启动类似,只是这个时候所串电子既是启动电阻也是调速电阻,或者启动电阻与调速电阻分开设置。

4.4.4 改变定子电压调速

此法用于笼型异步电动机中。当加在笼型异步电动机定子绕组上的电压发生改变时,它的机械特性曲线如图4.29所示。这是一组临界转速(临界转差率)不变,而最大转矩随电压的平方而下降的曲线。对于恒转矩负载,如图中虚线2,不难看出其调速范围很窄,实用价值不大。但对于通风机负载,其负载转矩T_L随转速的变化关系如图中虚线1,可见其调速范围(对应于a、a'、a''点的转速)较宽。因此,目前大多数的电风扇都采用串电抗器调速或用晶闸管调压调速。

为了能实现恒转矩负载下的调压调速,就需采用转子电阻较大的高转差率笼型异步电动机,其机械特性曲线如图4.30所示。对应于不同的定子电压时,工作点为a、a'、a'',可见其调速范围较宽,缺点是机械特性太软(特别是电压低时)。因此转速变化大,为了克服此缺点,可以用带转速负反馈的晶闸管闭环调压调速系统,以提高机械特性的硬度,满足生产工艺要求。

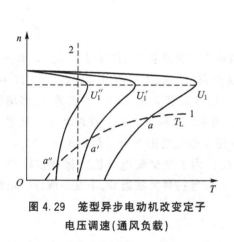

图 4.29 笼型异步电动机改变定子电压调速(通风负载)　　图 4.30 高转子电阻笼型异步电动机调压调速(恒转矩负载)

4.4.5 变频调速

1. 变频调速简介

由式(4-9)可见,当异步电动机的磁极对数p不变时,电动机的转速n与电源频率f_1成正比。如果能连续地改变电源的频率,就可以连续平滑地调节异步电动机的转速,这就是变频调速的原理。

通过前面的分析知道,笼型异步电动机用变极调速(多速异步电动机),则调速级数很少,不能平滑调速,并且异步电动机定子绕组还需增加中间抽头。用改变电源电压调速，则调速特性较差，且低速时损耗也较大，很不理想。由于变频调速具有调速范围宽、平滑性好、机械特性较硬等优点。有很好的调速性能，所以是异步电动机最理想的调速方法。长期以来，人们一直在致力于异步电动机变频调速的研制与开发，20世纪80年代以前，由于受大功率电力电子器件的制造及成本价格和运行可靠性等诸多因素的制约，限制了变频技术的应用。因此虽然笼型异步电动机与直流电动机相比有结构简单、成本低廉等优点，但由于其调速较困难而限制了它的使用，一般只能作恒速运行。在要求精确连续、灵活调速的场合，直流电动机一直占有主要地位。但到了20世纪90年代，由于大功率电力电子器件及变频技术的迅速发展，使异步电动机的变频调速日趋成熟，并在各个领域获得了广泛应用，如在工业领域中的机械加工、冶金、化工、造纸、纺织、轻工等行业的机械设备中。变频调速以其高效的驱动性能和良好的控制特性，在提高成品的数量和质量、节约电能等方面取得显著的效果。已经成为改造传统产业、实现机电一体化的重要手段。例如，据统计风机、水泵、压缩机等流体机械中，拖动电动机的用电量占电动机总用电量的70%左右，如果使用变频器按照负载的变化相应调节电动机的转速，就可实现较大幅度的节，在交流电梯上使用全数字控制的变频调速系统，可有效地提高电梯的乘坐舒适度等性能指标。变频空调、变频洗衣机已走入家用电器行列，并显示了强大的生命力，长期以来一直由直流电动机一统天下的电力机车、内燃机车、城市轨道交通和无轨电车等交通运输工业，也正在经历着一场由直流电动机向交流电动机过渡的变革，单机容量超过1000kW的变频调速交流电动机已投入商业运营。

2. 变频调速的控制方式

1) 电源电压与频率的配合

只要连续调节交流电源频率 f_1，就能平滑地调节交流电动机的转速。但是，单一地调节电源频率，将导致电动机运行性能的恶化，其原因可由电压平衡方程(2-9) $U_1 \approx E_1 \approx 4.44 K_1 N_1 f_1 \Phi_m$ 来分析，若电源电压 U_1 不变，则当频率 f_1 减小时，主磁通 Φ_m 将增加，这将导致电动机磁路过饱和，使励磁电流增大，功率因数降低，铁心损耗增加；反之，若频率 f_1 增加，则 Φ_m 将减小，使电动机的电磁转矩及最大转矩下降［参看式(4-2)］，过载能力 λ 减小，电动机容量得不到充分利用。因此，为了使交流电动机能保持较好的运行性能，要求在调节 f_1 的同时，改变定子电压 U_1，以维持最大磁通 Φ_m 不变，或保持电动机的过载能力 λ 不变。

2) 变频调速的控制方式

根据电动机所拖动的负载性质不同，常用的异步电动机变频调速主要有：恒转矩变频调速和恒功率变频调速两种方式。

(1) 恒转矩变频调速。即在变频调速过程中，电动机的输出转矩保持不变。通过进一步的数学分析可得异步电动机的额定转矩，用下式表示

$$T_N = C \frac{U_1^2}{\lambda f_1^2} \tag{4-10}$$

式中：C——电机系数；

λ——电动机过载系数；

U_1——电源电压，V；

f_1——电源频率，Hz；

T_N——额定转矩，N·m。

要保持调速前及调速后电动机的输出转矩 T_N 不变，即需保持 $\dfrac{U_1}{f_1}$ 为常数，即必须保持电源电压与频率成正比例调节，这是目前使用最广的一种变频调速控制方式。

(2) 恒功率变频调速。即在变频调速过程中，电动机的输出功率保持不变。

$$P_2 = \frac{T_2 n}{9550} = \frac{T_2}{9550} \frac{60 f_1}{p}(1-s) = C' \frac{U_1^2}{f_1^2} f_1 = C \frac{U_1^2}{f_1} \qquad (4-11)$$

要保持调速前后电动机的输出功率不变，即需保持 U^2/f 为常数，即保持 $U/\sqrt{f}$ 为常数。

在交通运输机械中(例如，电传动机车、城市轨道交通工具、无轨电车等)，希望能实现恒功率调速，即在电动机转速低时，输出的转矩大，能产生足够大的牵引力使机械、车辆加速；在电动机转速高时，输出的转矩可以较小(只需克服运行中的阻力)。

4.4.6 电磁调速三相异步电动机(滑差电动机)

电动机和负载之间一般均用联轴器硬性连接起来，前面介绍的调速方法都是调节电动机本身的转速。由于异步电动机的调速比较困难，因此能不能不调电动机的转速，而在联轴器上想办法来实现调节被电动机所拖动的负载的转速呢？据此人们设计生产了一类使用三相交流电源能在一定范围内平滑、宽广调速的电动机，称作为电磁调速三相异电动机。它主要由一台单速或多速的三相笼型异步电动机和电磁转差离合器组成。通过控制装置可在较广范围内进行无级调速。它的调速比通常有 10∶1、3∶1、2∶1 等几种。电磁调速异步电动机结构简单、运行可靠、维修方便，适用于纺织、化工、造纸、塑料、水泥和食品等工业，作为恒转矩和风机类等设备的动力。

电磁调速异步电动机的基本结构型式分组合式和整体式两大类。一般为组合式，功率很小时可用整体式，如图 4.31 所示国产组合式结构的 YCT 系列电磁调速三相异步电动机结构图。它是把三相异步电动机和离合器的机座组合装配成一个整体。

离合器是由两个同心，而又相互独立旋转的部件组成：一个称为磁极(内转子)，它有凸极式、爪式和感应子式 3 种结构；另一个称为电枢(外转子)，有绕线式、笼式、实心钢体和铝合金杯形等结构。使用较多的是结构较简单的由爪式磁极、圆筒形实心钢体电枢组成的离合器，其工作原理如图 4.32 所示。磁极用铁磁材料做成爪形，磁极的励磁绕组由

图 4.31　YTC 电磁调速电动机

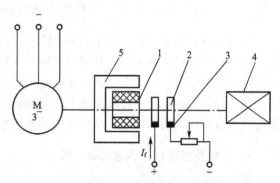

图 4.32　电磁转差离合器调速

1—磁极；2—滑环；3—电刷；4—负载；5—电枢

外部电源经集电环通入直流励磁电流进行励磁。爪极与电枢间有气隙隔开。若干个爪极与输出轴之间为硬连接，作为离合器的从动部分。电枢为用铁磁材料做成的圆筒形实心钢体结构，电枢直接固定在三相异步电动机轴伸上，它由电动机拖动是离合器的主动部分。当作为原动机的三相异步电动机拖动电枢转动时，如果没有向磁极的励磁绕组通电，磁极与输出轴是不会转动的。当经过滑环向磁极励磁绕组通入直流励磁电流后，磁极即有磁性，磁通经爪极→气隙→电枢→气隙→爪极而闭合。短路的电枢切割磁通而产生感应电动势，并形成涡流，涡流方向用右手定则判定，如图4.33所示。涡流又与磁通作用产生转矩，其方向可用左手定则判定，在该转矩的作用下，磁极就跟随电枢转动。由图中可知两者的旋转方向是一致的，磁极通过输出轴拖动负载转动。参照异步电动机的工作原理可知，磁极的转速 n_2 必定小于电枢的转速 n_1，否则当电枢和磁极之间没有相对转速差时，电枢中就不会有涡流产生，也就没有转矩去带动磁极旋转，因此取名为"转差离合器"。转差离合器与三相异步电动机旋转原理的不同之处，在于三相异步电动机是靠定子通入三相交流电产生旋转磁场的，而转差离合器的磁场则由直流电产生，由于电枢的旋转使磁极的磁场起到了像旋转磁场一样的作用。改变转差离合器励磁绕组中的励磁电流，就可调节离合器的输出转矩和转速，当励磁电流越大，输出转矩也就越大，在一定的负载转矩下，输出的转速就越高。

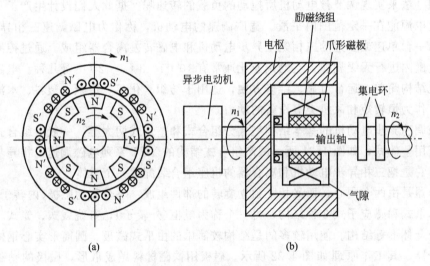

图 4.33 转差离合器示意图

转差离合器的主要缺点是它的机械特性较软，故输出的转速随负载的变化而变化较大。特别是在低转速输出时，其特性更软，这种特性往往满足不了一些生产机械要求有较为恒定转速的要求。因此电磁调速异步电动机中一般都配有能根据负载变化而自动调节励磁电流的控制装置。它主要由测速发电机和速度负反馈系统构成，当负载向上波动使转速降低时，自动增加励磁电流，从而保持转速的相对稳定。

4.4.7 三相异步电动机调速方案比较

三相异步电动机调速方案比较，见表 4-1。

表 4-1 三相异步电动机调速方案比较

调速方法 调速指标	变极调速	变频调速	转子串电阻 (绕线转子)	改变定子电压 (高转差笼型)	电磁调速异 步电动机
调速方向	上、下	上、下	下调	下调	下调
调速范围	不广	宽广	不广	较广	较广
调速平滑性	差	好	差	好	好
调速稳定性	好	好	差	较好	较好
适合的负载类型	恒转矩恒功率	恒转矩恒功率	恒转矩	恒转矩通风机型	恒转矩通风机型
电能损耗	小	小	低速时大	低速时大	低速时大
设备投资	少	多	较少	较多	较少

4.5 三相异步电动机的制动

三相异步电动机除了运行于电动机状态外，还时常运行于制动状态。所谓电动机的制动是指在电动机的轴上加一个与其旋转方向相反的转矩，使电动机减速或停转。对位能性负载(起重机下放重物)，制动运行可获得稳定的下降速度。

根据制动转矩产生的方法不同，可分为机械制动和电气制动两类。机械制动通常是靠摩擦方法产生制动转矩，如电磁抱闸制动。而电气制动是使电动机所产生的电磁转矩与电动机的旋转方向相反来实现的。三相异步电动机的电气制动有反接制动、能耗制动和再生制动 3 种。

4.5.1 三相异步电动机的机械制动

机械制动最常用的装置是电磁抱闸，它主要有制动电磁铁和闸瓦制动器两大部分组成。制动电磁铁包括铁心、电磁线圈和衔铁，闸瓦制动器则包括闸轮、闸瓦、杠杆和弹簧等，如图 4.34 所示。断电制动型电磁抱闸的基本原理是：制动电磁铁的电磁线圈(有单相和三相)与三相异步电动机的定子绕组相并联，闸瓦制动器的转轴与电动机的转轴相连。当电动机通电运行时，制动器的电磁线圈也通电，产生电磁力通过杠杆将闸瓦拉开。使电动机的转轴可自由转动。停机时，制动器的电磁线圈与电动机同步断电，电磁吸力消失，在弹簧的作用下闸瓦将电动机的转轴紧紧抱住，因此称为电磁"抱闸"。

起重机械经常使用断电制动型电磁抱闸，如桥式起重机、提升机、电梯等，这种制动器在平时紧抱制动轮。当起重机工作时松开，在停机时保证定位准确，并避免重物自行下坠而造成事故。

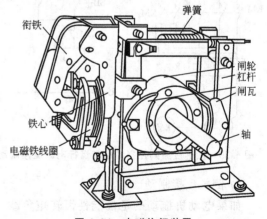

图 4.34 电磁抱闸装置

4.5.2 三相异步电动机的电气制动

1. 三相异步电动机的反接制动

1) 电源反接制动

电动机在停机后因机械惯性仍继续旋转,此时如果和控制电动机反转一样改变三相电源的相序。电动机的旋转磁场随即反向,产生的电磁转矩与电动机的旋转方向相反,为制动转矩,使电动机很快停下来,这就是反接制动。在异步电动机的几种电气制动方法中,反接制动简单易行,制动转矩大、效果好。问题是,在开始制动的瞬间,转差率 $s>1$,电动机的转子电流比启动时还要大,为限制电流的冲击、往往在定子绕组中串入限流电阻 R。此外,在电动机转速接近降为零时,若不及时切断电源,电动机就会反向启动而达不到制动的目的。

如图 4.35 所示三相笼型异步电动机按速度原则控制的单向运行电源反接制动电路。制动时按下停止按钮 SB_1,接触器 KM_1 断电释放,接触器 KM_2 得电吸合,通过电阻 R 引入反向电源。电动机转速下降,当转速下降至速度继电器 KV 的动作值以下,其常开触点再次断开(在电动机正常运行时该触点已经闭合),KM_2 失电,电动机脱离电源,制动过程结束。电阻 R 为反接制动串接电阻,限制反接电流。速度继电器 KV 与电动机 M 同轴运转,用 FU、FR 作短路和过载保护。

电源反接制动时的机械特性曲线如图 4.36 所示。制动前电动机在 b 点工作,反接制动时,对应的机械特性曲线为 2,由于惯性的原因一开始电动机转速瞬间是不变,因此工作点内 b 点移至 b' 点,并很快减速;到达 a 点时,$n=0$,切断电源,电动机停止。

反接制动在制动时仍需从电源吸收电能,故经济性能差,但能很快使电动机停转或保持一定转速旋转,因此制动性能较好。

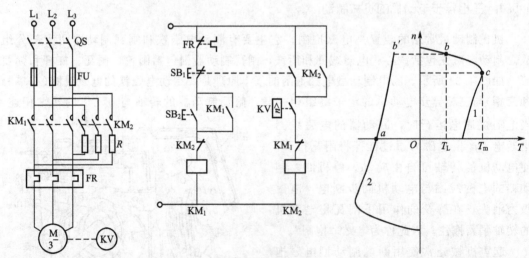

图 4.35 按速度原则控制的单向运行电源反接制动控制电路 图 4.36 电源反接制动机械特性

2) 倒拉反接制动

如果电动机拖动的是位能性恒转矩负载(例如起重机械)T_L,在提升时电动机工作如图 4.37 所示。机械特性曲线 1 的 a 点,现在转子中串入电阻使机械特性曲线变为 2,则电

动机的工作点由 a 点过渡到 b 点，电动机转速下降，但依然在提升重物，为电动机工作状态。

如果转子串入的电阻足够大，使机械特性曲线变为 3，则在电动机转速下降到零时电动机产生的拖动转矩（对应于图中 d 点的转矩），仍小于位能负载转矩 T_L。此时在位能负载转矩 T_L 的拖动下使电动机反转，直到 c 点，电动机产生的电磁转矩与 T_L 相平衡，则机组稳速（n_c）反向转动，即起重机将重物以一个平稳的低速缓慢下放。这种制动状态，电动机电磁转矩对转子的转动起制动作用，但转子仍反转，故称为倒拉反接制动运行状态。改变串入转子的电阻值，可调节工作点 c，即调节机组的转速。

2. 三相异步电动机的能耗制动

三相异步电动机的能耗制动控制就是在断开电动机三相电源的同时接通直流电源，此时直流电流流入定子的两相绕组，产生恒定磁场。转子由于惯性仍继续沿原方向以转速 n 旋转，切割定子磁场产生感应电动势和电流，载流导体在磁场中受电磁力作用，其方向与电动机转动方向相反，因而起到制动作用。制动转矩的大小与直流电流的大小有关。直流电流一般为电动机额定电流的 0.5～1 倍。其整个过程如图 4.38 所示。

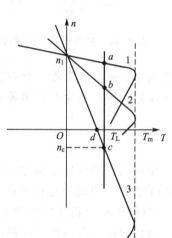

图 4.37　倒拉反转制动的机械特性　　　图 4.38　异步电动机的能耗制动

这种制动方法是利用转子转动时的惯性切割恒定磁场的磁通而产生制动转矩，把转子的动能消耗在转子回路的电阻上，称为能耗制动。

如图 4.39 所示三相笼型异步电动机能耗制动控制电路。制动时按下停止按钮 SB_1，接触器 KM_1 断电释放，接触器 KM_2 和时间继电器 KT 得电吸合，电动机定子绕组与三相交流电源断开，交流电经 KM_2 主触点引至变压器原边，经桥式整流为直流电通过电阻 R_P 引入定子绕组，实现能耗制动。当 KT 延时时间到，KT 延时断开的常闭触点断开，接触器 KM_2 失电，其主触点断开，电动机脱离电源，能耗制动结束。电阻 R_P 为能耗制动串接电阻，限制制动电流。

能耗制动时的机械特性曲线如图 4.40 所示。电动机正常运行时，工作在固有机械特性曲线 1 的 a 点，当电动机刚开始制动的瞬间，由于惯性，转速来不及变化，但电磁转矩反向，因而能耗制动时的机械特性曲线位于第二象限，曲线 2 为转子未串电阻时的机械特性，而曲线 3 为转子串入适当电阻时的机械特性曲线。由图可见，若转子不串电阻，则制动刚开始时，工作点由 a 移到 b 点，再沿曲线 2 转速下降到 0。如果是绕线转子异步电动机，则在转子中串入适当电阻，制动时工作点由 a 移到 b'，再沿曲线 3 转速下降到 0，可见此时加大了制动转矩，降低了制动电流，提高了制动效果。

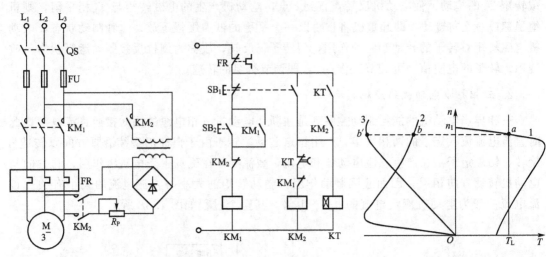

图 4.39　按时间原则控制的能耗制动控制电路　　　图 4.40　能耗制动的机械特性

能耗制动的优点是制动力较强、制动平稳、对电网影响小。缺点是需要一套直流电源装置，而且制动转矩随电动机转速的减小而减小，不易制停。因此若生产机械要求快速停车时，则应采用电源反接制动为好。

3. 三相异步电动机的再生制动（回馈制动）

若异步电动机在电动状态下运行时，出于某种原因，使电动机的转速 n 越过了旋转磁场的同步转速 n_1（此时 $s<0$），则转子导体切割旋转磁场的方向与电动机运行状态时相反，从而使转子电流及所产生的电磁转矩改变方向，成为与转子转向相反的制动转矩，电动机即在制动状态下运，这种制动称为再生制动。此时电机变成一台与电网并联的发电机，将机械能转变成电能反送回电网，因此又称为回馈制动。在生产实践中，出现异步电动机转速超过旋转磁场的同步转速一般有以下两种情况：一种是出现在位能负载下放时。例如，起重机在下放重物时或电传动机车车辆在下坡运行时，此时重物作用于电动机上的外加转矩与电动机的电磁转矩方向相同，使电动机转速 n 很快即超过旋转磁场的同步转速 n_1；另一种出现在电动机变极调速（或变频调速）的过程中。例如，三相变极多速异步电动机，当 $2P=2$ 时，电动机转速约 2900r/min 左右，当磁极对数变为 $2p=4$ 时，此时旋转磁场同步转速降为 1500r/min，就出现了电动机转速大于旋转磁场同步转速的情况。

特别提示

再生制动可向电网回输电能，所以经济性能好，但只有在特定的状态（$n>n_1$）时，才能实现制动。因此只能限制电动机转速，不能制停。

4.6 三相异步电动机的四相限运行(应用实例)

4.6.1 笼型电动机的应用实例

1. 反抗性负载

以拖动运送钢锭的辊道为例。其转矩 T_L 是常数,它总是阻止电动机转动的。如图 4.41(a)所示曲线 4 和曲线 5 是负载转矩 T_L 的特性;曲线 1、2 和 3 是笼型异步电动机的正转、反转及能耗制动状态的机械特性。

1) 快速正反转

辊道在快速来回运送钢锭时,对电动机的要求是:正向启动→恒速正转→快速停转→反向启动→恒速反转→重新正向启动……利用图 4.41(a)正转特性 1 和反转特性 2 就可满足上述要求,工作点 A 和 B 所对应的转速,即为恒定正转和恒定反转时的转速。

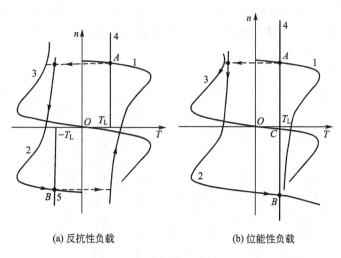

(a) 反抗性负载　　　　　　(b) 位能性负载

图 4.41　笼型异步电动机的应用实例

2) 正向转动

辊道单方向运送钢锭时电动机的要求是:正向启动→恒速转动→快速停转。利用图 4.41(a)的正转特性 1 和反转特性 2 来实现,为使系统能准确停车,应由自动控制装置配合。

2. 位能性负载

如图 4.41(b)所示三条特性和图 4.41(a)相同,特性 4 为位能性特性负载转矩特性曲线。

以起重机的提升和下降重物为例。提升重物时,使电动机正转运行,以 A 点转速恒速运行。下放重物有两种方法如下。

(1) 如要求高速下放重物,则将电动机定子电源两相反接,工作点将沿曲线 2,经反接制动→反向电动→回馈制动,以 B 点转速快速下放重物。

(2) 如果要求低速下放重物，可采能耗制动方法，工作点将沿特性曲线3，经能耗制动过程到坐标原点，转速为0，电动机电磁转矩也为0，但此时位能性负载转矩将迫使转子反转，提升变成下放。工作点由第二象限过渡到第四象限，随着下放转速的提升，能耗制动转矩又逐渐加大，直到 C 点。拖动系统将以 C 点的转速低速下放重物。

4.6.2 绕线转子异步电动机应用实例

1. 反抗性负载

绕线转子异步电动机在拖动反抗性负载时，与笼型异步电动机相似，由于绕线转子异步电动机的转子中可串入附加电阻。故机械特性曲线除固有特性外，还有若干条人为特性，电动机相应的工作点，也有若干个，以获得不同的运行速度。

2. 位能性负载

以桥式起重机提升和下放重物的主钩拖动系统为例。起重机主钩提升机构的工艺要求是：空钩下放→负载提升→负载下放→空钩提升。"提升"和"下放"时都要求有几级速度，所以只能选用转子可串入电阻的绕线式异步电动机。如图4.42(a)主电路接线图可知，转子串入四段电阻，对应有四条人为机械特性。特性5为位能性负载特性曲线。

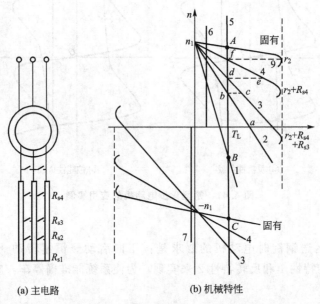

图 4.42 绕线式异步电动机应用实例

1) 提升重物

提升重物时，电动机始终处于电动状态。在图4.42(b)中表示，当负载为 T_L 时逐级提升过程的机械特性。逐级提升过程为：$a \rightarrow b \rightarrow c \rightarrow d \rightarrow e \rightarrow f \rightarrow g \rightarrow$（最后稳定运行于）$A$ 点，即以 A 点对应的速度提升重物。b、d、f 各点对应着不同的提升速度。

2) 下放重物

下放重物时电动机均处于制动状态。

若下降速度较低,则电动机采用倒拉反接制动。如图 4.42(b)中的 B 点,机械特性曲线 1 对应着转子电路串入所有附加电阻的人为特性。

若要求以较高速度下放重物,电动机通常都采用回馈制动状态工作。如图 4.42(b)中的 C 点,其对应的转速超过反向的同步转速,当转子串入电阻越大,则对应的下降速度越高(实际工作中不易串入过多电阻)。C 点是位能负载转矩 5 和反向机械特性 4 的交点。反向机械特性 4 与电动机械特性 4 转子中串入的电阻均为 R_{s4},只不过前者的定子电源两相作了反接。

3) 空钩升降

起重机的主钩不挂重物,则为空钩。提升空钩与提升重物一样,电动机运行于正向电动状态。下放空钩时,因为系统的摩擦力产生的反抗性转矩大于空钩本身的位能性转矩,靠空钩本身不能下放。因此,应使电动机运行于反向电动状态,强迫空钩下放。图 4.42(b)中的特性 6 和 7 分别为空钩提升和空钩下放负载转矩特性曲线。显然空钩提升和空钩下放的运行工作点分别在第一和第三象限。

拓展阅读

变频调速技术的应用

我们日常生产和生活所使用的电源,是固定频率(50Hz)的交流电。变频技术,就是通过技术手段,来改变用电设备的供电频率,进而达到控制设备输出功率的目的。变频技术随着微电子学、电力电子、计算机和自动控制理论等的发展,已经进入了一个崭新的时代,完全成熟的技术,也使其应用进入了一个新的高潮。它是通过变频调速改变轴输出功率,达到减少输入功率节省电能的目的。它是感应式异步电动机节能的重要技术手段之一。

自 1956 年世界上第一个晶闸管诞生,随着电子技术的飞速发展,变频控制器从控制模块、功率输出和控制软件都已完全成熟。在提高性能的同时,功能上也有较大的扩展,很多专用变频设备附带简易 PLC 功能;再加上产品价格的降低,为变频器的应用打开了广阔的市场。

对于异步电动机通过调速达到节能目的方法很多,例如,调压调速又称为滑差调速;变极对数调速和晶闸管串级调速等。根据不同的负载性质,有针对性地选择。在各种调速节能中,利用变频调速,是异步电动机调速效果最好、最成熟、最有发展前途的节能技术。

变频器应用,可分为两大类:一种是用于传动调速;另一种是各种静止电源。变频传动调速,其应用目的就是通过对电机调速来达到节约能源。控制对象就是在动力设备上实现电机转换的电动机。这是由感应式异步电动机的性能和特征决定,其次是由于所带的负载对电机调速的负荷适应性所决定。由电机转速的数学公式我们知道,电机的实际转速 $n=60f(1-s)/p$,主要取决于电机定子的旋转磁场转速($n_1=60f/p$)和转差率 S,电机的转速正比于电源的频率。从异步电动机变频时机械特性曲线中可以看出转速的变化对电机的转矩影响较小,对于传动机械功率要求完全可以满足。变频调速控制是在降低输出频率的同时输出电压也相应降低,转矩正比输出电压。转矩也会有些减少。这种纯电气调速系统是人为地改变电动机的机械特性来获得不同的转速,直接与拖动机械相连接不需原机械设备做任何调整,这对于节能改造成本,保持原有机械性能都大有好处。变频传动调速的特点如下。

(1) 不用改动原有设备包括电机本身。

(2) 可实现无级调速,满足传动机械要求。

(3) 变频器软启、软停功能,可以避免启动电流冲击对电网的不良影响,减少电源容量的同时还可以减少机械转动惯量,减少机械损耗。

(4) 不受电源频率的影响,可以开环、闭环手动/自动控制。

(5) 低速时，定转矩输出、低速过载能力较好。

(6) 电机的功率因数随转速增高功率增大而提高。使用效果较好。

实训项目 5　三相异步电动机的启动与调速

一、实训目的

通过实训掌握异步电动机的启动和调速的方法。

二、实训器材

测速发电机及转速表		1 台
三相鼠笼异步电动机(D联接)	100 W	1 台
三相线绕式异步电动机	120 W	1 台
交流电流表	0~5 A	1 块
交流电压表	0~500 V	2 块
三相可调电抗器		1 台
开关板		1 个
启动与调速电阻箱		1 件
测功支架、测功盘及弹簧秤		1 套

三、实训内容

1. 三相鼠笼式异步电机直接启动试验

(1) 如图 4.43 所示接线。电机绕组为 D 接法。异步电动机直接与测速发电机同轴联接，不联接负载电机。

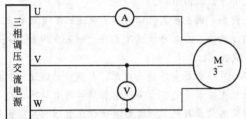

图 4.43　异步电动机直接启动

(2) 把交流调压器退到零位，开启电源总开关，按下"开"按钮，接通三相交流电源。

(3) 调节调压器，使输出电压达电机额定电压 220 V，使电机启动旋转(如电机旋转方向不符合要求需调整相序时，必须按下"关"按钮，切断三相交流电源)。

(4) 再按下"关"按钮，断开三相交流电源。待电动机停止旋转后，按下"开"按钮，接通三相交流电源，使电机全压启动，观察电机启动瞬间电流值(按指针式电流表偏转的最大位置所对应的读数值定性计量)。

(5) 断开电源开关，将调压器退到零位，电机轴伸端装上圆盘(注：圆盘直径为10cm)和弹簧秤。

(6) 合上开关，调节调压器。使电机电流为 2~3 倍额定电流，读取电压值 U_K、电流值 I_K、转矩值 T_K(圆盘半径乘以弹簧秤力)，试验时通电时间不应超过 10 s，以免绕组过热。对应于额定电压时的启动电流 I_{st} 和启动转矩 T_{st} 按下式计算

$$T_K = F \times \left(\frac{D}{2}\right)$$

$$I_{st} = \left(\frac{U_N}{U_K}\right) I_K$$

$$T_{st} = \left(\frac{I_{st}^2}{I_K^2}\right) T_K$$

式中：I_K——启动试验时的电流值，A；

T_K——启动试验时的转矩值，N·m。

将数据记录于表4-2。

表4-2　数据记录表

测　量　值			计　算　值		
U_K(V)	I_K(A)	F(N)	T_K(N·m)	I_{st}(A)	T_{st}(N·m)

2. 星形—三角形(Y-D)启动

(1) 如图4.44所示接线。线接好后把调压器退到零位。

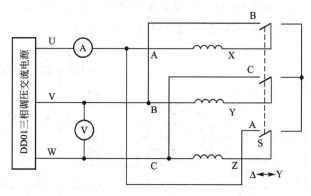

图4.44　三相鼠笼式异步电机Y-D启动接线图

(2) 三刀双掷开关合向右边(Y接法)。合上电源开关，逐渐调节调压器使升压至电机额定电压220V，打开电源开关，待电机停转。

(3) 合上电源开关，观察启动瞬间电流，然后把S合向左边，使电机(D)正常运行，整个启动过程结束。观察启动瞬间电流表的显示值以与其他启动方法作定性比较。

3. 自耦变压器启动

(1) 如图4.45所示接线。电机绕组为△接法。

(2) 三相调压器退到零位，开关S合向左边。

(3) 合上电源开关，调节调压器使输出电压达电机额定电压220V，断开D→Y电源开关，待电机停转。

(4) 开关S合向右边，合上电源开关，使电机由自耦变压器降压启动(自耦变压器抽头输出电压分别为电源电压的40%、60%和80%)，并经一定时间再把S合向左边，使电机按额定电压正常运行，整个启动过程结束。观察启动瞬间电流以作定性的比较。

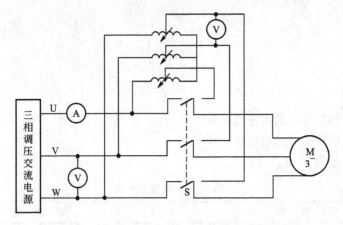

图 4.45　三相鼠笼式异步电动机自耦变压器法启动

4. 线绕式异步电动机转子绕组串入可变电阻器启动

(1) 如图 4.46 所示接线。

(2) 调压器退到零位。

(3) 接通交流电源,调节输出电压(观察电机转向应符合要求),在定子电压为 380V 时,转子绕组分别串入不同电阻值时,测取定子电流及转速变化。

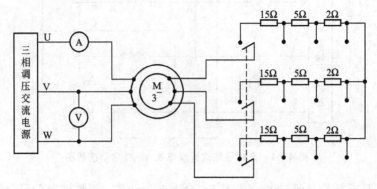

图 4.46　线绕式异步电动机转子绕组串电阻启动

四、实训报告

(1) 比较异步电动机不同启动方法的优缺点。

(2) 由启动试验数据求下述三种情况下的启动电流和启动转矩。

① 外施额定电压 U_N。(直接法启动)。

② 外施电压为 $U_N/\sqrt{3}$。(Y-△启动)。

③ 外施电压为 U_N/K_A,式中 K_A 为启动用自耦变压器的变比(自耦变压器启动)。

(3) 线绕式异步电动机转子绕组串入电阻对启动电流和启动转矩的影响。

(4) 线绕式异步电动机转子绕组串入电阻对电机转速的影响。

(5) 实训体会

启动时的实际情况与理论是否相符,不相符的主要因素是什么?

实训项目 6　笼型电动机 Y-D 启动电路的安装

一、实训目的

(1) 加深对继电器—接触器控制线路逻辑关系的理解。
(2) 了解安装控制电路的程序。
(3) 了解继电器—接触器控制电路常见故障分析与排除方法。

二、实训器材

(1) 万用表、螺丝刀、钢丝钳、尖嘴钳、电工刀、试电笔等常用电工工具　　1 套
(2) 配电板(已安装有控制线路所需低压电器)　　1 块
(3) 常开按钮、常闭按钮　　1 套
(4) 三相笼型异步电机(D 结)　　1 台
(5) 导线　　若干

三、实训内容

(1) 按照图 4.13 所示的电路，清理并检测所需元器件。
(2) 在装有电器元件的配电板上，按电路原理图安装好电路。
(3) 电路安装完工后，先进行安全检查，然后通电试运行。

四、实训报告

(1) 记载实训过程。
(2) 完成控制电路安装后，在通电前应作哪些检查？
(3) 通电后电机是否正常运行？不正常是为什么？
(4) 实训体会。

本 章 小 结

1. 电力拖动是指由电动机拖动生产或工作机构按一定程序运行的系统。主要由电源、电动机、控制设备和生产或工作机构等组成。

2. 作用在电力拖动系统中的转矩有拖动转矩 T 和负载转矩 T_L，这两者的大小决定了整个系统的运行状态。

3. 机械特性是指转矩(对电动机是指产生的拖动转矩，对负载是指负载转矩)与转速两者之间的相互关系曲线。

4. 负载通常可分恒转矩负载、恒功率负载和通风机型负载 3 大类。在电力拖动系统中负载的机械特性与电动机的机械特性两者相互依存，又相互制约。

5. 在使用三相异步电动机时，必须重点了解它的机械特性，即电动机的转速和输出转矩之间的关系，其中尤为重要的是启动转矩倍数和过载能力。同时必须具备三相

异步电动机的基本使用知识和维护能力。

6. 正确选择三相异步电动机的启动方式是安全、合理使用电动机的关键之一，如允许采用直接启动，则应优先考虑用直接启动。在选择降压启动方式时，应优先考虑用星形-三角形降压启动。

7. 三相异步电动机转速调节比较困难，以前一直是困扰三相异步电动机使用范围的一个难题，随着变频调速技术的飞速发展，目前，在许多需平滑调速的领域内，三相异步电动机正在逐步取代直流电动机而居主导地位。

8. 三相异步电动机的制动是指在电动机轴上加一个与其旋转方向相反的转矩，使电动机减速、停止或以一定速度旋转。它可分为机械制动和电气制动两大类。电气制动又可以分为反接制动、能耗制动和再生制动等。

思 考 题

1. 什么叫做电力拖动系统？电力拖动系统通常有哪些部分组成？
2. 电力拖动系统中电动机产生的拖动转矩 T 与负载的负载转矩 T_L 在方向上有什么关系？若电动机在启动瞬间 $T=T_L$ 情况如何？若 $T>T_L$ 则情况如何？若 $T<T_L$ 则情况如何？
3. 从机械特性上看生产或工作机械负载可分为哪几类？各有什么特点？
4. 什么叫做三相异步电动机的机械特性曲线？
5. 为什么三相异步电动机的额定转矩不能设定为电动机的最大转矩？
6. 什么叫做三相异步电动机的稳定运行区？电动机的稳定运行区和电动机的稳定运行条件有什么不同？
7. 三相异步电动机接入电源启动时，如果转子被卡住无法旋转，请问对电动机有何危害？
8. 什么叫做三相异步电动机的降压启动？有哪几种降压启动的方法？并分别比较它们的优缺点。
9. 绕线式异步电动机的启动方法有哪几种分别？并说明适用的场合。如果绕线式异步电动机转子绕组开路问能否启动？为什么？
10. 什么叫做三相异步电动机的调速？对三相笼型异步电动机，有哪几种调速方法？分别比较其优缺点。
11. 对三相绕线型异步电动机通常采用什么方法调速？
12. 如何改变三相异步电动机的转向？频繁改变电动机的转向有何害处？
13. 什么叫做三相异步电动机的制动？制动方法通常分为哪两大类？试比较三相异步电动机的三种电气制动方法的优缺点及应用场合。

第 5 章 单相异步电动机

知识目标	(1) 能正确描述单相异步电动机的结构和工作原理 (2) 能正确理解和掌握单相异步电动机启动的工作原理
技能目标	(1) 会进行单相异步电动机的启动控制装置的分类 (2) 会进行单相异步电动机的调速控制 (3) 会进行对常见的单相异步电动机故障现象的判断和排除

引言

单相异步电动机是利用单相交流电源供电、其转速随负载变化而稍有变化的一种小容量交流电机。由于它结构简单、成本低廉、运行可靠、维修方便，并可以直接在单相 220V 交流电源上使用，因此被广泛用于办公场所、家用电器等方面，在工、农业生产及其他领域中，单相异步电动机的应用也越来越广泛。如台扇、吊扇、洗衣机、电冰箱、吸尘器、电钻、小型鼓风机、小型机床和医疗器械等，都需要单相异步电动机驱动。单相异步电动机的不足之处是与同容量的三相异步电动机相比较，它体积较大、运行性能较差、效率较低。因此一般只制成小型和微型系列，容量在几十瓦到几百瓦之间，千瓦级的较少见。

中底削边机　　　　模式抛光机　　　　立式粗磨机

引言图

5.1 单相异步电动机的结构和工作原理

5.1.1 单相异步电动机的结构

单相异步电动机的结构和三相异步电动机相仿,它由定子和转子两大部分组成。

1. 定子

定子部分由定子铁心、定子绕组、机座和端盖等部分组成,其主要作用是通入交流电,产生旋转磁场。

1) 定子铁心

定子铁心大多用0.35mm硅钢片冲槽后叠压而成,槽型一般为半闭口槽,槽内则用以嵌放定子绕组,如图5.1和图5.2所示。定子铁心的作用是作为磁通的通路。

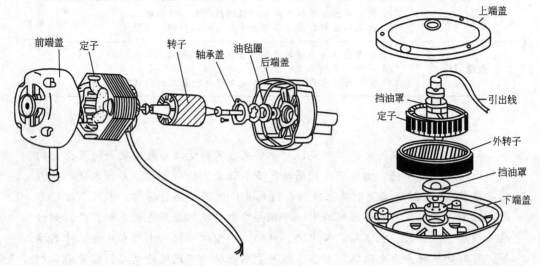

图5.1 电容运行台扇电动机结构 图5.2 电容运行吊扇电动机结构

2) 定子绕组

单相异步电动机定子绕组一般都采用两相绕组的形式,即工作绕组(称为主绕组)和启动绕组(又称为辅助绕组)。工作、启动绕组的轴线在空间相差90°电角度,两相绕组的槽数和绕组匝数可以相同,也可以不同,视不同种类的电动机而定。定子绕组的作用是通入交流电,在定、转子及空气隙中形成旋转磁场。

单相异步电动机中常用的定子绕组主要有单层同心式绕组、单层链式绕组、正弦绕组,这类绕组均属分布绕组。而单相罩极式电动机的定子绕组则多采用集中绕组。

定子绕组一般均由高强度聚酯漆包线事先在绕线模上绕好后,再嵌放在定子铁心槽内,并需进行浸漆、烘干等绝缘处理。

3) 机座与端盖

机座一般均用铸铁、铸铝或钢板制成,其作用是固定定子铁心,并借助两端端盖与转子连成一个整体,使转轴上输出机械能。单相异步电动机机座通常有开启式、防护式和封闭式等几种。开启式结构和防护式结构其定子铁心和绕组外露，由周围空气直接通风冷却，多用于与整机装成一体的场合使用，如图 5.1 所示的电容运行台扇电动机等。封闭式结构则是整个电机均采用密闭方式，电机内部与外界完全隔离，以防止外界水滴、灰尘等浸入，电机内部散发的热量由机座散出，有时为了加强散热，可再加风扇冷却。

由于单相异步电动机体积、尺寸都较小，且往往与被拖动机械组成一体，因而其机械部分的结构有时可与三相异步电动机有较大的区别。例如有的单相异步电动机不要机座，而直接将定子铁心固定在前、后端盖中间，如图 5.1 所示的电容运行台扇电动机。也有的采用立式结构，且转子在外圆，定子在内圆的外转子结构形式，如图 5.2 所示的电容运行吊扇电动机。

2. 转子

转子部分由转子铁心、转子绕组和转轴等组成。其作用是导体切割旋转磁场，产生电磁转矩，拖动机械负载工作。

1）转子铁心

转子铁心与定子铁心一样，用 0.35mm 硅钢片冲槽后叠压而成，槽内置放转子绕组，最后将铁心及绕组整体压入转轴。

2）转子绕组

单相异步电动机的转子绕组均采用笼型结构，一般均用铝或铝合金压力铸造而成。

3）转轴

用碳钢或合金钢加工而成，轴上压装转子铁心，两端压上轴承，常用的有滚动轴承和含油滑动轴承。

5.1.2 单相异步电动机的铭牌

1）型号

型号表示该产品的种类、技术指标、防护结构型式及使用环境等，型号意义如下。

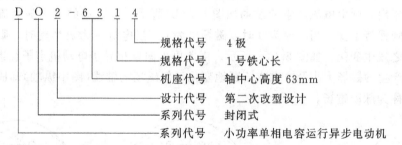

我国单相异步电动机的系列代号前后经过 3 次较重大的更新。目前生产的 BO2、CO2、DO2 系列，均采用 IEL 国际标准；其功率等级与机座号的对应关系与国际通用，有利于产品的出口及与进口产品相替代。该系列产品电动机外壳防护型式均为 IP44（封闭式），采用 E 级绝缘，接线盒在电动机顶部，便于接线与维修。近期内又研制生产了新型的 YC 系列单相电容启动异步电动机。

2）电压

它是指电动机在额定状态下运行时加在定子绕组上的电压，单位为 V。根据国家标准规定，电源电压在±5%范围内变动时，电功机应能正常工作。电动机使用的电压一般均为标准电压,我国单相异步电动机的标准电压有 12V、24V、36V、42V 和 220 V。

3)频率

它是指加在电动机上输入的交流电源的频率,单位为 Hz。由单相异步电动机的工作原理知道,电动机的转速与交流电源的频率直接有关,频率高,电动机转速也高。因此电动机应接在规定频率的交流电源上使用。

4)功率

它是指单相异步电动机轴上输出的机械功率,单位为 W。铭牌上标出的功率是指电动机在额定电压、额定频率和额定转速下运行时输出的功率,即额定功率。

我国常用的单相异步电动机的标准额定功率为:6W、10W、16W、25W、40W、60W、90W、120W、180W、250W、370W、550W 和 750W。

5)电流

在额定电压、额定功率和额定转速下运行的电动机,流过定子绕组的电流值,称为额定电流,单位为 A。电动机在长期运行时的电流不允许超过该电流值。

6)转速

电动机在额定状态下运行时的转速,单位为 r/min。每台电动机在额定运行时的实际转速与铭牌规定的额定转速有一定的偏差。

7)工作方式

工作方式是指电动机的工作是连续式还是间断式。连续运行的电动机可以间断工作,但间断运行的电动机不能连续工作,否则会烧损电动机。

5.1.3 单相异步电动机的工作原理

1. 单相绕组的脉动磁场

首先来分析在单相定子绕组中通入单相交流电后产生磁场的情况。

如图 5.3 所示,假设在单相交流电的正半周时,电流从单相定子绕组的左半侧流入,从右半侧流出,则由电流产生的磁场如图 5.3(b)所示,该磁场的大小随电流的大小而变化,方向则保持不变。当电流为 0 时,磁场也为 0。当电流变为负半周时,则产生的磁场方向也随之发生变化;如图 5.3(c)所示。由此可见向单相异步电动机定子绕组通入单相交流电后,产生的磁场大小及方向在不断地变化,但磁场的轴线(图中纵轴)却固定不变,这种磁场被称为脉动磁场。

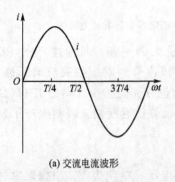
(a) 交流电流波形   (b) 电流正半周产生的磁场 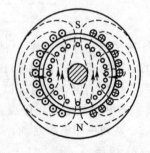 (c) 电流负半周产生的磁场

图 5.3　单相脉动磁场的产生

由于磁场只是脉动而不旋转，因此单相异步电动机的转子，如果原来静止不动的话，则在脉动磁场作用下，转子导体因与磁场之间没有相对运动，而不产生感应电动势和电流，也就不存在电磁力的作用。因此转子仍然静止不动，即单相异步电动机没有启动转矩，不能自行启动。这是单相异步电动机的一个主要缺点。如果用外力去拨动一下电动机的转子，则转子导体就切割定子脉动磁场，从而有电动势和电流产生，并将在磁场中受到力的作用，与三相异步电动机转动原理一样，转子将顺着拨动的方向转动起来。因此要使单相异步电动机具有实际使用价值，就必须解决电动机的启动问题。

2．两相绕组的旋转磁场

如图5.4所示，在单相异步电动机定子上放置在空间相差90°的两相定子绕组U_1U_2和Z_1Z_2，向这两相定子绕组中通入在时间上相差约90°电角度的两相交流电流I_Z和I_U，用与第2章的图2.4中的分析旋转磁场产生的相同方法进行分析，可知此时产生的也是旋转磁场。由此可以得出结论：向在空间相差90°的两相定子绕组中通入在时间上相差一定角度的两相交流电，则其合成磁场也是沿定子和转子空气隙旋转的旋转磁场。

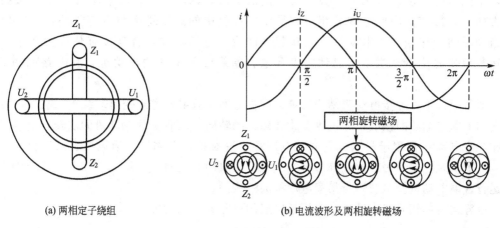

(a) 两相定子绕组　　(b) 电流波形及两相旋转磁场

图5.4　两相旋转磁场的产生

因此，要解决单相异步电动机的启动问题，实质上就是解决气隙中旋转磁场的产生问题。根据启动方法的不同，单相异步电动机一般可分为电容分相式、电阻分相式和罩极式，下面分别进行介绍。

5.2　电容分相单相异步电动机

5.2.1　工作原理

电容分相单相异步电动机工作原理线路如图5.5所示。在电动机定子铁心上嵌放有两套绕组，即工作绕组U_1U_2（又称主绕组）和启动绕组Z_1Z_2（又称副绕组）。它们的结构相同或基本相同，它们在空间的位置互差90°电角度。在启动绕组中串入电容C后，再与工作绕组并联接在单相交流电源上，适当选择电容C的容量，使流过工作绕组中的电

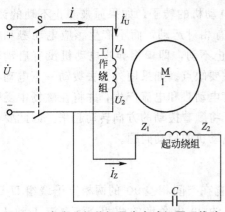

图 5.5 电容分相单相异步电动机原理线路

流 I_U 与电流过启动绕组中的电流 I_Z,在时间上相差约 90°电角度;这样就满足了图 5.4 中旋转磁场产生的条件,在定子转子及气隙间产生一个旋转磁场。单相异步电动机的笼型结构转子在该旋转磁场的作用下,获得启动转矩而旋转。

5.2.2 分类

电容分相单相异步电动机可根据启动绕组是否参与正常运行而分成 3 类:电容运行单相异步电动机、电容启动单相异步电动机和双电容单相异步电动机。

1. 电容运行单相异步电动机

在单相异步电动机单相定子绕组中通入单相交流电所产生的是脉动磁场,如转子绕组原来是静止的话,则转子导体不切割磁力线,就没有感应电流,不产生启动转矩,不能自行启动。如用外力拨动转子使之旋转,则转子导体将切割磁力线而按拨动的方向继续旋转。因此电容分相单相异步电动机中的启动绕组与电容支路,只在电动机启动瞬间起作用。当电动机一旦转起来以后,它的存在与否就没有什么关系了。电容运行单相异步电动机是指启动绕组及电容始终参与工作的电动机,其电路如图 5.5 所示。

电容运行单相异步电动机结构简单、维护方便,只要任意改变启动绕组(或工作绕组)首端和末端与电源的接线,即可改变旋转磁场的转向,从而实现电动机的反转。电容运行单相异步电动机常用于吊扇、台扇、电冰箱、洗衣机、空调器、通风机、录音机、复印机、电子仪表仪器及医疗器械等各种空载或轻载启动的机械上。图 5.1 和图 5.2 分别为电容运行台扇电动机及电容运行吊扇电动机的结构图。

电容运行单相异步电动机是应用最普遍的单相异步电动机。

2. 电容启动单相异步电动机

这类电动机的启动绕组和电容只在电动机启动时起作用,当电动机启动即将结束时,将启动绕组和电容从电路中切除。

特别提示

启动绕组的切除可以用在电路中串联离心开关 S 来实现,图 5.6 所示为电容启动单相异步电动机原理图。而图 5.7 所示离心开关结构示意图。该离心开关由旋转部分和静止部分组成,旋转部分安装于电动机转轴上,与电动机一起旋转。而静止部分则安装在端盖或机座上,静止部分由两个相互绝缘的半圆形铜环组成(与机座及端盖也互相绝缘)。其中一个半圆环接电源;另一个半圆环接启动绕组。电动机静止时,安装在旋转部分上的 3 个指形钢触片在拉力弹簧的作用下,分别压在两个半圆形铜环的侧面,由于 3 个指形钢触片本身是连通的,这样就使启动绕组与电源接通,电动机开始启动。当电动机转速达到一定数值后,安装于旋转部分的指形钢触片由于离心力的作用而向外张开,使铜触片与半圆形铜环分离,即将启动绕组从电源上切除,电动机启动结束,投入正常运行。

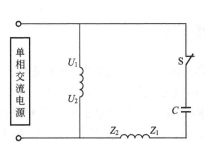

图 5.6 电容启动单相异步电动机原理图

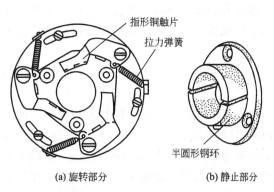

图 5.7 离心开关结构示意图

电容启动单相异步电动机与电容运行单相异步电动机相比较,电容启动单相异步电动机的启动转矩较大,启动电流也相应增大。因此它在小型空气压缩机、电冰箱、磨粉机、医疗机械和水泵等满载启动的机械中适用。

3. 双电容单相异步电动机

为了综合电容运行单相异步电动机和电容启动单相异步电动机各自的优点,近来又出现了一种电容启动电容运行单相异步电动机(简称双电容单相异步电动机),即在启动绕组上接有两个电容器 C_1 及 C_2,如图 5.8 所示。其中电容 C_1,仅在启动时接入;电容 C_2 则在全过程中均接入。这类电动机主要用于要求启动转矩大,功率因数较高的设备上,如电冰箱、空调器、水泵和小型机车等。

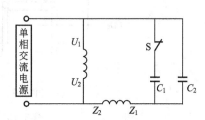

图 5.8 双电容单相异步电动机原理图

5.3 电阻分相单相异步电动机

如果将图 5.6 中的电容 C 换成电阻 R 就构成电阻分相单相异步电动机,如图 5.9 所示。电阻分相单相异步电动机的定子铁心上嵌放有两套绕组,即工作绕组 U_1U_2 和启动绕组 Z_1Z_2。在电动机运行过程中,工作绕组自始至终接在电路中。一般工作绕组占定子总槽数的 2/3,启动绕组占定子总槽数的 1/3。启动绕组只在启动过程中接入电路,待电动机转速达到额定转速 70%~80% 时,离心开关 S 将启动绕组从电源上断开,电动机即进入正常运行。为了增加启动时流过工作绕组和启动绕组之间电流的相位差(希望为 90°电角度),通常可在启动绕组回路中串联电阻 R,或增加启动绕组本身的电阻(启动绕组用细导线绕制)。由于启动绕组导线细,故流过启动绕组导线的电流相应的比工作绕组中大。因此启动绕组只能短时工作,启动完毕必须立即从电源上切除,如超过较长时间仍未切断,就有可能被烧损,导致整台电动机损坏。

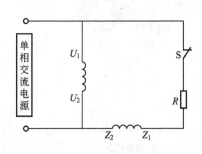

图 5.9 电阻分相单相异步电动机原理图

电阻分相单相异步电动机具有构造简单、价格低廉、使用方便等优点，主要用于小型机床、鼓风机、电冰箱压缩机和医疗器械等设备中。

5.4　单相罩极电动机

单相罩极异步电动机是结构最简单的一种单相异步电动机，它的定子铁心部分通常由0.5mm厚的硅钢片叠压而成，按磁极形式的不同可分为凸极式和隐极式两种。其中凸极式结构最为常见，凸极式按励磁绕组布置的位置不同又可分为集中励磁和单独励磁两种。由于励磁绕组均放置在定子铁心内，又可称为定子绕组。图5.10(a)所示为集中励磁罩极电动机结构。励磁绕组只有一个，均为两极电机。图5.10(b)所示为单独励磁罩极电动机结构。

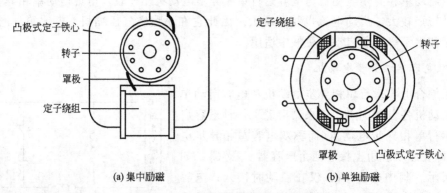

图5.10　凸极式单相罩极电动机结构

在单相罩极电动机每个磁极面的1/4～1/3处开有小槽，在小槽的部分极面套有铜制的短路环，就好像把这部分磁极罩起来一样，称为罩极电动机。励磁绕组用具有绝缘层的铜线绕成，套装在磁极上，转子则采用笼型结构。

给单相罩极电动机励磁绕组通入单相交流电时，在励磁绕组与短路铜环的共同作用下，磁极之间形成一个连续移动的磁场，好似旋转磁场一样，从而使笼型转子受力而旋转。旋转磁场的形成可用图5.11来说明。

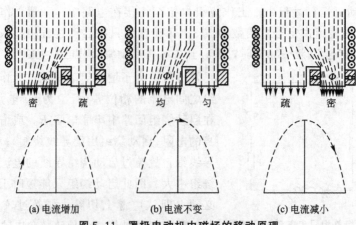

图5.11　罩极电动机中磁场的移动原理

(1) 当流过励磁绕组中的电流由零开始增大时，由电流产生的磁通也随之增大。但在被铜环罩住的一部分磁极中，根据楞次定律，变化的磁通将在铜环中产生感应电动势和电流，力图阻止原磁通的增加，从而使被罩磁极中的磁通较疏，未罩磁极中的磁通较密，如图5.11(a)所示。

(2) 当电流达到最大值时，电流的变化率近似为0，这时铜环中基本上没有感应电流产生，因而磁极中的磁通均匀分布，如图5.11(b)所示。

(3) 当励磁绕组中的电流由最大值下降时，铜环中又有感应电流产生，以阻止被罩部分磁极中磁通的减小，因而此时被罩部分的磁通分布较密，而未罩部分的磁通分布较疏，如图5.11(c)所示。

(4) 综上分析可以看出，单相罩极电动机磁极的磁通分布在空间是移动的，由磁极的未罩部分向被罩部分移动，即与旋转磁场一样，使笼型结构的转子获得启动转矩而旋转。

单相罩极电动机的主要优点是结构简单、制造方便、成本低、运行噪声小和维护方便。缺点是启动性能及运行性能较差，效率和功率因数都较低。它主要用于小功率空载启动的场合，如在台式电扇、仪用电扇、换气扇、录音机、电动工具及办公自动化设备上采用。

5.5 单相异步电动机的调速及反转

5.5.1 单相异步电动机的调速

单相异步电动机的调速原理与三相异步电动机一样分为改变电源频率（变频调速）、改变电源电压（调压调速）和改变绕组的磁极对数（变极调速）等多种。其中目前使用最普遍的是改变电源电压调速。调压调速有两个特点，一是电源电压只能从额定电压往下调，因此电动机的转速也只能从额定转速往低调；二是因为异步电动机的电磁转矩与电源电压平方成正比，因此电压降低时，电动机的转矩和转速都下降，所以这种调速方法只适用于转矩随转速下降而下降的负载（称为通风机负载），如风扇、鼓风机等。常用的调压调速又分为串电抗器调速、自耦变压器调速、串电容调速、绕组抽头法调速、晶闸管调速和PTC元件调速等多种，下面分别予以介绍。

1. 串电抗器调速

电抗器为一个带抽头的铁心电感线圈，串联在单相电动机电路中起降压作用，通过调节抽头使电压降不同，从而使电动机获得不同的转速，如图5.12所示。当开关S在1挡时电动机转速最高，在5挡时转速最低。开关S有旋钮开关和琴键开关两种，这种调速方法接线方便、结构简单、维修方便，常用于简易的家用电器，如台扇、吊扇中。缺点是电抗器本身消耗一定的功率，且电动机在低速挡启动性能较差。

2. 自耦变压器调速

加在单相异步电动机上电压的调节可通过自耦变压器来实现，如图5.13所示。图5.13(a)所示电路在调速时是使整台电动机降压运行，因此在低速挡时启动件能较差。图5.13(b)所示电路在调速时仅使用工作绕组降压运行，所以它的低速挡启动性能较好，但接线较为复杂。

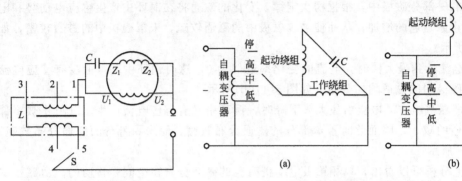

图5.12 吊扇串电抗调速电路　　　　图5.13 自耦变压器调速电路

3. 串电容调速

将不同容量的电容器串入单相异步电动机电路中，也可调节电动机的转速。由于电容器容抗与电容量成反比，故电容量越大，容抗就越小，相应的电压降也小，电动机转速就高；反之，电容量越小，容抗就越大，电动机转速就低。图5.14所示为具有三挡速度的串电容调速风扇电路。图中电阻 R_1 及 R_2 为泄放电阻，在断电时将电容器中的电能泄放掉。

由于电容器具有两端电压不能突变这一特点，因此在电动机启动瞬间，调速电容器两端电压为零，即电动机上的电压为电源电压，因此电动机启动性能好。正常运行时电容器上无功率损耗，故效率较高。

4. 绕组抽头法调速

这种调速方法是在单相异步电动机定子铁心上再嵌放一个调速绕组（又称中间绕组），它与工作绕组及启动绕组连接后引出几个抽头，如图5.15所示。中间绕组起调节电动机转速的作用，这样就省去了调速电抗器铁心，降低了产品成本，节约了电抗器上的能耗。其缺点是使电动机嵌线比较困难，引出线头较多，接线也较复杂。

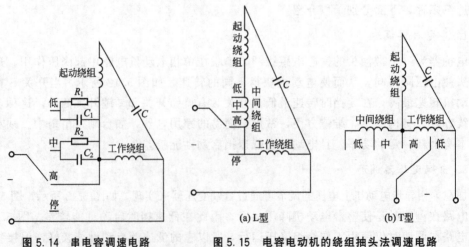

图5.14 串电容调速电路　　　　图5.15 电容电动机的绕组抽头法调速电路

用于电容电动机上的绕组抽头调速方法主要可分成 L 型和 T 型两大类，分别如图 5.15(a)(b)所示。其中 L 型接法调速时在低速挡中间绕组只与工作绕组串联，启动绕组直接加电源电压。因此低速挡时启动性能较好，目前使用较多。T 型接法低速挡启动性能较差，且流过中间绕组中的电流较大。

5. 晶闸管调压调速

前面介绍的各种调压调速电路都是有级调速，目前采用晶闸管调压的无级调速已越来越多，如图 5.16 所示。整个电路只用了双向晶闸管、双向二极管、带电源开关的电位器、电阻和电容等 5 个元件。电路结构简单，调速效果好。

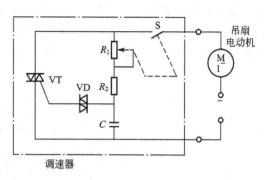

图 5.16　吊扇晶闸管调压调速电路

6. PTC 元件调速

在需要有微风挡的电风扇中，常采用 PTC 元件调速电路。所谓微风是指电扇转速在 500r/min 以下送出的风。如果采用一般的调速方法，电扇电动机在这样低的转速下往往难以启动，较为简单的方法就是利用 PTC 元件的特性来解决这一问题。图 5.17 所示为 PTC 元件的工作特性，当温度 t 较低时，PTC 元件本身的电阻值很小，当高于一定温度后(图中 A 点以上，称居里温度)，即呈高阻状态，这种特性正好满足微风挡的调速要求。图 5.18 所示为风扇微风挡 PTC 元件调速电路。在电扇启动过程中，电流流过 PTC 元件，电流的热效应使 PTC 元件温度逐步升高。当达到居里温度时，PTC 元件的电阻值迅速增大，使电扇电动机上的电压迅速下降，进入微风挡运行。

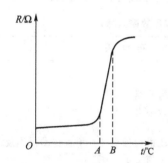

图 5.17　PTC 元件的工作特性

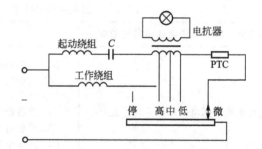

图 5.18　风扇微风挡 PTC 元件调速电路

5.5.2　单相异步电动机的反转

单相异步电动机的转向与旋转磁场的转向相同，因此要使单相异步电动机反转就必须改变旋转磁场的转向。其方法有两种：一种是把工作绕组(或启动绕组)的首端和末端与电源的接线对调；另一种是把电容器从一组绕组中改接到另一组绕组中(此法只适用于电容运行单相异步电动机)。

洗衣机的洗涤桶在工作时经常需改变旋转方向，由于其电动机一般均为电容运行单相异步电动机。因此一般均采用将电容器从一组绕组中改接到另一组绕组中的方法来实现正反转，其电路如图 5.19 所示。实线方框内为机械式定时器，S_1 及 S_2 是定时器的触点，由定时器中的凸轮控制它们接通或断开，其中触点 S_1 的接通时间就是电动机的通电时间，即洗涤与漂洗的定时时间。在该时间内，触点 S_2 与上面的触点接通时，电容 C 与工作绕组接通，电动机正转；当 S_2 与中间触点接通时，电动机停转；当 S_2 与下面触点接通时，电容 C 与启动绕组接通，电动机反转。正转、停止、反转的时间大约为 30s、5s、30s 左右。

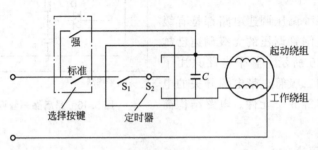

图 5.19 洗衣电动机电路

洗衣机的选择按键是用来选择洗涤方式的，一般有标准洗和强洗两种方式。上面叙述的属于标准洗方式。需强洗时，按强洗键（此时标准键自动断开），电动机始终朝一个方向旋转，以完成强洗功能。

5.6 常见故障及排除方法

由于电网供电质量不好、使用不当等原因，单相电机故障主要表现为电机严重发热、转动无力、启动困难和烧熔丝等。单相电容启动异步电动机常见故障及原因见表 5-1。

表 5-1 单相电容启动异步电动机常见故障及原因

单相电容启动异步电动机常见故障	可 能 原 因
电源正常，通电后电机不能启动	(1) 电机引线断路 (2) 主绕组或副绕组开路 (3) 离心开关触点合不上 (4) 电容器开路 (5) 负载过重或传动机构被卡住。检查传动机构及负载 (6) 轴承卡住、转子与定子碰擦 (7) 电源电压过低。检查原因并排除
空载能启动，或借助外力能启动，但启动慢且转向不定	(1) 副绕组开路 (2) 离心开关触点接触不良 (3) 启动电容开路或损坏
电机启动后很快发热甚至烧毁绕组	(1) 主绕组匝间短路或接地 (2) 主、副绕组之间短路 (3) 启动后离心开关触点断不开 (4) 主、副绕组相互接错 (5) 定子与转子摩擦

(续)

单相电容启动异步电动机常见故障	可能原因
电机转速低，运转无力	(1) 主绕组匝间轻微短路 (2) 运转电容开路或容量降低 (3) 轴承太紧 (4) 电源电压低
熔丝	(1) 绕组严重短路或接地 (2) 引出线接地或相碰 (3) 电容击穿短路
电机运转时噪声太大	(1) 绕组漏电 (2) 离心开关损坏 (3) 轴承损坏或间隙太大 (4) 电机内进入异物 (5) 定子、转子相擦。检查轴承、转子是否变形，进行修理或更换 (6) 轴承损坏或润滑不良。更换轴承，清洗轴承 (7) 电动机两相运行。查出故障点并加以修复 (8) 风扇叶碰机壳等。检查并消除故障
电动机振动	(1) 转子不平衡。校正平衡 (2) 带轮不平稳或轴弯曲。检查并校正 (3) 电动机与负载轴线不对。检查、调整机组的轴线 (4) 电动机安装不良。检查安装情况及地脚螺栓 (5) 负载突然过重。减轻负载
电动机外壳带电	(1) 接地不良或接地电阻太大。按规定接好地线，消除接地不良处 (2) 绕组受潮。进行烘干处理。 (3) 绝缘有损坏，有赃物或引出线碰壳。修理，并进行浸漆处理，消除脏物，重接引出线

 拓展阅读

三相电动机改装成单相电机的简单方法

由于三相异步电动机制造简单、价格便宜、规格齐全，已成为工农业生产中的主要动力。但由于必须采用三相供电系统，而许多农副产品加工机械需用单相电源来驱动，尤其是在农村乡镇、偏远山区等缺乏三相电源的地方便无法使用。单相供电系统虽敷设方便，但单相电动机造价高、功率因数低，且目前国内生产的单相电动机规格不齐，容量一般在1kW以下。若将三相异步电动机改装成单相电源供电方式，将给缺乏三相电源的农村乡镇带来很大的方便，而且由三相异步电动机改接而成的单相电动机比普通单相电动机具有较好的启动特性、运行特性和较高的功率因数，因此实现三相异步电动机的单相运行具有一定的实用价值。

将三相异步电动机改接成单相电动机后，由于单相电动机没有启动转矩，接通电源后不能自行启动，因此需要在一相绕组中串接电容器来启动，其接线如图5.20所示，将其中二相绕组反向串联与另一相串入电容器的绕组并联后接至同一单相电源。图 5.20(b)所示为从电动机出线盒引出的实际接线图。

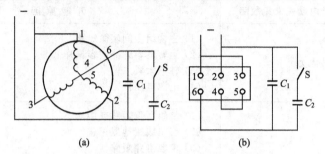

图 5.20 三相异步电动机改单相电机接线

不同容量的电动机需要配置不同的电容值,且启动和运行时也需要不同的电容值。电容器的电容量必须选择适当。电容量选择小了,转矩会太小;电容量选择大了,虽有较大的启动转矩,但绕组电流增加,容易发热。

图 5.20 采用两个电容并联,C_1 为工作电容,C_2 为启动电容。启动后当转子转速接近额定转速时,利用离心开关 S 切除启动电容 C_2。通常工作电容可按下式来计算,即

$$C_1 = \frac{1950 I_N}{U_N \cos\varphi} \quad (\mu F)$$

式中:I_N、U_N、$\cos\varphi$ 为原动机铭牌上的额定值。

一般三相异步电动机的额定电压为 380V,改接成单相运行后电源电压为 220V,因而电动机启动转矩较小。为增大启动转矩可在工作电容 C_1 上再并联一个启动电容 C_2,C_2 一般在 0.6kW 以下时可以不接,而把工作电容 C_1 适当加大一些。按电动机功率每 0.1kW 约增大 6.5μF。在电动机容量大于 0.6kW 时,C_2 值可根据启动时负载的大小按 $C_2=(1\sim4)C_1$ 来选择。

改接成单相运行后的如下问题。

(1) 三相异步电动机改装成单相电容电动机后有较好的启动特性和运行特性,由于接有电容器 C_1 运行,功率因数较高。

(2) 电动机的输出功率一般只有原动机的 60%~70%,因此应注意改接后电动机所承担的负载大小。

(3) 由于单相电源的容量一般较小,主要适用于小容量电动机,使用时必须注意供电系统的容量。

(4) 若需要改变电动机的运行方向,则只需调换串接电容一相绕组的两个接线端,即图 5.20 中的 3、6 端。

实训项目 7 单相异步电动机的控制电路和检修实训

一、实训目的

1. 初步学会电风扇控制电路的接线方法。
2. 进一步掌握单相电容式异步电动机的启动、运行、反转、调速的原理和方法。
3. 学习单相异步电动机(风扇)在使用过程中的维护检修方法及步骤。

二、实训器材

1. 单相电容式异步电动机　　　　　　　　　　　　　　　　1 台
2. 台扇和吊扇用电动机　　　　　　　　　　　　　　　　　各 1 台

3. 电容器油浸电容器   1~1.5μF   400V   1个
4. 吊扇用调速电抗器   四挡或五挡   1个
5. 吊扇用晶闸管调压调速器(与吊扇配套)   1套
6. 刀开关   HK2—10/2   250V   10A   1个
7. 实验板、导线、万用电表、兆欧表   1套

三、实训内容

1. 单相异步电动机的测量

(1) 观察单相异步电动机、电容器、调速用电抗器、调速开关的结构，将单相异步电动机、电容器的参数记录于表 5-2 中。

表 5-2   单相异步电动机、电容器数据

额定功率	额定电压	额定电流	转速	电容器容量

(2) 用万用电表测量单相电动机的绕组电阻，以确定电动机的工作、启动绕组、电阻值大的为启动绕组，电阻值小的为工作绕组。将测量值记录下来。

2. 吊扇电抗器调速电路

(1) 如图 5.21 所示接线，先将调速开关 S_1 置于 1 挡，合上开关 S_2，然后合上电源开关 QS，启动电动机。观察其转向和转速。

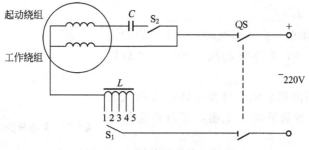

图 5.21   吊扇电抗器控制电路

电动机启动情况 _____，电动机转向(从电动机轴伸出端侧观察)
_____。

(2) 电动机启动后，断开 S_2，切除电容器和启动绕组，模拟电容启动式电动机的运行情况，观察电动机的转向和转速。

电动机转速及转向有无改变_____。

(3) 先断开 QS 切断电源，将工作绕组(或启动绕组)的首、末端对调，再合上 S2 和 QS 重新启动电动机，观察其转向和转速。

电动机转向和转速变化情况：_____。

(4) 调节开关 S_1 至各挡位，观察电动机的转速变化情况。

电动机的转速变化情况：_____。

3. 台扇抽头法调速电路

(1) 如图 5.22 所示接线。

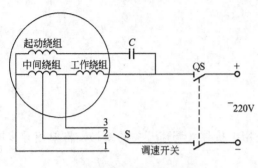

图 5.22 台扇抽头法调速电路

(2) 合上电源开关 QS，将调速开关 S 分别置于各挡，观察电动机转速变化情况。调速开关 S 在_____挡时台扇转速最低，在_____挡时台扇转速最高。

4. 吊扇晶闸管调压调速电路

(1) 按图 5.16 接线（点画线内的晶闸管调压电路已接在调速器内，接线时只需将调速器的两个端钮外接至电源和吊扇电动机即可）。

(2) 旋动调速旋钮，附在电位器上的开关 S 即接通，观察吊扇电动机启动情况。电动机转速变化情况：_____。

(3) 断开电源，拆开调速器后盖，抄下双向晶闸管调压调速的电路和元、器件的型号、参数。

双向晶闸管型号_____，双向二极管型号_____，电位器_____，电阻_____，电容器_____。

5. 单相异步电动机正反转控制电路

(1) 如图 5.23 所示电路接线，当 S 与上面触点 2 接通时，电容 C 串入工作绕组支路，电动机正转，观察电动机转向。

电动机的转动方向_____。

(2) 当 S 与下面的触点 1 接通时，C 串入启动绕组支路，电动机反转，观察电动机的转向。电动机转动方向_____。

6. 拆卸实验用的单相电容异步电动机或电风扇进行清洗、加油、测量其绝缘电阻，随后再进行组装及通电试用。

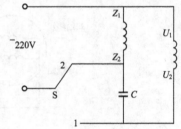

图 5.23 单相异步电动机正反转控制电路

四、实训报告

1. 试简述本次实验实训 3 个电风扇调速电路的调速原理，说明各自的特点并加以比较。
2. 记录实训过程。
3. 实训体会。

本 章 小 结

1. 单相异步电动机是指利用单相交流电源供电，电动机转速随负载变化而稍有变化的一种交流电动机。通常其功率都比较小，主要用于由单相电源供电的场合。

2. 由于在单相定子绕组中通入单相交流电后产生的是脉动磁场,因此单相异步电动机本身没有启动转矩,不能自行启动。

3. 根据单相异步电动机启动方法的不同,可分为电容分相单相异步电动机、电阻分相单相异步电动机和罩极异步电动机三大类。

4. 单相异步电动机本身的结构与三相异步电动机相仿,它由定子和转子两大部分组成。但由于其功率一般较小,故而结构也较简单。

5. 目前使用较多的是电容运行单相异步电动机,它的结构简单,使用维护也较方便。但启动转矩较小,主要用于空载或轻载启动的场合。

6. 单相异步电动机的调速方法也与三相异步电动机一样有变频调速、调电压调速和变极调速3种。由于电动机功率小,目前一般用调电源电压调速较多,常用的调压调速有串电抗器调速和晶闸管调速。

思 考 题

1. 单相异步电动机与三相异步电动机相比有哪些主要的不同之处?

2. 单相异步电动机按其启动及运行的原理与方式的不同可分哪几类?目前使用最普遍的是哪一类?

3. 什么叫做脉动磁场?脉动磁场是怎样产生的?

4. 简单叙述单相异步电动机的主要结构。

5. 比较单相异步电动机在结构上与三相异步电动机有哪些主要不同之处?

6. 改变单相电容异步电动机的旋转方向有哪几种方法?

7. 电容启动单相异步电动机能否作电容运转单相异步电动机使用?反过来电容运转单相异步电动机能否用作电容启动单相异步电动机使用?为什么?

8. 一台吊扇采用电容运转单相异步电动机通电后无法启动,而用力拨动风叶后即能运转,这是由哪些故障造成的?

9. 说明电阻启动单相异步电动机和电容启动单相异步电动机的不同之处。

10. 简单叙述罩极电动机的主要优缺点及使用场合。

11. 单相异步电动机的调速方法有哪几种?目前使用较多的是哪一种?

12. 简单说明串电抗器调速的原理及方法。

13. 比较串电抗器调速和晶闸管调速的优缺点。

14. 常用的台扇可用哪几种调速方法?

15. 如何改变单相异步电动机的旋转方向?

16. 说明各种不同结构的单相异步电动机的使用场合。

第 6 章

同步电机

知识目标	(1) 同步电机的结构、工作原理及用途 (2) 同步电动机的 V 形曲线和功率因数调节 (3) 同步电动机的启动 (4) 同步发电机的基本特性
技能目标	(1) 同步调相机的应用 (2) 同步发电机常见故障分析能力

▶ 引言

  同步电机分为同步发电机和同步电动机。我国电力系统都采用同步发电机发电，向外输出电能。与异步电机不同，同步电机有可逆性，即接通三相电源、同步电机便成为电动机，这时是电动机运行状态；若通过原动机（水轮机，汽轮机）拖动转子时，同步电机可发出三相交流电，这时是发电机运行状态。

  同步电机是一种应用十分广泛的电机，既可作发电机，又可作电动机使用。在船舶上，绝大部分是当发电机使用，是船舶电站中的主要设备。同步电机也是一种交流电机，与三相异步电动机对应，三相同步电动机的转速与定子旋转磁场的转速保持同步，又称为同步电机。

引言图

6.1 同步电机的工作原理、用途及分类

6.1.1 同步电机的工作原理

三相同步电动机的定子和三相异步电动机的定子结构是相同的,在定子铁心中装有三相对称交流绕组。转子也称为磁极,有凸极和隐极两种结构形式。隐极式用于高速($n>1500$r/min);而凸极式用于低速。同步电动机通常做成凸极式,在转子铁心中绕有励磁绕组,通过电刷,滑环引入直流电,凸极式同步电动机基本结构如图6.1所示。

在同步电动机定子三相绕组内通入对称三相交流电时,对称的三相绕组中就产生一个旋转磁场。当转子的励磁绕组已加上励磁电流时,则转子就好像一个"磁铁",于是旋转磁场就带动这个"磁铁",并按旋转磁场转速旋转,这时转子转速 n 等于旋转磁场的同步转速 n_1。

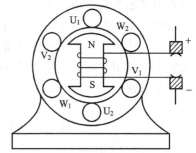

图6.1 同步电动机基本结构

$$n = n_1 = \frac{60 f_1}{p} \tag{6-1}$$

这就是同步电动机的基本工作原理。由于同步电动机转子的转矩是旋转磁场与转子磁场不同极性间的吸引力所产生的,所以转子的转速始终等于旋转磁场转速,不因负载改变而改变。

同步电机是可逆的,当用原动机拖动已经励磁的转子旋转时,转子的磁场切割定子三相对称绕组,即产生三相电动势,这就是同步发电机工作原理。当原动机的转速为 n_1 时,三相电动势的频率 $f_1 = \dfrac{p n_1}{60}$。

6.1.2 同步电机的用途

同步发电机广泛用于水力发电、火力发电和核能发电等。同步电动机的功率因数可以调节,在运行中可以改善电网功率因数,同时,它还具有效率高,过载能力大及运行稳定的优点。一些大功率生产机械,如矿山、矿井的送风机、水泵、煤粉燃料炉用的球磨机,以及大型的空气压缩机等设备,又没有调速要求,采用同步电动机是最恰当的。

此外,同步电动机还可以作同步补偿机运行,即电机转轴不带任何机械负载,只从电网吸收电容性无功功率。因电网大部分是电感性负载,接入同步补偿机,可以提高电网的功率因数,增加发电厂发电机的出力。

6.1.3 同步电机的分类

同步电机按结构分为隐极和凸极两种。同步电动机大多制成凸极式。同步电机按作用分,可分为发电机、电动机和补偿机。

同步电动机也有三相和单相之分,单相同步电动机定子结构与单相异步电动机相同。但转子不是笼型,而是用永久磁铁作磁极或用直流电励磁。微型同步电机的转子,也可造

成反应式或磁滞式。

发电机按磁场的运动形式分为旋转磁极式和旋转电枢式,大部分情况下为旋转磁极式,但有些特殊电机如无刷发电机中的励磁机是旋转电枢式的;按铁心的结构不同分为凸极式和隐极式;按励磁的方式不同分为自励式和他励式。他励式设有专用的励磁电源。自励式则利用本身的交流电源经整流后变成直流电,引入励磁绕组中。

直流电可以通过蓄电池储存电能,但交流电目前还不能储存,交流电网每瞬时的用电量与发电量必须相等。用电量每时每刻都在变,发电量随即作相应的调节。抽水蓄能电站是这种调节的最新应用。抽水蓄能电站建有上水库和下水库。电网发电量大于用电量时,电站的同步电机作电动机用,带动水泵将下水库的水抽到上水库储存。电网缺电时,同步电机作发电机用,水泵作水轮机用,将水能变作电能送入电网,抽水蓄能电站其实起到储存交流电的作用。电站大型的同步电机既可作电动机,也可作发电机。我国已在不少城市建有抽水蓄能电站。

6.2 同步电机的基本结构及铭牌

6.2.1 同步电机的基本结构

同步电机的结构与异步电动机相仿,主要由定子和转子两大部分组成。在定子与转子之间存在气隙,但气隙要比异步电动机宽一些。

1. 定子(电枢)

定子是由定子铁心、定子绕组、机座、端盖和挡风装置等部件组成。铁心由厚0.5mm彼此绝缘的硅钢片叠成,整个铁心固定在机座内,铁心的内圆槽内放置三相对称的绕组,即电枢绕组。

对于大型的同步电动机,如蓄能电站的同步电动机,由于定子直径太大,运输不方便,通常分成几瓣制造,再运到电站拼装成一个整体。

2. 转子

转子分为:隐极和凸极两种,如图6.2所示励磁式同步电动机结构。

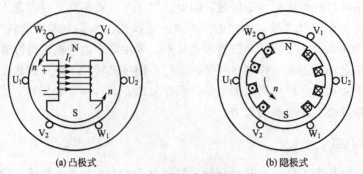

图6.2 励磁式同步电动机结构

凸极式同步电动机的转子主要由磁极、励磁绕组和转轴组成。磁极由厚1~1.5mm的钢板冲成磁极冲片,用铆钉装成一体,磁极上套装有励磁绕组,励磁绕组多数由扁铜线绕成，各励磁绕组串联后将首末引线接到集电环上，通过电刷装置与励磁电源相接。为了抑制小值振荡及使同步电动机具有启动能力，在磁极上还装有启动绕组（或称为阻尼绕组），启动绕组是插入极靴阻尼槽内的裸铜条并和端部环焊接而成，如图 6.3 所示。凸极式磁极铁心的 T 尾套在转子轴的 T 型槽上固定。

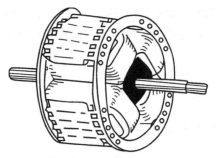

图 6.3 凸极转子外形

凸极式同步电动机分为卧式和立式结构，低速大容量的同步电动机多数采用立式，如大容量的蓄能电站用的同步电动机，大型水泵用的同步电动机。此外，绝大多数的凸极同步电动机都采用卧式结构。

凸极式同步电动机的定子和转子之间存在气隙，气隙是不均匀的。极弧底下气隙较小，极间部分气隙较大，使气隙中的磁力线沿定子圆周按正弦分布。转子（磁极）转动时，在定子绕组中便可获得正弦电动势。

隐极式电动机转子做成圆柱形，气隙是均匀的，它没有显露出来的磁极，但在转子本体圆周上，几乎有 1/3 部分是没有槽的，构成所谓"大齿"。励磁磁通主要由此通过，相当于磁极，其余部分是"小齿"，在小齿之间的槽里放置励磁绕组。目前，汽轮发电机大都采用这种结构形式。

转子铁心既是电机磁路的主要部件，又由于高速旋转产生巨大的离心力而承受着很大的机械应力。因此隐极式同步电动机一般用整块高机械强度和很好导磁性能的合金钢锻成，与转轴锻成一个整体。

6.2.2 同步电机的铭牌

(1) 额定容量 $S_N(kV \cdot A)$ 或额定功率 $P_N(kW)$ 是指电机输出功率的保证值。对同步发电机来说，通过额定容量 S_N 可确定额定电流，通过额定功率 P_N 可确定与之配套的原动机（水轮机，汽轮机）的容量，同时表示发电机输出的电功率。对同步电动机来说额定容量用 $P_N(kW)$ 表示轴上输出的机械功率 P_2。对调相机来说通常用 $S_N(kV \cdot A)$ 表示。

(2) 额定电压 $U_N(V)$，电机在额定运行时定子三相线电压。

(3) 额定电流 $I_N(A)$，电机在额定运行时定子的线电流。

(4) 额定频率 f_N，我国标准工频为 50Hz。

(5) 额定转速 $n_N(r/min)$。

(6) 额定功率因数 $\cos\varphi_N$。

(7) 额定励磁电压 U_{fN} 和额定励磁电流 I_{fN}。

(8) 额定温升。

我国生产的汽轮发电机有 QFQ、QFN 和 QFS 等系列。前两个字母表示汽轮发电机；第三个字母表示冷却方式；Q 表示氢外冷；N 表示氢内冷；S 表示双水内冷。我国生产的大型水轮发电机为 TS 系列，T 表示同步；S 表示水轮。举例说明为：QFS-300-2 表示容量为 300MW 双水内冷 2 极汽轮发电机。TSS1264/160-48 表示双水内冷水轮发电机，定子外径为 1264cm，铁心长为 160cm，极数为 48。此外同步电动机系列有 TD、TDL 等。

TD 表示同步电动机，后面的字母指出其主要用途。如 TDG 表示高速同步电动机；TDL 表示立式同步电动机。同步补偿机为 TT 系列。

6.3 同步电动机的功率

6.3.1 同步电动机的功率

同步电动机接上电网运行后，它从电网吸收电功率 P_1，$P_1=\sqrt{3}U_LI_L\cos\varphi$，在轴上输出机械功率 P_2。同步电动机和其他所有电机一样其内部，也不可避免地存在着功率损耗。从电网输入的电功率 P_1：一部分消耗于定子绕组的铜损耗 ΔP_{Cu} 和定子铁损耗 ΔP_{Fe}；另部分功率即为电磁功率 P_M，它通过气隙传送到转子，所以电磁功率

$$P_M = P_1 - \Delta P_{Cu} - \Delta P_{Fe} \quad (6-2)$$

再从电磁功率 P_M 中减去由于通风和摩擦等引起的机械损耗 ΔP_m，则得出电动机轴上输出有用的机械功率 P_2

$$P_2 = P_M - \Delta P_m = P_1 - \Delta P_{Cu} - \Delta P_{Fe} - \Delta P_m \quad (6-3)$$

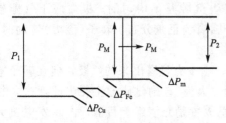

图 6.4 同步电动机的功率流程图

同步电动机的功率流程如图 6.4 所示。

6.3.2 同步电动机电动势平衡方程式

三相同步电机在稳定运行时，定子和转子都存在磁通势。定子旋转的磁通势称为电枢磁通势，用 F_a 表示。转子上由直流励磁产生的磁通势称励磁磁通势，用 F_f 表示。这两个磁通势对转子励磁绕组都没有相对运动，因而在转子绕组中不产生感应电动势。但在气隙中，电枢磁通势 F_a 拉着励磁磁通势 F_f 只以同步转速顺时针旋转，因而在定子绕组产生感应电动势。

为方便起见，先分析转子为隐极式结构的同步电动机。当不考虑磁路的饱和现象时，即主磁路的磁阻是线性的；则作用于电机主磁路的两个磁通势，可认为它们在主磁路中单独产生自己的磁通，每一磁通与定子绕组交链，单独产生相电动势；然后把绕组里的各电动势叠加。

转子通常以直流电所产生磁场称为主磁场，用 Φ_0 表示。Φ_0 在空间旋转切割定子绕组，定子绕组中感应电动势 E_0，E_0 称为主电动势。它滞后主磁通电 Φ_0 为 90°电角度，其大小为

$$E_0 = 4.44 f_1 N \Phi_0 \quad (6-4)$$

当同步电机作电动机工作时，定子通入电流 I，I 产生磁场称电枢磁场，同样会在定子绕组中产生感应电动势，这个电动势称为同步感抗电动势 $\dot{E}_a$。则

$$\dot{E}_a = -jX_c\dot{I} \quad (6-5)$$

式中：X_c 为同步感抗。

由于同步电动机通常容量都较大，电枢电阻压降可忽略不计，这样同步电动机电枢电路中每相电压平衡方程式

$$\dot{U} = -\dot{E}_0 - \dot{E}_a = -\dot{E}_0 + jX_c\dot{I} \quad (6-6)$$

式中，$\dot{U}$ 为定子外加电源相电压，它应与定子绕组内部各电动势平衡，相量图如图 6.5 所示。图中设定子电流 $\dot{I}$ 滞后 $(-\dot{E}_0)$ 一个电角度，则 $\dot{E}_a$ 滞后 $\dot{I}$ 为 $90°$。电枢电流 $\dot{I}$ 可分解为两个分量，直轴分量 $\dot{I}_d$ 与交轴分量 $\dot{I}_q$，前者与 $\dot{\Phi}_0$ 同方向起加磁作用，后者与 $\dot{\Phi}_0$ 垂直使电动机磁场轴线发生偏移。电枢电流 $\dot{I}$ 在电枢绕组中产生的感应电动势为

$$\dot{E}_{ad} = -jX_d \dot{I}_d$$
$$\dot{E}_{aq} = -jX_q \dot{I}_q$$

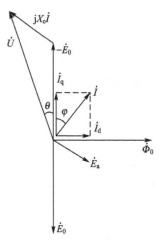

图 6.5 隐极式同步电动机相量图

式中：X_d、X_q 分别为直轴同步感抗和交轴同步感抗，直轴同步感抗与直轴磁路的磁阻成反比。交轴同步感抗与交轴磁路的磁阻成反比。因为直轴磁路气隙小，磁阻小，所以 $X_d > X_q$ 由此得出凸极式同步电动机的电压方程式为

$$\dot{U} = -(\dot{E}_0 + \dot{E}_{ad} + \dot{E}_{aq}) = -\dot{E}_0 + jX_d \dot{I}_d + jX_q \dot{I}_q \tag{6-7}$$

据式(6-7)可画出相应的相量图，当 $\dot{I}$ 超前 $\dot{U}$ 一个 φ 角时，如图 6.6 所示。当 $\dot{U}$ 超前 $\dot{I}$ 为一个 φ 角时，如图 6.7 所示。

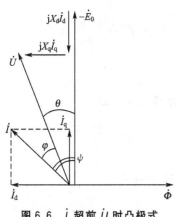

图 6.6 $\dot{I}$ 超前 $\dot{U}$ 时凸极式同步电动机相量图

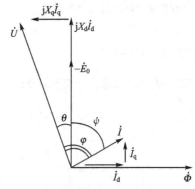

图 6.7 $\dot{U}$ 超前 $\dot{I}$ 时凸极式同步电动机相量图

6.3.3 同步电动机的功角特性

同步电动机多数为大型电动机，铜损耗和铁损耗相对于输出功率都很小可以略去不计。所以输入电功率 P_1 近似等于电磁功率 P_M，即

$$P_M \approx P_1 = \sqrt{3} U_L I_L \cos\varphi = 3UI\cos\varphi \tag{6-8}$$

式中：U——电源相电压；

I——电枢电流；

φ——$\dot{U}$ 与 $\dot{I}$ 的相位差。

从图 6.7 可知，ψ 是 $-\dot{E}_0$ 与 $\dot{I}$ 之间夹角，θ 是 $-\dot{E}_0$ 与 $\dot{U}$ 之间的相位差，称为功率角，把电磁功率表示为 θ 的函数，即将 $\varphi = \psi - \theta$ 代入式(5-8)，又因 $I_q = I\cos\psi$，$I_d = I\sin\psi$

$$P_M = 3IU\cos(\psi-\theta)$$
$$= 3IU\cos\psi\cos\theta + 3IU\sin\psi\sin\theta$$
$$= UI_q\cos\theta + 3UI_d 3UI_d\sin\theta \tag{6-9}$$

由图 6.7 得

$$I_q = \frac{U\sin\theta}{X_q}$$

$$I_d = \frac{E_0 - U\cos\theta}{X_d}$$

将 I_q、I_d 值代入式(6-9)，并整理可得

$$P_M = 3U\frac{E_0}{X_d}\sin\theta + 3\frac{U^2}{2}\left(\frac{1}{X_q} - \frac{1}{X_d}\right)\sin2\theta$$
$$= P'_M + P''_M$$

式中：$P'_M = P''_M = \frac{3UE_0}{X_d}\sin\theta$——主电磁功率；

$$P''_M = 3\frac{U^2}{2}\left(\frac{1}{X_q} - \frac{1}{X_d}\right)\sin2\theta \text{——附加功率。}$$

P_M 与 θ 角的关系称为功角特性，如图 6.8 所示。

对于隐极式同步电动机因为 $X_d = X_q$ 所以 $P''_M = 0$，则

$$P_M = P'_M = \frac{3UE_0}{X_d}\sin\theta$$

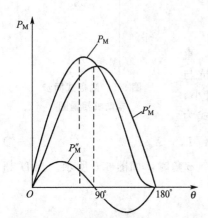

图 6.8 凸极同步电动机的功角特性

6.3.4 同步电动机的转矩

与电磁功率 P_M 相对应，电磁转矩 T 也可以分为两部分，即

$$T = \frac{P_M}{\omega} = \frac{P'_M}{\omega} + \frac{P''_M}{\omega}$$
$$= \frac{3UE_0}{\omega X_d}\sin\theta + \frac{3U^2}{2\omega}\left(\frac{1}{X_q} - \frac{1}{X_d}\right)\sin2\theta$$
$$= T' + T'' \tag{6-10}$$

对于隐极式同步电动机，$T'' = 0$，所以电磁转矩

$$T = T' = \frac{3UE_0}{\omega X_d}\sin\theta \tag{6-11}$$

特别提示

同步电动机的转速是恒定的，其机械特性是一条与 n 轴垂直，与 T 轴平行的直线，如图 6.9 所示。当异步电动机负载转矩增大时，转速下降使电磁转矩增加来达到转矩新的平衡。但同步电机转速 n 是不变的，当负载转矩增大时，电磁转矩如何与它达到新的平衡呢？从式(6-11)可以看出，当电网的电压及频率不变，励磁电流为常数的时候主磁通 Φ_0 及它产生的电动势 E_0 也是常数，这时电磁转矩仅随功率角 θ 作正弦变化。

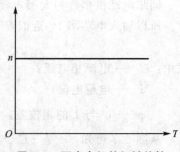

图 6.9 同步电机的机械特性

由于 E_0 是 Φ_0 产生的,而 U 与气隙磁场有关,功率角 θ 是气隙磁场与主磁场之间的相位角。空载时,负载转矩 $T_L=0$,电磁转矩 $T\approx 0$,功率角 $\theta=0$,气隙磁场与主磁场的轴线重合。当负载转矩 T_L 增大时,转子减速,使气隙磁场与主磁场夹角 θ 增大,电磁转矩 T 增大,当 T 增大到 $T=T_L$ 时,功率角 θ 不再增大,达到新的平衡,转子仍以同步转速 n_1 稳定运转。因此,同步电动机是以改变功率角 θ 的大小来,来改变电磁转矩以适应负载转矩的变化,维持稳定运行。

当 $\theta=90°$,$\sin\theta=1$,电磁功率达最大值 P_{Mmax}

$$P_{Mmax}=\frac{3UE_0}{X_d}$$

电磁转矩最大值 T_{max}

$$T_{max}=\frac{3UE_0}{\omega X_d} \tag{6-12}$$

若负载转矩再增大,$\theta>90°$,电磁转矩 T 反而减少,这样电磁转矩将小于负载转矩使转子转速下降,电动机会失步而停转。为保证同步电动机有足够的过载能力,一般在额定工作情况下,功率角 θ 在 $30°$ 电角度左右。

特别提示

从式(6-12)可知,T_{max} 与励磁电动势 E_0 成正比,如果同步电动机的负载突然增加,转子的励磁系统应能尽快地增加励磁电流,进行强行励磁,使 E_0 增大,T_{max} 增大,以提高同步电动机运行的稳定性。由于同步电动机的最大转矩可以通过强行励磁来提高,因而稳定性优于异步电动机。

对于凸极式同步电动机,附加电磁功率 P''_M 和附加电磁转矩 T''_M 不等于零。T''_M 由凸极效应引起,也就是交轴、直轴磁阻不等引起。T''_M 称为磁阻转矩,与 E_0 无关,即使转子没有磁励($E_0=0$),只要 $U\neq 0$,$\theta\neq 0$,就会产生 T''。对于反应式同步电动机,即转子具有凸极结构而无励磁绕组,就是利用凸极效应产生的磁阻转矩 T'' 来拖动的。

6.4 同步电动机 V 形曲线及功率因数调节

6.4.1 同步电动机的 V 形曲线

当电源电压 U 和频率 f 为额定值时,在某一恒定负载下,改变励磁电流 I_f 引起定子电流 I 的变化,绘出 $I=f(I_f)$ 曲线,其形状为 "V" 形,故称为 V 形曲线,如图 6.10 所示。分析推导 V 形曲线时,忽略了定子电阻(忽略定子铜损耗),忽略改变励磁时定子铁损耗和附加损耗的变化,同时忽略了凸极效应,即设 $X_d=X_q$。

由于电动机的负载转矩不变,即输出功率 P_2 不变。因忽略了定子铁损耗及附加损耗的变化,则电磁功率也保持不变,因忽略了定子铜损耗,则输入功率与电磁功率相等,即

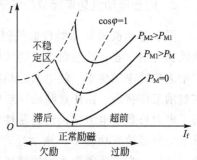

图 6.10 同步电动机的 V 形曲线

$$P_1 = 3UI\cos\varphi = P_M = 3\frac{UE_0}{X_d}\sin\theta = 常数 \qquad (6-13)$$

当电压为额定电压 U_N 时，由上式得

$$I\cos\varphi = 常数$$
$$E_0\sin\theta = 常数$$

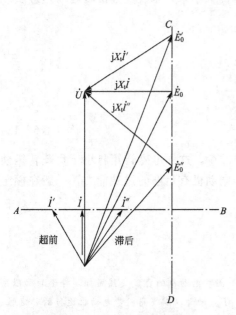

图 6.11　恒功率变励磁时隐极同步电动机的向量图

当改变励磁电流时，同步电动机的定子电流及励磁电动势将作如下变化。

(1) 改变励磁电流 I_f 时，$\dot{E}_0$ 变化，但 $E_0\sin\theta=$ 常数，故 $\dot{E}_0$ 的端点必须以垂直线 CD 为轨迹。

(2) 改变励磁电流时，电流 $\dot{I}$ 可能超前也可能滞后于 $\dot{U}$，但 $I\cos\varphi=$ 常数，故 $\dot{I}$ 的端点必须以水平线 AB 为轨迹，如图 6.11 所示。

由此可出现如下 3 种情况。

(1) 正常励磁时，$\cos\varphi=1$，定子电流 $\dot{I}$ 与电压 $\dot{U}$ 同相位，全部为有功电流，且这时 $\dot{I}$ 为最小。

(2) 欠励时，电动势 $\dot{E}_0''$ 小于正常励磁时的电动势 $\dot{E}_0$，为保持定子合成磁通不变，将出现增磁的无功电流，这时定子电流为滞后电流 $\dot{I}''$，$\dot{I}''$ 比正常电流 $\dot{I}$ 大。

(3) 过励时，电动势 $\dot{E}_0'$ 大于正常励磁时的电动势 $\dot{E}_0$，为保持定子合成磁通不变，将出现去磁的无功电流，此电流为超前电流 $\dot{I}'$，$\dot{I}'$ 比 $\dot{I}$ 大。

通过上述方法，在不同输出功率时，改变励磁电流 I_f 可以画出电动机定子电流 I 的变化曲线如图 6.10 所示。当然，V 形曲线也可以用试验方法求得。

由于同步电动机最大电磁功率 P_{Mmax} 与 E_0 成正比，当减少励磁电流时，它的过载能力也要降低。这样一来，励磁电流减少到一定数值时，电动机就失去同步，出现了不稳定现象，如图 6.10 中电动机不稳定区的界限。

6.4.2　同步电动机功率因数的调节

同步电动机的 V 形特性曲线很有实用意义。一般来讲，交流电力网主要的负载是异步电动机与变压器，这些负载都要从电网吸收电感性的无功功率。这样一来，增加了电力网供给无功功率的要求，使电网的功率因数降低。如果使运行在电力网上的同步电动机运行在过励工作状态。由于过励的同步电动机需要从电力网上吸收电容性的无功功率，因而缓解了电力负载对电力网供给电感性无功功率的压力。也就是说，过励的同步电动机，除了从电力网吸收有功功率、拖动生产机械工作以外，还能作为发出电感性无功功率的发电机，这样一来，使得电力网的功率因数得以改善。从图 6.11 和式(6-13)可以看出，过励状态下的同步电动机，由于 $E_0'>E_0$，它的过载能力也是较大的。但它的效率稍低些。

6.4.3 同步补偿机

综上所述,同步电动机在欠励时从电力网吸收电感性无功功率。在过励时,可以从电力网吸收电容性无功功率。根据这种特性,可专门设计一种同步电动机,使它在运行时不拖动任何机械负载;只是从电网吸收电感性或电容性无功功率,这种同步电动机称为同步补偿机。

同步补偿机可以改善电力网的功率因数,还可调节远距离输电线路的电压。当输电线路很长时,要想维持受电端电压稳定,这不是一件容易的事;线路在轻载时,由于线路的电容效应,又使电网的电压升高。这时,如果把同步补偿机装到线路上,就可以通过对励磁电流的调节,调整输出的无功功率,达到稳定线路电压的目的。

由于同步补偿机不直接拖动任何机械负载,因而在设计它的转轴时可不考虑负载力矩。此外,为了减少励磁绕组的用铜量,补偿机的空气隙也是较小的。

同步补偿机实质上是同步电动机的无载运行,其损耗由电网供给。

6.5 同步电动机的启动

当同步电动机的定子绕组接通三相电源时,与异步电动机一样产生一个旋转磁场,并以同步转速 $n_1 = 60f_1/p$ 对转子磁场作相对运动。这时转子虽然已被励磁,但转子还是不能转动起来。

如图 6.12 所示一对磁极 N、S 代替定子的旋转磁场,转子的磁极用凸极表示。启动瞬间,转子是静止不动的,旋转磁场以同步转速 n_1 旋转,如图 6.12(a) 所示。当旋转磁场的 N 极经过转子磁场的 S 极时,理应吸引转子一起按顺时针方向旋转。但由于转子本身的惯性,而且旋转磁场旋转速度又快,转子还未开始转动,旋转磁场的 S 极已经转过来了。如图 6.12(b) 所示,转子 S 极受到旋转磁场 S 极的推斥力,这推斥力又能使转子按反时针方向转。这样一来,旋转磁场旋转一周,转子受到的平均转矩为 0。即同步电动机不能自行启动。

要使同步电动机启动必须借助其他方法。

1. 异步启动法

现代同步电动机通常采用异步启动法,这种启动方法是在凸极式同步电动机的转子上,装有与笼型异步电动机转子相似的启动绕组来实现,如图 6.13 所示。当转速达到同

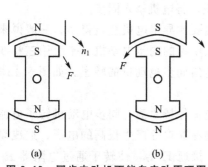

图 6.12 同步电动机不能自启动原理图

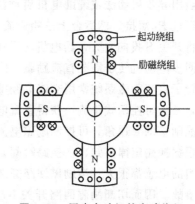

图 6.13 同步电动机的启动绕组

步转速的95%左右时，再接入励磁电流，转子磁场和定子磁场之间由于吸引力而把转子拉住，使之跟着旋转磁场以同步转速旋转，即谓之牵入同步。

2. 辅助电机启动法

没有启动绕组的同步电机，通常用辅助启动法。此法选用与同步电动机极数相同，容量为同步电动机容量的5%～15%的异步电动机为辅助电动机。先用辅助电动机将同步电动机拖到接近同步转速，然后用自整步法将其投入电网，再切断辅助电机电源。

此法的缺点是不能带负荷启动，否则辅助电机的容量太大增加整个机组设备投资。

3. 变频启动法

此法是改变交流电源的频率，即改变定子旋转磁场转速，利用同步转矩来启动转子。为此在开始启动时，先把电源的频率调得很低，然后逐渐增加电源频率，直到额定频率为止。在这个过程中转子的转速将随着定子旋转磁场的转速同步上升，直至额定转速。

同步电动机启动时，励磁绕组若开路，因为励磁绕组匝数很多，定子磁场将在励磁绕组中产生很高电压，导致励磁回路的绝缘破坏。若将励磁绕组直接短接，则在励磁绕组中将感应出单相电流，由此产生附加转矩，使电动机启动困难。因而通常在起动时，用阻值为励磁绕组本身电阻阻值10倍左右的附加电阻R_f将励磁绕组短接，如图6.14所示。

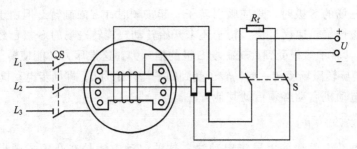

图6.14 同步电动机的启动

当用异步启动法或辅助电机启动法时，先将开关S合在图6.14中的左方，这时励磁绕组经过R_f短接。然后合上三相交流电源开关QS，电机启动。待电机转速接近同步转速时，将开关S投向右方，给电机转子加入直流励磁，将电机牵入同步。

同步电动机转子需要直流励磁，因而控制电路要比异步电机复杂得多。一般说来同步电机转子直流励磁系统常用交流电经整流获得，大中型的同步电动机，一般用三相变压器变压，三相可控桥式整流，获得直流电源后，供电给同步电动机的转子，如图6.15所示。调整晶闸管的导通角，可控制励磁电流的大小。

根据换路定律可知，在换路瞬间，电感上的电流保持原值，同步电动机转子电流和转子绕组的电感都很大。当励磁回路突然断开时，将在断口处产生很高的电压，造成设备和人身事故。因而切断励磁回路开关KM_1的瞬间，接通KM_2，使转子通过电阻器R_f成一个回路，用以消除转子磁场的能量。KM_2称为灭磁开关，R_f称为灭磁电阻。通常KM_1、

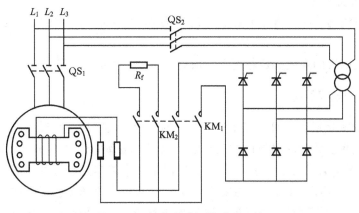

图 6.15 同步电动机的励磁系统

KM_2 采用直流接触器。KM_1 断开时,利用其辅助动触点接通 KM_2 的合闸线圈,使 KM_2 合闸(图中未示出)。KM_1 称为励磁开关。

6.6 同步发电机的基本特性

6.6.1 发电机的空载特性

发电机通常是在空载时建立正常电压的。转子在原动机的拖动下,励磁绕组通入一定的励磁电流,并以额定转速空载运行时,在三相电枢绕组中产生了三相空载电动势。其有效值如下

$$E_0 = E_m/\sqrt{2} = 4.44 kfN\Phi_0$$

式中:E_m 为电动势的最大值,f、N、Φ_0 分别代表频率、匝数和每极下的总磁通。

空载电动势的频率为

$$f = \frac{pn}{60}$$

p 为极对数,n 为转子的转速。

由以上两式可得

$$E_0 = K_e \Phi_0 n$$

式中:K_e——电势常数。

上式表明总磁通量和转速的变化都会引起发电机空载电动势的变化。励磁电流的变化必然引起主磁通的变化;也就引起了 Φ_0 的变化;最后引起空载电动势的变化。我们把转速不变时空载电动势和励磁电流之间的变化关系称为空载特性。这条线不是直线而是一条具有磁化特点的曲线,其原因是磁通与励磁电流的关系是磁化曲线关系。如图 6.16 所示试验所得空载特性曲线。

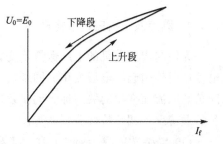

图 6.16 同步发电机空载特性曲线图

空载特性曲线的特点如下。

(1) 励磁电流为零时，电枢开路，电压不为 0，这个电压就是剩磁电压，是由剩磁作用而产生的。

(2) 同步发电机的空载额定相电压一般处于空载特性的弯曲部分。

6.6.2 发电机的电枢反应

当同步发电机接通负载时，三相电枢绕组的三相电流将产生旋转磁场，这种旋转磁场称为电枢反应磁场。该旋转磁场的转速与电枢电流的频率成正比；与磁极对数成反比，即 $n_1=60f/p$，而发电机的频率 $f=pn/60$。所以这两个转速是相等的。旋转磁场的转向则决定于电枢电流的相序，即决定于主磁场的转向。故旋转磁场与主磁场同速同向，在空间彼此保持相对静止，因而就使电枢磁场对磁极主磁场产生某种确定性影响。这种电枢磁场对磁极主磁场的影响称为电枢反应。

电枢反应是由于电枢电流引起的，电枢反应的强弱和电枢反应效应与电枢电流的大小和相位有关，而电枢电流又决定于负载。所以电枢反应效应与负载性质有关。

(1) 对于纯阻性负载，$\cos\varphi=1$，电枢反应为交轴电枢反应。其结果将使定子转子的合成磁场沿逆转方向转动一个角度，即滞后一个角度。

(2) 对于纯感性负载，$\cos\varphi=0$，其电枢反应为去磁效应。

(3) 对于纯容性负载，$\cos(-\varphi)=0$，电枢电流超前于主磁通 90°，其电枢反应为增磁效应。

通常情况下，发电机的负载多为电感性负载，即电枢电流落后于空载电动势一个角度。电枢反应的结果既有交磁效应，又有去磁效应，且功率因数越低，去磁效应越严重。

6.6.3 同步发电机的外特性

发电机负载后，其端电压与空载电压是不同的。当发电机的转速、功率因素和励磁电流一定，发电机的端电压随电枢电流变化的特性称为外特性，即 $U=f(I)$。

负载的性质不同，其外特性也不同，如图 6.17 所示。感性负载有去磁效应，负载电流增加，端电压下降；电阻性负载具有交磁作用，电枢电流增加时，电压下降很小；电容性负载具有增磁作用，负载电流增大时，电压上升。由于船舶负载主要是感性负载，所以端电压随着负载电流的增加而下降。

6.6.4 同步发电机的调节特性

为使同步发电机的电压保持不变，通常在负载电流增加时，增加励磁电流，以补偿因电枢反应等引起的电压变化。同步发电机在额定转速和功率因数不变的情况下，励磁电流随负载电流而变化的关系称为同步发电机的调节特性，即 $I_f=f(I)$。如图 6.18 所示，三种负载情况下调节特性分别如下。

(1) 电感性负载 $\cos\varphi<1$ 时，随着负载电流的增加，励磁电流需要较大的增加。

(2) 电阻性负载 $\cos\varphi=1$ 时，随着负载电流的增加，励磁电流只需稍稍增加。

(3) 电容性负载 $\cos(-\varphi)<1$ 时，随着负载电流的增加，励磁电流需较大的减少。

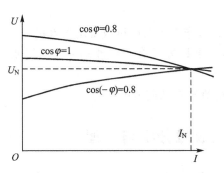
图 6.17　同步发电机外特性曲线图

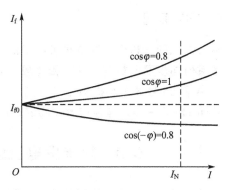
图 6.18　同步发电机调节特性曲线图

6.7　不同系列船用发电机的简介

6.7.1　T$_2$H 系列

本系列为船用小型三相同步发电机,通常用柴油机作为原动机。$U_N=400V$,$f_N=50Hz$,$\cos\varphi=0.8$(滞后),$2p=4$ 极,$n_N=1500r/min$。结构特点为:机座用钢板焊成,端盖用钢板或用铸铁铸成、防滴式、自扇风冷;B 级绝缘,定子为电枢,其绕组为星形接法,引出中性线,转子为磁场部分,由装在端盖内孔内的滚动轴承支承。隐极式,激磁方式为自激,可带有可控硅电压调整器。

6.7.2　TFH 系列

本系列为船用三相同步发电机,通常由柴油机拖动。$f_N=50Hz$,容量 25~1200kW,额定电压有 230V、400V 等,转速 600~1500r/min,$\cos\varphi_N=0.8$(滞后),B 级绝缘,防滴式,风扇自冷。定子(电枢)绕组为 Y 形接法,转子采用凸极式结构,自激。

6.7.3　1FC5 系列

本系列为西门子技术生产的船用无刷发电机。功率 200~1800kW,额定频率和电压有 50Hz、400V 和 60Hz、450V 两类。磁极有 4、6、8、10 和 12 极等。无刷电机由定子、转子、交流激磁机和激磁装置等组成。

定子由主发电机电枢铁心和电枢绕组、交流激磁机磁场部分、机座、端盖、轴承以及安装在机座顶部的激磁控制单元组成。定子铁心由硅钢片叠成。圆筒形的机座用钢板焊成,其顶部有背包,内装激磁装置。轴承座装在端盖上。发电机电枢绕组为双层散下绕组或成形绕组,F 级绝缘,星形接法,引出中性线。转子由主轴、主发电机转子(磁场部分)、旋转整流器、交流激磁机电枢及离心式风扇等组成。主发电机转子采用隐极式结构,激磁绕组为放在隐极转子槽内的分布绕组,F 级绝缘。激磁机电枢绕组的三相交流电势,经旋转整流器三相桥式整流后,直接通入发电机激磁绕组,无须电刷和滑环。

6.7.4 1FC6 系列

本系列无刷三相交流发电机可由柴油机拖动，可作为主发电机或备用发电机。

本系列同步发电机与 1FC5 相比较，除在结构设计方面有某些改动外，还增加了 18 号、22 号和 28 号 3 个小机座号发电机。

它同 1FC5 一样，是通过改变励磁机的励磁电流来自动调节电压的。

6.8 同步发电机的常见故障分析与处理

一般来说，发电机的不同故障会有不同的表现形式，通过理论的判断和实践经验的总结，我们以列表的形式给出具体的处理方法见表 6-1。

表 6-1 同步发电机常见故障现象、原因及处理方法

故障现象	故 障 原 因	处 理 方 法
不能发电或电压不足	转速低 剩磁不足或有时剩磁方向不对	调高转速 剩磁不足或剩磁方向不对时可充磁解决；如充磁后能起压，但去除充磁后、又无电压，则可能是充磁方向与励磁电流方向相反，检测确认后可对调发电机励磁线，再充磁起压
	励磁线路断线	测量励磁线路先排除整流及直流线路断线（包括整流器），如没有问题则检查交流电流和电压引入线；一般整流以前的问题会出现电压不足，以后部分问题会出现不发电故障
	接线错误	按原理图检查并重新接线
	磁场线圈断路或变阻器断线（或调节电阻接触不良或断线）	测量磁场线圈，如断路明显可包扎并作绝缘处理，否则应由专业人员修理；测量变阻器线路，排除断线并接牢；检查调节电阻并试验，排除接触不良或断线
	电刷和集电环接触不良或电刷压力不够	清洁集电环表面，研磨电刷表面，使与集电环表面的弧度相吻合，调整并加强电刷上弹簧压力
	电刷活动不灵	清洁电刷与刷握，调整刷握使电刷活动灵活
	仪表不准	用万用表测量发电机端电压确认是仪表问题后，应校调或更换仪表
	磁场线圈部分短路	这种情况下应有不正常的振动，且精确测量电阻时阻值有下降，可由专业人员更换磁场线圈
	发电机电枢线圈断路	三相电压应不平衡，找出断路点重新焊接包扎作绝缘处理
	发电机电枢线圈短路	短路伴有发热与振动，应由专业人员拆换线圈
	直流励磁机故障	修理或更换
	对于晶闸管励磁的发电机其控制板损坏	更换备用电路板

(续)

故障现象	故障原因	处理方法
空载电压正常，负载后电压大幅下降	相复励装置中电流信号回路故障	停机检查。确认并保持电流信号回路畅通，如无断路故障，则可能是电流信号接反，一般三相会同时（或单相）接反，同时对调原边或副边的进出线，如存在电流与电压相的对应问题应由专业人员修理
	电压自动调节器故障	可调节压降与放大倍数，如无效可更换自动电压调节器
发电机电压不稳定或周期性振荡	仪表及其线路故障	检查线路应接触良好、开关接触良好、仪表不卡阻；仪表回路保险接触良好应可排除故障
	励磁回路接触不良	检查励磁回路各接点如接头、接线、变阻器、碳刷和调压器等，使接触良好
	自动电压调节器整定不当	重新整定，一般整定放大倍数，低频振荡时调大放大倍数，高频振荡时调小放大倍数
	原动机转速振荡或不稳	调整原动机
电机温升高	负载大	检查负载
	单相超负荷（某一固定位置温度高）	检查电流应有一相或二相较大，调整负荷匹配
	定子绕组接地或匝间短路	用兆欧表测绝缘确定并排除 匝间短路时伴有振动和固定位置温度高，需拆换绕组
	散热故障	检查风叶、去除防碍散热的杂物
	环境温度太高	改善通风条件，降低环境温度，必要时用风扇强制散热
电机噪声大	转子与定子相擦	拆装并排除校正
	轴承损坏或缺少润滑脂	更换损坏的轴承或加润滑脂
	风叶碰壳	重新装配校正风叶
	地脚螺钉松动	调整并拧紧地脚螺钉
	转子不平衡	校平衡
	轴线不准	校轴线
轴承过热	轴承损坏	更换轴承
	滚动轴承润滑脂过多、过少或有杂质	按标准加润滑脂或更换润滑油
	滑动轴承润滑油不够、有杂质或油环卡住	按标准加润滑油或更换润滑油，排除油环问题
	轴承走内圆或走外圆、过紧	检查排除产生的原因并修理
	轴线不对	重新对线

(续)

故障现象	故障原因	处理方法
电机转子集电环火花过大	电刷牌号或尺寸不合要求	更换合适电刷
	集电环表面有污垢杂物	清除污垢,烧灼严重时进行金加工
	电刷压力太小或电刷在刷握内卡住或放置不正	调整电刷压力、使用适当尺寸的电刷、调整电刷位置
电机运行时电压表指针来回摆动	电机电刷接触不良	调整电刷压力,使其接触良好,排除接触不良
	电机集电环装置接触不良	修理或更换装置
	励磁系统接线接触不良	检查接线并使接触良好
	原动机转速不稳	调整原动机转速使之稳定
电机漏电	绕组绝缘损坏	测量检查损坏的绕组,如未烧坏则可对绕组进行干燥处理,如无法恢复则按中修标准修复。检查时应先排除导线和接线头的问题,并保证机壳有效接地

 拓展阅读

新型自控变频同步电机

随着全数字化矢量控制变频调速技术的商品化,同步电动机交流电力拖动系统的技术性能,达到并超过了直流电动机电力拖动系统。交流变频同步电动机集直流电动机和交流电动机优点于一身,既具有直流电动机优良的调速性能,大的过载能力,又具有交流电动机体积小、重量轻、效率高,结构简单,免维护,运行安全可靠等优点。它很有发展前途。

交流同步电动机已成为交流可调转动中的一颗新星。特别是永磁同步电动机,电机获得无刷结构,功率因数高,效率也高,转子转速严格与电源频率保持同步。

自控变频同步电机是伴随电力电子技术、微电机技术、自动控制理论的进步发展起来的"电子控制电动机"成功范例。兼具有传统交直流传动特点,采用自控式调频工作方式,从根本上解决了阻碍同步电机广泛应用的振荡、失步的问题;同时具有运行效率高、可靠性好、调速范围宽、动态响应好、适用于高速和恶劣环境等优点;已成为电气传动发展的标志之一。可以预见,新型自控式变频同步电机仍将不断出现。

自控变频同步电机在原理上和直流电机极为相似,用电力电子变换器取代了直流电机的机械换向器,如采用交—直—交变压变频器时叫做"直流无换向器电机",或称为"无刷直流电动机"。传统的自控变频同步机调速系统有转子位置传感器,现正开发无转子位置传感器的系统。同步电机的自控变频方式也可采用矢量控制,其按转子磁场定向的矢量控制比异步电机简单。

实训项目8 三相同步电动机

一、实训目的

1. 掌握三相同步电动机的异步启动方法。

2. 测取三相同步电动机的 V 形曲线。

二、实验器材

1. 测速发电机及转速表　　　　　　　　　　　　　　　1 套
2. 三相凸极式同步电机　　　　　90W　　　　　　　　1 台
3. 交流电流表　　　　　　　　　0～5A　　　　　　　3 块
4. 交流电压表　　　　　　　　　0～500V　　　　　　3 块
5. 单三相智能功率、功率因数表　　　　　　　　　　　2 块
6. 直流电压、毫安、安培表　　　　　　　　　　　　　1 套
7. 开关板 同步机可调励磁电源　　　　　　　　　　　1 套
8. 三相可调电阻器　　　　　　　　　　　　　　　　　1 件

三、实验内容

1. 三相同步电动机的异步启动

(1) 如图 6.19 所示接线。其中 R 的阻值为同步电动机 MS 励磁绕组电阻的 10 倍(约 90Ω)，MS 为 Y 接法，额定电压 U_N＝220V。

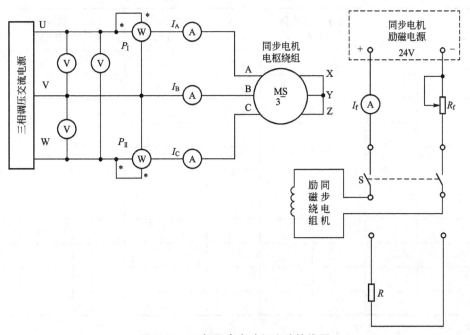

图 6.19　三相同步电动机实验接线图

(2) 用导线把功率表电流线圈及交流电流表短接，开关 S 闭合于励磁电源一侧(图 6.19 中的上端)。

(3) 将控制屏左侧调压器旋钮向逆时针方向旋转至零位。接通电源总开关，并按下"开"按钮。调节同步电机励磁电源调压旋钮及 R_f 阻值，使同步电机励磁电流 I_f 约 0.7A 左右。

(4) 把开关 S 闭合于 R 电阻一侧(图 6.19 中的下端)，向顺时针方向调节三相交流电

源调压器旋钮，使电压升至同步电动机额定电压220V。观察电机旋转方向，若不符合则应调整相序使电机旋转方向符合要求。

（5）当转速接近同步转速1500r/min时，把开关S迅速从下端切换到上端让同步电动机，励磁绕组加直流励磁而强制拉入同步运行，异步启动同步电动机的整个启动过程完毕。

（6）把功率表、交流电流表短接线拆掉，使仪表正常工作。

2．测取三相同步电动机输出功率$P_2 \approx 0$时的V形曲线

（1）同步电动机空载，按上述方法启动同步电动机。

（2）调节同步电动机的励磁电流I_f并使I_f增加，这时同步电动机的定子三相电流I也随之增加直至达额定值。记录定子三相电流I和相应的励磁电流I_f、输入功率P_1。

（3）调节I_f使I_f逐渐减小，这时I也随之减小直至最小值。记录这时MS的定子三相电流I、励磁电流I_f及输入功率P_1。

（4）继续减小同步电动机的磁励电流I_f，直到同步电动机的定子三相电流反而增大达额定值。

（5）在这过励和欠励范围内读取数据9～11组，见表6-2。

表6-2 $n = $ _____ r/min；$U = $ _____ V；$P_2 \approx 0$

序号	定子三相电流 I(A)				励磁电流 I_f(A)	输入功率 P_1(W)		
	I_A	I_B	I_C	I	I_f	P_I	P_{II}	P_1

注：$I = (I_A + I_B + I_C)/3$
　　$P_1 = P_I + P_{II}$

四、实验报告

1．记录实验过程。

2．作$P_2 \approx 0$时同步电动机V形曲线$I = f(I_f)$，并说明定子电流的性质。

3．实验思考。

同步电动机异步启动时先把同步电动机的励磁绕组经一可调电阻R构成回路，这可调电阻的阻值调

节在同步电动机的励磁绕组电阻值的 10 倍,这电阻在启动过程中的作用是什么?若这电阻为 0 时又会怎样?

本 章 小 结

1. 同步电动机是一种大型的电动机,它用来拖动送风机、水泵、球磨机和空气压缩机等大型的机械设备,其功率达数百千瓦甚至数兆千瓦(如蓄能电站的同步电机)。

2. 同步电动机的定子与异步电动机相似,在定子铁心中嵌入三相绕组,通入对称三相交流电后产生旋转磁场。同步电动机的转子分为隐极式和凸极式。转子有励磁绕组,通过电刷,滑环引入直流电,使转子产生一个磁场。这个磁场由定子旋转磁场拖动,与旋转磁场同步转动。

3. 同步电动机不能自启动,要借助其他方法启动。异步启动法是目前常用的方法。这种方法是在凸极式同步电动机的转子上,装有与笼型异步电动机相似的启动绕组来实现,因此同步电动机的启动可分为:异步启动和牵入同步两个阶段。

4. 同步电动机最大的特点是转速恒定,即有绝对硬的机械持性,同步电动机还具有较好的过载能力。

5. 同步电动机另一个特点是功率因数可以调节,改变同步电动机转子的励磁电流,可改变定子取用交流电源的功率因数。当转子处于欠励状态时,同步电动机作为感性负载吸收电网感性无功功率;当转子处于过励状态时,同步电动机变成容性负载,向电网输送感性无功功率。因此,利用同步电动机这一特点,可使得电网的功率因数得以改善。

思 考 题

1. 怎样判别同步电机工作在发电机状态还是电动机状态?
2. 隐极式同步电动机在欠励和过励时,电机中的定子电压、电流、主电动势的相量关系如何变化?
3. 比较隐极式与凸极式同步电动机磁路磁阻的区别。
4. 凸极式同步电动机定子电流的两个分量,其相位与主磁通关系怎样。
5. 什么叫做同步电动机的功角特性,隐极式与凸极式同步电动机的电磁功率有什么区别?
6. 什么叫做同步电动机的 V 形曲线?什么情况下同步电动机会失去同步?
7. 同步电动机的功率因数随什么变化?为什么?
8. 什么是同步补偿机?它有什么特点?
9. 同步电动机为什么要借助其他方法启动?试述同步电动机常用的启动方法。
10. 试述同步发电机空载特性曲线的特点。
11. 什么是同步发电机的电枢反应?分析电枢反应对同步发电机工作特性的影响。

第 7 章 直流电机

知识目标	(1) 直流电机的结构用途及工作原理 (2) 直流电机的基本方程 (3) 直流电机的工作特性与机械特性 (4) 直流电机的启动调速与制动
技能目标	(1) 机械特性分析及应用 (2) 直流电机常见故障分析

引言

直流电机包括直流发电机和直流电动机两大类。与交流电动机相比，直流电动机具有更好的调速性能，被广泛应用于深调速和高精度，特别是快速的可逆电力拖动系统中。例如，用于轧钢机、金属切削机床等生产机械的拖动电机，市内的无轨电车、电力机车、造纸设备、印刷机械等，也大都采用直流电机拖动。

与交流电动机比较，直流电动机有结构复杂、制造成本较高、维修困难，特别是运行过程中容易产生火花等缺点。因此直流电机的应用，也受到一定的限制。随着近年来交流电动机变频调速技术的迅速发展，有许多领域中直流电动机有被交流电动机取代的趋势。但是在某些要求调速范围大、快速性高、精密度好和控制性能优异的场合，直流电动机的应用目前仍占有较大的比重。

引言图

7.1 直流电机的基本工作原理

7.1.1 直流发电机的工作原理

直流发电机的理论基础是电磁感应定律。由电磁感应定律可知,在恒定磁场中,当导体切割磁力线时,导体中产生的感应电动势的大小为

$$e = Blv \tag{7-1}$$

式中:B——导体所在处的磁密,T;

l——导体切割磁力线的有效长度,m;

v——导体与磁场的相对切割速度,m/s;

e——感应电动势,V。

因此,直流发电机必须具有磁场和旋转的导体,才能持续发电。

图 7.1 所示为交流发电机的工作原理模型。N、S 为一对固定的磁极(一般是电磁铁,也可以是永久磁铁),$abcd$ 是装在可以转动的圆柱体表面上的一个线圈,把线圈的两端分别接到两个圆环(称为滑环)上(下文把这个可以转动的装有线圈的圆柱体称为电枢)。在滑环上分别放上两个固定不动的由石墨制成的电刷 A 和 B。通过电刷 A 和 B 把旋转着的电路与外部电路相连接。当原动机拖动电枢以恒速 n 逆时针方向转动时,根据电磁感应定律可知,在线圈边(即导体)ab 和 cd 中有感应电动势产生。方向由右手定则确定。

如图 7.1 所示的瞬间,导体 ab、cd 的感应电动势方向分别由 b 指向 a 和由 d 指向 c。这时电刷 A 呈高电位,电刷 B 呈低电位。当图 7.1 中电枢逆时针方向转过 180°时,导体 ab 与 cd 互换了位置,用右手定则判断,此时导体 ab 和 cd 中的电动势方向都与图 7.1 所示的瞬间相反。这时电刷 A 呈低电位,电刷 B 呈高电位。如果继续逆时针方向旋转 180°,导体 ab、cd 又转到图 7.1 所示位置;则电刷 A 又呈高电位,电刷 B 又呈图 7.2 线圈电动势波形低电位。由此可见,图 7.1 中电枢每转一周,线圈中 $abcd$ 感应电动势方向交变一次,线圈内的感应电动势是一种交变电动势。这就是最简单的交流发电机的工作原理。

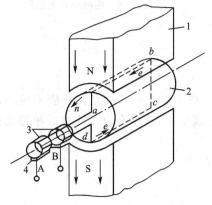

图 7.1 交流发电机的工作原理模型

1—磁场;2—电枢;3—滑环;4—电刷

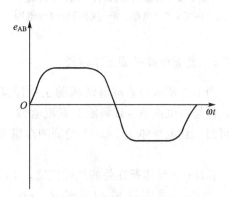

图 7.2 线圈电动势波形

如果想要得到直流电动势，那么必须把上述线圈 abcd 感应的电动势进行整流，实现的装置称为换向器。

图 7.3 所示为直流发电机的工作原理模型，它由两个铜质换向片代替图 7.1 中的两个滑环。换向片之间用绝缘材料隔开，线圈 abcd 出线端分别与两个换向片相连，电刷 A、B 与换向片相接触而固定不动，这就是最简单的换向器。有了换向器，在电刷 A、B 之间感应电动势就和图 7.1 中电刷 A、B 间的电动势大不一样了。例如，在图 7.3 所示瞬间，线圈 abcd 中感应电动势的方向如图中所示，这时电刷 A 呈正极性，电刷 B 呈负极性。当线圈逆时针方向旋转 180°时 cd 位于 N 极下，导体 ab 位于 S 极下，各导体中电动势都分别改变了方向。但是，由于换向片随着线圈一同旋转，本来与电刷 B 相接触的那个换向片，现在却与电刷 A 接触了；与电刷 A 相接触的换向片则与电刷 B 接触了，显然这时电刷 A 仍呈正极性，电刷 B 呈负极性。从图 7.3 看出，和电刷 A 接触的导体永远位于 N 极下，同样，和电刷 B 接触的导体永远位于 S 极下。因此，电刷 A 始终有正极性，电刷 B 始终有负极性，所以电刷端能引出方向不变，但大小变化的脉振电动势，如图 7.4 所示。如果电枢上线圈数增多，并按照一定规律把它们连接起来，就可使脉振程度减小，获得直流电动势。这就是直流发电机的工作原理。同时也说明了直流发电机实质上是带有换向器的交流发电机。

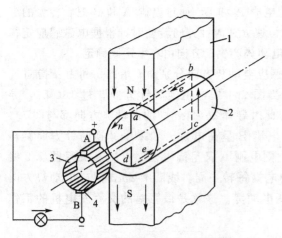

图 7.3 直流发电机的工作原理模型
1—磁极；2—电枢；3—换向器；4—电刷

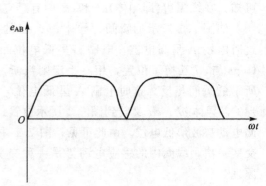

图 7.4 电刷电动势波形

7.1.2 直流电动机的工作原理

图 7.5 所示为直流电动机的工作原理模型。与图 7.1 不同的是：线圈不被原动机拖动，而是在电刷 A、B 间接上直流电源。于是在线圈 abcd 中有电流流过，根据电磁力定律可知，载流导体 ab、cd 上受到的电磁力 f 如下：

$$f = Bli \tag{7-2}$$

式中：B——导体所在处的气隙磁密，T；
l——导体 ab 或 cd 的长度，m；
i——导体中的电流，A。

导体受力的方向用左手定则判定，导体 ab 的受力方向是从右向左，导体 cd 的受力方向是从左向右，如图7.5所示。这一对电磁力形成了作用于电枢的一个力矩，这个力矩在旋转电机里称为电磁转矩，转矩的方向是逆时针，企图使电枢逆时针方向转动。如果此电磁转矩能够克服电枢上的阻转矩（例如由摩擦引起的阻转矩以及其他负载转矩），电枢就能按逆时针方向旋转起来。当电枢转了180°后，导体 cd 转到 N 极下，导体 ab 转到 S 极下时，由于直流电源供给的电流方向不变，仍从电刷 A 流入，经导体 cd 和 ab 后，从电刷 B 流出。这时导体 cd 的受力方向变为从右向左，导体 ab 的受力方向是从左向右，产生的电磁转矩的方向仍为逆时针方向。因此，电枢

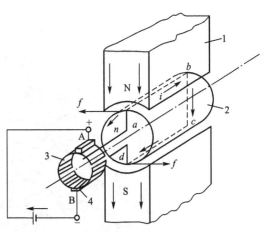

图 7.5 直流电动机的工作原理模型
1—磁极；2—电枢；3—换向器；4—电刷

一经转动，由于换向器配合电刷对电流的换向作用，直流电流交替地由导体 ab 和 cd 流入，使线圈边只要处于 N 极下，其中通过电流的方向就总是由电刷 A 流入的方向，而在 S 极下时，总是从电刷 B 流出的方向。这就保证了每个极下线圈边中的电流始终是一个方向，从而形成一种方向不变的转矩，使电动机能连续地旋转。这就是直流电动机的工作原理。

从上述基本电磁情况来看，一台直流电机原则上既可以作为发电机运行，也可以作为电动机运行，只是其输入输出的条件不同而已。如用原动机拖动直流电机的电枢，将机械能从电机轴上输入，而电刷上不加直流电压，则从电刷端可以引出直流电动势作为直流电源，可输出电能，电机将机械能转换成电能而成为发电机；如在电刷上加直流电压，将电能输入电枢，则从电机轴上输出机械能，拖动生产机械，将电能转换成机械能而成为电动机。这种同一台电机，既能作为发电机，又能作为电动机运行的原理，在电机学理论中称为电机的可逆原理。但在实际的使用中，直流电动机与直流发电机在结构上稍有区别，并不是所有的直流电机都可做可逆运行。

7.2 直流电机的基本结构分类及用途

7.2.1 直流电机的基本结构

直流电机的结构形式多种多样，但其主要部件是相同的。从直流电机的工作原理可得知，直流电机主要由3个部分组成：静止部分，称为定子；转动部分，称为电枢；气隙。直流电动机的结构如图7.6所示。现在对各主要部件的基本结构及其作用简述如下。

1. 定子部分

直流电机定子部分主要由主磁极、换向极、机座和电刷装置等组成。

（1）主磁极又称主极。在一般大中型直流电机中，主磁极是一种电磁铁。只有个别类型的小型直流电机的主磁极才用永久磁铁，这种电机叫做永磁直流电机。主磁极的作用是

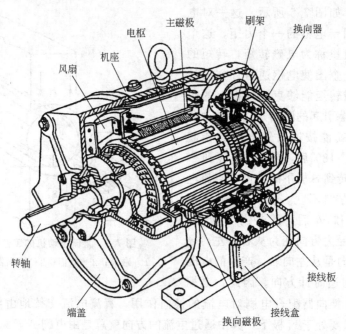

图 7.6 直流电动机的结构

能够在电枢表面外的气隙空间里产生一定形状分布的气隙磁密。

图 7.7 所示为主磁极的装配图。主磁极的铁心用 1~1.5mm 厚的低碳钢板冲片叠压紧固而成。把事先绕制好的励磁绕组套在主极铁心外面,整个主磁极再用螺钉固定在机座的内表面上。各主磁极上的励磁绕组连接必须使通过励磁电流时,相邻磁极的极性呈 N 极和 S 极交替的排列。为了让气隙磁密在沿电枢圆周方向的气隙空间里分布得更加合理,铁心下部(称为极掌或极靴)比套绕组的部分(称为极身)宽。这样也可使励磁绕组牢固地套在铁心上。

(2)换向极。容量在 1kW 以上的直流电机,在相邻两主磁极中间要装上换向极,又称附加极或间极。其作用是为了消除在运行过程中换向器上产生的火花,即改善直流电机的换向。

换向极的形状比主磁极简单,也是由铁心和绕组构成的,如图 7.8 所示。铁心一般用整块钢或钢板加工而成。换向极绕组与电枢绕组串联。

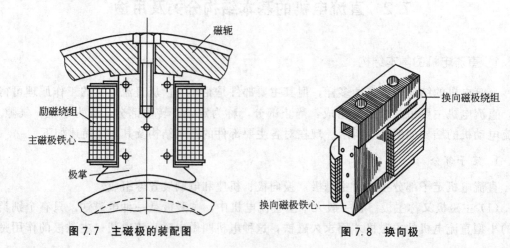

图 7.7 主磁极的装配图   图 7.8 换向极

(3) 机座。一般直流电机都用整体机座。所谓整体机座，就是一个机座同时起两方面的作用：一方面起导磁的作用；另一方面起机械支撑作用：由于机座要起导磁的作用，所以它是主磁路的一部分，叫做定子磁轭。一般采用导磁效果较好的铸钢制成，小型直流电机也有用厚钢板的。主磁极、换向极和端盖都固定在电机的机座上，所以机座又起到了机械支撑的作用，如图 7.9 所示。

图 7.9 机座

(4) 电刷装置。电刷装置是把直流电压、直流电流引入或者引出的装置，如图 7.10 所示。电刷放在电刷盒里，用弹簧压紧在换向器上，电刷上有个铜丝辫，可以引出、引入电流。在直流电机里，常常把若干个电刷盒装在同一个绝缘的刷杆上，在电路连接上，把同一个绝缘刷杆上的电刷盒并联起来，成为一组电刷。一般直流电机中，电刷组的数目可以用电刷杆数表示，刷杆数与电机的主磁极数相等。各电刷杆在换向器外表面上沿圆周方向均匀分布，正常运行时，电刷杆相对于换向器表面有一个正确的位置；如果电刷杆的位置放得不合理，将直接影响电机的性能。电刷杆装在端盖或轴承内盖上，调整位置后，将它固定。

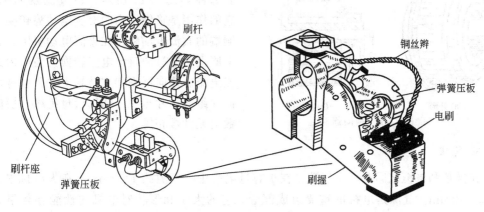

图 7.10 电刷装置

2. 转子部分

直流电机转子部分主要由电枢铁心、电枢绕组、换向器、转轴和风扇等组成。图 7.11 所示为直流电机电枢装配示意图。

(1) 电枢铁心。电枢铁心作用有两个方面：一个是作为主磁路的主要部分；另一个是嵌放电枢绕组。由于电枢铁心和主磁场之间的相对运动，会在铁心中引起涡流损耗和磁滞损耗(这两部分损耗合在一起称为铁心损耗，简称为铁损。为了减少铁损，通常用 0.5mm 厚的涂有绝缘漆的硅钢片叠压而成，固定在转轴上。电枢铁心沿圆周上有均匀分布的槽，里面可嵌入电枢绕组。

(2) 电枢绕组。电枢绕组是直流电机的主要部分之一。它的作用是感应电动势、通过电流和产生电磁转矩，使电机实现能量转换。电枢绕组由若干个线圈组成，这些线圈按一

 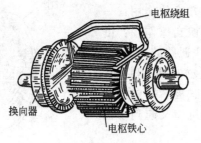 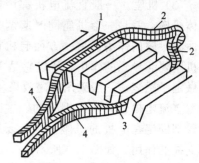

(a) 电枢铁心冲片　　(b) 电枢绕组在槽中的放置　　(c) 元件在槽内放置

图 7.11　电枢铁心和电枢绕组

1—上层元件边；2—后端接部分；3—下层元件边；4—首端接部分

定的要求均匀地分布在电枢铁心的槽中，并按一定的规律联接起来。电枢绕组可分为叠绕组和波绕组两种类型。叠绕组分为单叠绕组和复叠绕组；波绕组分为单波绕组和复波绕组。每个槽中的线圈边分上下两层叠放：一个线圈边放在一个槽的上层；另一个边放在另一个槽的下层。所以直流电机电枢绕组一般都是双层绕组。

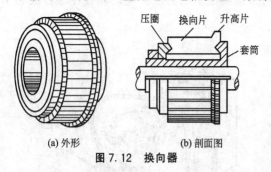

(a) 外形　　　　(b) 剖面图

图 7.12　换向器

(3) 换向器。换向器也是直流电机的重要部件如图 7.12 所示。在直流发电机中，它的作用是将绕组内的交变电动势转换为电刷端的直流电动势；在直流电动机中，它将电刷上所通过的直流电流转换为绕组内的交变电流。换向器安装在转轴上主要由许多换向片组成，片与片之间用云母绝缘，换向片数与元件数相等。

3. 气隙

在极掌和电枢之间有一空气隙。在小容量电机中，气隙约 1～3mm；在大电机中，可达 10～12mm。气隙是电机的重要组成部分，它的大小和形状对电机的性能有着很大的影响。

7.2.2　直流电机的铭牌数据

每台直流电机的机座外表面上都钉有一块铭牌，上面标注着铭牌数据，它是正确选择和合理使用电机的依据。

根据国家标准，直流电机的额定值如下。

(1) 额定功率 $P_N(kW)$。

(2) 额定电压 $U_N(V)$。

(3) 额定电流 $I_N(A)$。

(4) 额定转速 $n_N(r/min)$。

(5) 励磁方式和额定励磁电流 $I_{fN}(A)$。

有些物理量虽然不标在铭牌上，但它们也是额定值。例如，在额定运行状态下的转矩、效率分别称为额定转矩、额定效率等。

关于额定功率，对直流发电机来说，是指电机出线端输出的电功率；对直流电动机而言，则是指它的转轴上输出的机械功率。因此，直流发电机的额定功率应为

$$P_N = U_N I_N \tag{7-3}$$

而直流电动机的额定功率为

$$P_N = U_N I_N \eta_N \tag{7-4}$$

其中，η_N 为直流电动机的额定效率，它是直流电动机额定运行时输出机械功率与电源输入电功率之比。

电动机轴上输出的额定转矩用 T_N 表示，其大小应该是输出的机械功率额定值除以转子角速度的额定值，即

$$T_N = \frac{P_N}{\Omega} = 9550 \frac{P_N}{n_N} \tag{7-5}$$

式中，P_N 的单位为 kW，n_N 的单位为 r/min，T_N 的单位为 N·m。此式不仅适用于直流电动机，也适用于交流电动机。

直流电机运行时，若各个物理量都与它的额定值一样，就称为额定运行状态或额定工况。在额定状态下，电机能可靠地工作，并具有良好的性能。但实际应用中，电机不总是运行在额定状态。如果流过电机的电流小于额定电流，称为欠载运行；超过额定电流，称为过载运行。长期过载或欠载运行都不好。长期过载有可能因过热而损坏电机；长期欠载，电机没有得到充分利用，效率降低，不经济。因此选择电机时，应根据负载的要求，尽量让电机工作在额定状态。

例 7-1 有一台直流电动机，额定数据如下：$P_N = 160\text{kW}$，$U_N = 220\text{V}$，$n_N = 1500\text{r/min}$，$\eta_N = 90\%$。求 I_N。

解：

$$P_N = U_N I_N \eta_N$$

$$I_N = P_N / (U_N \eta_N) = [160 \times 10^3 / (220 \times 0.9)] \text{A} = 808(\text{A})$$

例 7-2 有一台直流发电机，额定数据如下：$P_N = 145\text{kW}$，$U_N = 230\text{V}$，$\eta_N = 1450\text{r/min}$。求 I_N。

解：

$$P_N = U_N I_N$$

$$I_N = P_N / U_N = (145 \times 10^3 / 230) \text{A} = 630(\text{A})$$

7.2.3 直流电机的用途和分类

1. 直流电机的用途

把机械能转变为直流电能的电机是直流发电机；把直流电能转换为机械能的电机称为直流电动机。

直流电动机多用于对调速要求较高的生产机械上，如轧钢机、电力牵引、挖掘机械和纺织机械等，这是因为直流电动机具有以下突出的优点。

(1) 调速范围广，易于平滑调速。

(2) 启动、制动和过载转矩大。

(3) 易于控制，可靠性较高。

直流发电机可用作直流电动机以及同步发电机的励磁直流电源，以及化学工业中的电镀、电解等设备的直流电源。

与交流电机相比，直流电机的结构复杂，消耗较多的有色金属，维修比较麻烦。随着电力电子技术的发展，由晶闸管整流元件组成的直流电源设备将逐步取代直流发电机。但直流电动机由于其性能优越，在电力拖动自动控制系统中仍占有很重要的地位。利用晶闸管整流电源配合直流电动机而组成的调速系统仍在迅速地发展。

2．直流电机按励磁方式分类

励磁方式是指直流电动机主磁场产生的方式。直流电动机主磁场的获得通常有两类：一类是由永久磁铁产生的；另一类是利用给主磁极绕组通入直流电产生的。根据主磁极绕组与电枢绕组连接方式的不同，可分为永磁电动机、他励电动机、并励电动机、串励电动机和复励电动机。分别介绍如下。

(1) 永磁电动机。永磁电动机开始仅在功率很小的电动机上采用，20 世纪 80 年代起，由于钕铁硼永磁材料的发现，使永磁电动机的功率已从毫瓦级发展到 1000W 以上。目前制作永磁电动机的永磁材料主要有铝镍钴、铁氧体和稀土(如钕铁硼)等三类。用永磁材料制作的直流电动机又分有刷(有电刷)和无刷两类。永磁电动机由于其具有体积小、结构简单、重量轻、损耗低、效率高、节约能源、温升低、可靠性高、使用寿命长、适应性强等突出优点，使用越来越广泛。它在军事上的应用占绝对优势，几乎取代了绝大部分电磁电动机；其他方面的应用如汽车用永磁电动机、电动自行车用永磁电动机和直流变频空调用永磁电动机等。

(2) 他励电动机。电枢绕组和励磁绕组分别由两个独立的直流电源供电，电枢电压与励磁电压彼此无关，如图 7.13(a)所示。

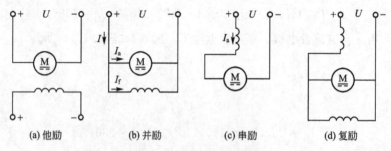

图 7.13　直流电机的励磁方式

(3) 并励电动机。励磁绕组与电枢绕组并联，由同一电源供电，励磁电压等于电枢电压，总电流 I 等于电枢电流 I_a 和励磁电流 I_f 之和，即 $I=I_a+I_f$，如图 7.13(b)所示。

(4) 串励电动机。励磁绕组与电枢绕组串联后再接于直流电源，这时 $I=I_a=I_f$，如图 7.13(c)所示。

(5) 复励电动机。这种电动机的励磁绕组分两部分：并励绕组匝数多而线径细，与电枢并联；串励绕组匝数少而线径粗，与电枢绕组串联，如图 7.13(d)所示。若串励绕组产生的磁通势与并励绕组产生的磁通势方向相同称为积复励。若两个磁通势方向相反，则称为差复励。

不同励磁方式的直流电机有着不同的特性。一般情况下，直流电动机的主要励磁方式是并励式、串励式和复励式，直流发电机的主要励磁方式是他励式、并励式和复励式。

7.3 直流电机的磁场

7.3.1 直流电机空载时的磁场

直流电机空载是指电机无负载，即无功率输出。在电动机中是指无机械功率输出，电枢电流很小，由它产生的磁场可忽略；在发电机中，是指无电功率输出，他励直流发电机的电枢电流等于零。所以直流电机的空载磁场可以看作是励磁磁通势单独作用产生的磁场。

1. 主磁通和漏磁通

图 7.14 表示一台 4 极直流电机空载时，由励磁电流单独作用时建立的磁场分布图，从图中可以看出，磁通由一个主磁极(N 极)出发。经过气隙和电枢齿，进入电枢铁心，再分别经过电枢齿和气隙，进入相邻的主磁极(S 极)，然后经过外壳，回到原来出发的主磁(N 极)形成闭合回路。这部分磁通和定、转子绕组相匝链，称为主磁通。电枢旋转时，

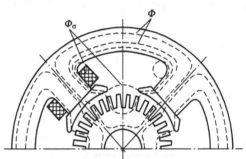

图 7.14 直流电机空载时的磁场分布

电枢绕组切割主磁通磁力线，将在其绕组中产生感应电动势；电枢绕组有电流通过时，则主磁通与电枢载流导体相互作用，产生电磁转矩。由图可见，在 N 极和 S 极之间，还存在一小部分磁通，不进入电枢铁心，不和电枢绕组相匝链，这部分磁通称为主磁极的漏磁通。主磁通的磁回路中的气隙较小，所以磁导较大；而漏磁通的磁回路中空气间隙较大，其磁导较小。这两个磁回路中作用的磁通势都是励磁磁通势，故漏磁通的数量比主磁通要小得多。通常漏磁通的数量只有主磁通的 2%～8%。

2. 空载磁场气隙磁密分布曲线

由于主磁极极靴宽度总比一个极距小，在极靴下的气隙又往往并不是很均匀的，所以主磁通的每条磁力线所通过的磁回路都不尽相同，在磁极轴线附近的磁回路中气隙较小；接近极尖处的磁回路中含有较大空间，若不计铁磁材料中的磁压降，则在极靴下，气隙小，气隙中各点磁密较大；在极靴范围以外，磁回路中气隙长度增加很多，磁密显著减少，至两极间的几何中性线处磁密就等于零。不计齿槽影响，直流电机空载时，气隙中主磁密的分布波形如图 7.15 所示。

7.3.2 直流电机负载时的电枢磁通势

直流电机空载时其气隙磁场仅由主磁极所建立。当电机带负载时，电枢绕组中有电流通过，产生了电枢磁场，或称为电枢磁通势。电机中气隙磁场是由主磁极磁通势和电枢磁

通势共同建立的。电枢磁场对主磁极所建立的气隙磁场会产生影响，这种影响称为电枢反应。电枢反应对直流电机运行特性影响很大，对于发电机来说，它直接影响到电机的感应电动势；对电动机来说将影响到与电机拖动性质有关的电磁转矩甚至其转速。电机的感应电动势，电磁转矩都是实现机电能量变换的要素，都与气隙磁场有关。

前面讨论了主磁极励磁磁通势所建立的气隙磁场的大小和分布，现在只要将电枢磁通势的大小和分布分析清楚，然后把两种磁通势合起来，再考虑饱和问题，就可以看清楚电枢磁场对气隙磁场的影响了。为了画图简便，省去换向器，假定电刷位于几何中性线上（实际上意味着电刷与处于几何中性线上的元件直接相接触），且导体在电枢表面均匀分布。由于电枢绕组中各支路中电流是通过电刷引入的，故图 7.16 中电刷轴线是电枢表面电流分布的分界线。电枢上半圆周的导体电流方向如果是流入纸面，则下半圆周的导体电流方向必由纸面向外流出。根据右手螺旋定则，该电枢磁通势所建立的磁场分布如图 7.16 中虚线所示。由图可知，当电刷放在几何中性线上时，电枢磁通势的轴线也在几何中性线上，它与主磁极轴线正交，称为交轴电枢磁通势。确定了电枢磁场磁力线的分布以后，就可求出电枢磁通势和电枢磁场的磁密沿电枢表面分布的形状。

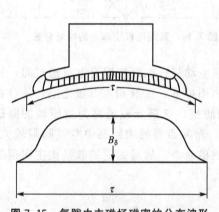

图 7.15 气隙中主磁场磁密的分布波形

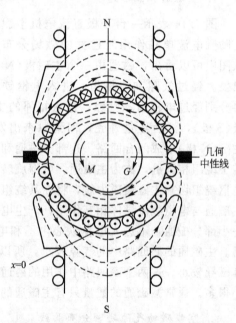

图 7.16 电刷在几何中心线上时的电枢磁场

7.3.3 直流电机的电枢反应及其影响

把主磁场与电枢磁场合成，将合成磁场与主磁场比较，便可看出电枢磁场的影响。电机展开图如图 7.17 所示，它给出了磁极极性和极面下元件的电流方向。作发电机运行或作电动机运行时，电枢磁通势对主磁极磁场的作用是相同的，所不同的只是电机旋转方向相反，如图 7.18 所示。若磁路不饱和，可用叠加原理求出气隙磁场，图中 B_{0x} 表示电机空载时主磁极磁场，B_{ax} 表示负载时由电枢磁通势单独建立的电枢磁场。将 B_{0x} 和 B_{ax} 沿电枢表面逐点相加，便可得到负载时气隙中的合成磁场 $B_{\delta x}$ 的分布曲线，将 $B_{\delta x}$ 和 B_{0x} 比较，就可得到电枢反应对主磁场的影响，概括起来电枢反应的影响有两点。

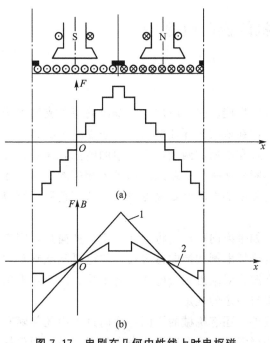

图 7.17 电刷在几何中性线上时电枢磁势和磁密的分布波形

图 7.18 电枢反应

(1) 负载时气隙磁场发生畸变。每个磁极下,主磁场的一半被削弱,另一半被加强。对发电机而言,前极尖(电枢进入磁极边)的磁场被削弱,后极尖(电枢退出磁极边)的磁场被加强。对电动机而言,若电枢电流的方向仍如图 7.16 所示,电机的旋转方向与发电机相反,所以前极尖的磁场强度被加强,后极尖被削弱。空载时,几何中性线处主磁极磁场为 0。电机中磁场为 0 的位置,统称为物理中性线。故物理中性线与几何中性线重合;负载时,由于电枢反应影响,使气隙磁场发生畸变,电枢表面上磁密为 0 的位置也随着移动,物理中性线与几何中性线不再重合。对发电机,物理中性线将顺着电枢旋转方向从几何中性线前移 α 角。对电动机,则逆着电机旋转方向移过 α 角。

(2) 呈去磁作用。在不考虑磁路饱和时,主磁场被削弱的数量恰好等于被加强的数量(图 7.18 中面积 $S_1=S_2$),因此负载时每极下的合成磁通仍与空载相同。但在实际电机中,磁场已处于饱和状态,负载时实际合成磁场曲线如图 7.18 中虚线所示。因为主磁极两边磁场变化情况不同:一边是增磁的;另一边是去磁的。增磁会使饱和程度提高,铁心磁阻增大,从而实际合成磁场曲线比不计饱和时要低。去磁作用会使磁密比空载时低,磁密减小了,饱和程度也就降低了,因此铁心磁阻略有减少。结果使实际的合成磁化曲线比不计饱和时略高。因为磁阻变化是非线性的,磁阻增加比磁阻减小要大些。故图 7.20 电枢反应增加的磁通数量小于减小的磁通数量(图中 $S_4 < S_5$),因此负载时每极磁通比空载时磁通略有减少。

特别提示

总的来说电枢反应的作用不但使电机气隙磁场发生畸变,而且还有去磁作用。

7.4 直流电机的换向问题

7.4.1 产生换向火花的原因

通过对直流电机电枢绕组的分析知道,当电枢旋转时,组成电枢绕组的每条支路里所含元件数目是不变的,但组成每条支路的元件都在依次循环地更换。一条支路中的某个元件在经过电刷后就成为另一条支路的元件,并且在电刷的两侧,元件中的电流方向是相反的。因此直流电机在工作时,绕组元件连续不断地从一条支路退出而进入相邻的支路。在元件从一条支路转入另一条支路的过程中,元件中的电流就要改变方向,这就是所谓直流电机的换向问题。

换向问题是换向器电机的一个专门问题,如果换向不良,将会在电刷与换向片之间产生有害的火花。当火花超过一定程度时,就会烧坏电刷和换向器表面,使电机不能够正常工作。此外电刷下的火花也是一个电磁波的来源,对附近无线电通信有干扰。国家对电机换向时产生的火花等级及相应的允许运行状态有一定的规定。

产生火花的原因是多方面的,除电磁原因外,还有机械的原因,换向过程中还伴随有电学、电热等因素。它们互相交织在一起,相当复杂,至今还没有完全掌握其各种现象的物理实质,尚无完整的理论分析。

就电磁理论方面来看,换向元件在换向过程中,电流的变化必然会在换向元件中产生自感电动势。此外,因电刷宽度通常为 2~3 片换向片宽,同时换向的元件就不止一个,换向元件与换向元件之间会有互感电动势产生。自感电动势和互感电动势的和称为电抗电动势。根据楞次定律,电抗电动势的作用是阻止电流变化的,即阻碍换向的进行。另外电枢磁场的存在,使得处在几何中性线上的换向元件中产生一种切割电动势,称为电枢反应电动势。根据右手定则,电枢反应电动势也起着阻碍换向的作用。因此,换向元件中出现延迟换向的现象,造成换向元件离开一个支路最后瞬间尚有较大的电磁能量,这部分能量以弧光放电的方式转化为热能,散失在空气中,因而在电刷与换向片之间出现火花。

7.4.2 改善换向的方法

从产生火花的电磁原因出发,要有效地改善换向,就必须减小、甚至抵消换向元件中的电抗电动势和电枢反应电动势。常用的换向方法如下。

1. 装置换向磁极

这时电刷仍放在几何中性线上,同时在几何中性线位置放置换向磁极,使之产生一个换向磁极磁场作用于换向区域,这样换向元件就将切割换向磁极磁场而产生一个电动势。若要使换向元件中$\Sigma e=0$,就要求换向元件切割换向磁极磁场而产生的电动势与换向元件切割电枢磁场产生的电动势,方向相反。对发电机而言,换向前元件的电动势和电流是同方向的,因而欲使$\Sigma e=0$,就要求换向磁极磁场的极性与元件换向前所处的主磁极磁场极性相反。对电动机而言,因元件电动势与电流是反向的,为使$\Sigma e=0$,换向磁极磁场的极性就必须与元件换向前所处的主磁极的极性相同。

综上分析,不难决定换向磁极的极性;对发电机而言,顺电枢转向,换向磁极应与下一个主磁极极性相同,其排列顺序为 N、S_K、S、N_K(S_K、N_K 为换向极极性)。对电动机而言,顺电枢转向,换向磁极应与下一个主磁极极性相反。其排列顺序为 N、N_K、S、S_K。为了使负载变化时,换向磁极磁通势也能相应变动,使在任何负载时换向元件中 $\sum e$ 始终为零。就要求换向磁极绕组必须与电枢绕组串联,并保证换向磁极磁路不饱和。用换向磁极改善换向如图 7.19 所示。

2. 移动电刷位置

在没有装设换向磁极的小容量电机中,为了改善换向,可用移动电刷的方法,使短路元件处于主磁场之下,切割磁通产生一个旋转电

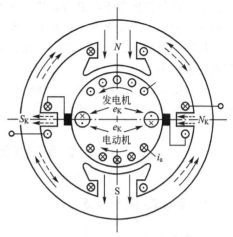

图 7.19　用换向磁极改善换向

动势,其大小与自感电动势相等,方向相反,这样,附加电流接近为零,得到直线换向。

对于直流发电机,应顺着电枢转向将电刷移动到物理中性线之外某一个角度。对于直流电动机应逆着电枢转向移动电刷到物理中性线之外的某个角度。

3. 正确选用电刷

如上所述,增加电刷接触电阻可以减少附加电流。电刷的接触电阻主要与电刷材料有关,目前常用的电刷有石墨电刷、电化石墨电刷和金属石墨电刷等。石墨电刷的接触电阻较大,金属石墨电刷的接触电阻最小,从改善换向的角度来看似乎应采用接触电阻大的电刷。但接触电阻大,则接触电压降也大,使能量损耗和换向器发热加剧,对换向也不利。合理选用电刷也是需要的。当换向并不困难,负载均匀,电压在 80~120V 的中小型电机通常采用石墨电刷;电压在 220V 以上或换向较困难的电机,常采用电化石墨电刷;而对于低压大电流的电机,宜采用金属石墨电刷。

国产电刷的技术数据,可参考有关标准和手册。应当指出,更换新电刷时,必须选用同一牌号或特性接近的电刷,否则会造成换向不良。

7.4.3　防止环火与补偿绕组

除了上述电磁性火花以外,直流电机有时还会因为某些换向片间电压过高而发生电位差火花。在不利的情况下,电磁性火花和电位差火花连成一片,在换向器上形成一条长电弧,将正、负电刷连通,这种现象称为"环火"。"环火"是十分危险的现象,会导致换向器和电枢绕组受到损害。

要消除环火,就必须消除电位差火花,通常采用补偿绕组的方法来消除交轴电枢反应的影响,如图 7.20 所示。补偿绕组嵌放在主磁极极靴上专门冲出的槽内。补偿绕组应与电枢绕组串联,并使补偿绕组磁通势与电枢磁通势相

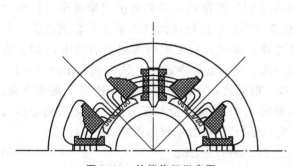

图 7.20　补偿绕组示意图

反，保证在任何负载下电枢磁通势都能被抵消。从而减少了因电枢反应而引起的气隙磁场的畸变，削弱了产生电位差火花而引起环火的可能性。

补偿绕组增加了电机的成本，而且使电机变得更复杂。通常只在负载变动大的大、中型电机中采用。

应当指出，产生环火除了上述电气原因以外，也可能由机械原因产生。如换向器外圆不圆，表面不干净等。因而加强电机的维护工作，对防止环火有着非常重要的作用。

7.5 直流电机的基本方程

7.5.1 电枢电动势和电磁转矩

1. 电枢电动势

直流电机转动时，电枢绕组切割磁力线而感应的电动势称为电枢电动势。电枢电动势 E_a 与定子磁通 Φ，转子转速 n 成正比，即

$$E_a = C_e \Phi n \tag{7-6}$$

式中：C_e——与电动机结构有关的电动势常数。

应该指出，电枢电动势在发电机和电动机中的作用是不同的。在发电机中，它是向外输出电能的电源电势；而在电动机中，外加的直流电源只有克服了这个电势才能使电流送入电枢绕组。因此，在直流电动机中电枢电势称为反电势。但不论在电动机还是发电机中，产生电枢电势的原因是相同的，计算方法也是相同的。

2. 电磁转矩

直流电机的电磁转矩是因载流导体在磁场中受力而产生的。电磁转矩 T 与定子磁通 Φ，电枢电流 I_a 成正比，即

$$T = C_T \Phi I_a \tag{7-7}$$

式中：C_T 为与电动机结构有关的转矩常数。在电动机中，电磁转矩使电动机带动负载转动输出机械能，它是动力矩；而在发电机中，原动机只有克服了这个转矩才能带动电机转动，产生感应电动势输出电能。

7.5.2 直流电机稳态运行时的电压平衡方程

从电学的观点看，直流电机运行时只是一个特定的电路，它应符合相关的电路定律，例如基尔霍夫定律等。下面以他励直流电机为例，根据基尔霍夫电压定律求出直流电机稳态运行时的电压平衡方程式。在求出直流电机稳态运行时的电压平衡方程式之前，先要规定好各物理量的正方向。正方向的选择，通常先规定电枢两端的端电压 U 的正方向，对于发电机，根据电枢电流 I_a 是输出电流，电枢电动势 E_a 与 I_a 同向而标出的正方向。如图 7.21(a)所示，也称为发电机惯例。对于电动机，可以类似地得出 E_a 与 I_a 的正方向，如图 7.21(b)所示，称为电动机惯例。根据图 7.21 所设各量的正方向，在电机稳态运行时，可得出电枢回路电压平衡方程式为发电机运行时（按发电机惯例），即

$$E_a = U + I_a r_a + 2\Delta U_b = U + I_a R_a \tag{7-8}$$

电动机运行时（按电动机惯例）

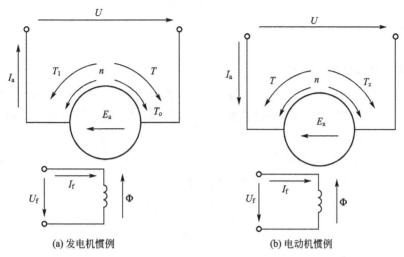

图 7.21 他励直流电机电路

$$U = E_a + I_a r_a + 2\Delta U_b = E_a + I_a R_a \tag{7-9}$$

式(7-8)和式(7-9)中，r_a 是电枢绕组电阻；R_a 是电枢回路总电阻，其中包括电刷和换向器之间的接触电阻；$2\Delta U_b$ 是正负电刷总接触电阻压降。

电刷接触压降与电枢电流的关系不大，只随电刷材料不同而有差别。国标规定一个电刷的接触压降为：碳—石墨及石墨电刷 $\Delta U_b = 1\text{V}$，金属石墨电刷 $\Delta U_b = 0.3\text{V}$。

由此可见，给各物理量规定不同的正方向，得到的电压平衡方程式的形式是不一样的。还应指出，"惯例"仅是规定各物理量正方向的一种选择。不能认为发电机惯例，电机就一定运行在发电机状态；电动机惯例，就一定运行在电动机状态。恰恰相反，不管用哪种"惯例"根据不同的条件，电机可以运行在发电机状态，也可运行在电动机状态，或者其他状态，如制动状态等。总之，仅仅根据图 7.21 所示各物理量的正方向，并不能说明直流电机实际运行于何种状态，还必须根据电机实际运行时各物理量的大小及正负来进行判断。

7.5.3 转矩平衡方程

1. 直流电动机转矩平衡方程式

直流电动机的电磁转矩可以直接根据公式 $T = C_T \Phi I_a$ 计算。对直流电动机来说，任何时候，其电磁转矩总等于反抗转矩之和。当它以恒定转速运行时，电磁转矩并不只等于电动机轴上的输出转矩，电磁转矩 T 应与电动机轴上的负载转矩 T_L 和电动机本身的阻转矩 T_0（空载转矩）之和相平衡，才能保持匀转速运动，即

$$T = T_L + T_0 \tag{7-10}$$

2. 直流发电机转矩平衡方程式

当发电机的电枢中流过电流时，电枢电流和气隙磁场相互作用产生电磁转矩，电磁转矩的方向由左手定则确定，与电枢转向相反。即发电机中的电磁转矩是制动转矩，它与空载转矩 T_0 之和与原动机的驱动转矩 T_1 相平衡。因此发电机的转矩平衡方程式为

$$T_1 = T + T_0 \tag{7-11}$$

7.5.4 功率平衡方程

1. 直流电动机功率平衡方程

根据能量守恒定律，能量不能"产生"，也不能"消失"，只能相互转换。对直流电动机也是如此。下面研究他励直流电动机的功率平衡方程式，也就是单位时间内的能量传输和转换关系。

他励直流电动机的输入电功率为

$$\begin{aligned} P_1 &= IU = (E_a + I_a r_a + 2\Delta U) I_a \\ &= E_a I_a + I_a^2 r_a + 2\Delta U_b I_a \\ &= P_{em} + p_{cua} + p_b \end{aligned}$$

式中：P_{em}——电磁功率；

p_{cua}——电枢铜损耗，是消耗在电枢电阻 r_a 中的电功率，与电枢电流的平方成正比；

p_b——电刷接触压降引起的损耗。

电动机的电磁功率 P_{em} 由电功率转换为机械功率以后，并不能全部以机械功率的形式从电机轴上输出，还要扣除以下几种损耗。

(1) 铁损耗 p_{Fe}。直流电动机的铁耗是指电枢铁心中的磁滞损耗和涡流损耗，它是由电枢铁心在磁场中旋转并切割磁力线而引起的。铁耗是磁密和磁通交变频率的函数，在转速和气隙磁密变化不大的情况下认为铁耗是不变的。

(2) 机械损耗 p_m。机械损耗包括轴承及电刷的摩擦损耗和通风损耗。通风损耗包括通风冷却用的风扇功率和电枢转动时与空气摩擦而损耗的功率，机械损耗与电机转速有关，当电动机的转速变化不大时，机械损耗可以看作是不变的。

(3) 附加损耗 p_{ad}。附加损耗又称杂散损耗，对于直流电机，这种损耗是由于电枢铁心表面有齿槽存在，使气隙磁通大小脉振和左右摇摆，在铁心中引起的铁损耗和换向电流产生的铜耗等。这些损耗是难以精确计算的，一般约占额定功率的 0.005~0.01。

电磁功率扣除以上损耗后就是电动机轴上输出的机械功率 P_2（在额定运行时，等于额定功率 P_N），即

$$\begin{aligned} P_{em} &= P_2 + p_{Fe} + p_m + p_{ad} \\ &= P_2 + p_0 + p_{ad} \end{aligned} \tag{7-12}$$

式中：p_0 为直流电动机的空载功率损耗，$p_0 = p_{Fe} + p_m$。

综上所述，可得他励直流电动机的功率平衡方程式为

$$\begin{aligned} P_1 &= P_2 + p_{Fe} + p_m + p_{ad} + p_{Cua} + p_b \\ &= P_2 + \sum P \end{aligned} \tag{7-13}$$

根据他励直流电动机的功率平衡方程式，可以画出他励直流电动机的功率流程图，如图 7.22 所示。

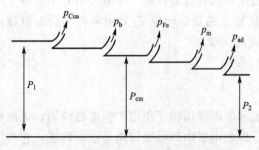

图 7.22 直流他励电动机功率流程图

2. 直流发电机功率平衡方程

根据转矩平衡方程式和电动势平衡方程式,将转矩平衡方程式(7-10)两边同乘角速度,即得

$$T_1\Omega = T\Omega + T_0\Omega$$

式中:$T_1\Omega$——原动机输入功率 P_1;

$T_0\Omega$——克服空载转矩所需的空载功率 p_0,$p_0 = p_{Fe} + p_m$;

$T\Omega$——原动机克服电磁转矩所需输入的机械功率。

则有

$$P_1 = P + p_0 \tag{7-14}$$

若考虑附加损耗 p_{ad},则

$$P = P_1 - (p_{Fe} + p_m + p_{ad}) \tag{7-15}$$

式(7-15)中直流发电机的各种损耗其含义同直流电动机,在此不再介绍。

7.6 直流电动机的工作特性

直流电动机的工作特性是指端电压 U 为额定值,电枢回路不外加任何电阻,励磁电流 I_f 为额定时,电动机的转速 n、电磁转矩 T、效率 η 与输出功率 P_2 之间的关系,即 $n = f(P_2)$、$T = f(P_2)$、$\eta = f(P_2)$ 的关系曲线。在实际运行中,电枢电流 I_a 可直接测量,并随 P_2 增大而增大,而且两者增大趋势相接近,故工作特性往往以 $n = f(I_a)$、$T = f(I_a)$、$\eta = f(I_a)$ 的关系表示。直流电动机的工作特性因励磁方式不同,差异很大,下面分别讨论。

7.6.1 并励电动机

图 7.23(a)所示为求出并励直流电动机工作特性的接线图。图中 R_{st} 为启动电阻,R_{fz} 为磁场调节电阻,R_f 为励磁线圈电阻。在 $U = U_N$ 时,调节电动机的负载和励磁电流,使输出功率为额定功率 P_N,转速为额定转速 n_N,此时励磁电流为 I_{fN}。保持 $U = U_N$,$I_f = I_{fN}$ 不变,改变电动机的负载,测得相应的转速 n,负载转矩 T 和输出功率 P_2,可画出如图 7.23(b)所示的工作特性曲线图。

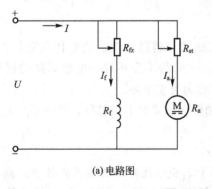
(a) 电路图

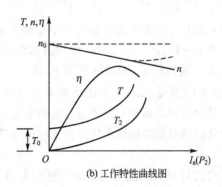
(b) 工作特性曲线图

图 7.23 并励电动机工作特性

1. 转速特性

以 $E_a = C_e \Phi n$ 代入 $U = E_a + R_a I_a$ 可得转速公式

$$n = \frac{U - R_a I_a}{C_e \Phi} \tag{7-16}$$

式(7-16)对各种励磁方式的电动机都适用，对于某一电动机，C_e 为一个常数，则当 $U = U_N$ 时，影响转速的因素是 $R_a I_a$ 或磁通 Φ，当励磁电流 I_f 为一定时，磁通 Φ 仅受电枢反应的影响。当负载增大时，电枢电流 I_a 增大，电枢压降 $R_a I_a$ 也增大，转速 n 下降；而电枢反应的去磁作用，又使 Φ 减少，n 上升时，作用结果使电动机的转速变化很小。

当负载较重，I_a 较大时，电枢反应的去磁作用影响较大，则转速 n 随负载的增加而上升，这是一种不稳定的运行情况。实际上在设计电动机时，考虑了这个因素的影响，应该使电动机在负载增加时转速略有下降。某些并励电动机，为使工作稳定，有时在主磁极铁心上加一个匝数很少的串励绕组，以补偿电枢反应的去磁作用，称为稳定绕组。由于串励磁通势仅占总磁通势的 10%，所以仍称并励电动机。

电动机从空转转速 n_0 到满载转速 n_N 的变化程度，用额定转速调整率 $\Delta n\%$ 表示如下。

$$\Delta n\% = \frac{n_0 - n_N}{n_N}$$

并励电动机的转速调整率很小，只有 2%～8%，基本上可以认为是一种恒速电动机。

2. 转矩特性

直流电动机输出机械功率 $P_2 = T_2 \Omega$，即输出转矩

$$T_2 = \frac{P_2}{\Omega} = \frac{P_2}{2\pi n/60}$$

由此可见，当转速不变时，$T_2 = f(P_2)$ 为过原点的直线。实际上，当 P_2 增加时，转速 n 略有下降，因而图 7.23(b) 中 $T_2 = f(P_2)$ 的关系曲线不是直线，而是稍向上弯曲。因为 $T = T_2 + T_0$，只要在 $T_2 = f(P_2)$ 的曲线上加空载转矩 T_0，便可得到 $T = f(P_2)$ 的关系曲线。在图 7.23(b) 中，当 $T_2 = 0$ 时，$T = T_0$。

3. 效率特性

根据直流电动机功率平衡方程式(7-12)及图 7.22 所示的功率流程图可得

$$\eta = \frac{P_2}{P_1} \times 100\% = \left(1 - \frac{\sum P}{P_1}\right) \times 100\% = \left(1 - \frac{p_{Fe} + p_m + I_a^2 r_a + 2\Delta U_b I_a}{U I_a}\right) \times 100\%$$

式中：$\sum P$——各损耗之和，其中忽略了附加损耗。

当 $U = U_N$，$I_f = I_{fN}$ 时，他励直流电动机的气隙磁通和转速随负载的变化而变化很小，可以认为铁损耗 p_{Fe} 和机械损耗 p_m 是不变的，称 $p_{Fe} + p_m$ 为不变损耗。电枢回路的铜损耗 $I_a^2 r_a$ 和电刷损耗 $2\Delta U_b I_a$ 是随负载电流而变化的量，称为可变损耗。

从上式可以看出，效率 η 是电枢电流 I_a 的二次曲线，如果对上式求导，并令 $d\eta/dI_a = 0$，可得到他励直流电动机出现最高效率的条件，即

$$p_{Fe} + p_m = I_a^2 r_a$$

由此可见，当随电流平方而变化的可变损耗等于不变损耗时，电动机的效率最高；I_a 再进一步增加时，可变损耗在总损耗中比例增加，效率 η 反而略有下降。这一结论具有普遍意义，对其他电机也同样适用。最高效率一般出现在 3/4 额定功率左右。在额定功率

时，一般中小型电机的效率在 75%～85% 之间，大型电机效率约在 85%～94% 之间。

7.6.2 串励电动机

图 7.24(a)所示为串励电动机接线图。其工作特性是指 $U=U_N$ 时，T、n、η 与 P_2 或 I_a 的关系曲线，如图 7.24(b)所示。

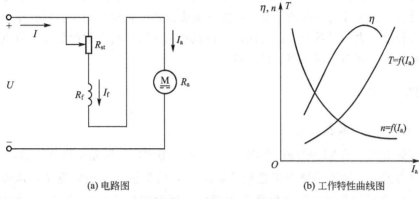

(a) 电路图　　　　　　　　　　(b) 工作特性曲线图

图 7.24　串励电动机工作特性

因为串励电动机的励磁绕组与电枢串联，故有 $I=I_a=I_f$，并与负载大小有关。也就是说励磁电流的气隙磁通 Φ 将随负载的变化而变化，这是串励电动机与并励电动机最大差别之一，也使其工作特性有很大的不同。

1. 转速特性

当串励电动机输出功率 P_2 增加时，电枢电流 I_a 随之增大，电枢回路的电阻压降也会增大。因 $I_a=I_f$，气隙磁通 Φ 也增大，由式(7-16)可知，这两个因素均使转速 n 下降，如图 7.24(b)所示。当负载很轻时 I_a 很小，磁通 Φ 也很小，所以转速 n 很高，这样才能产生足够的电动势 E_a 与电源电压相平衡。所以串励电动机绝对不允许在空载，或负载很小的情况下启动或者运行，以防止"飞车"。同时，为了防止意外，还规定串励电动机与生产机械之间不允许用皮带传动，而且负载转矩不得小于额定转矩的 1/4。

2. 转矩特性

因为 $T=C_T\Phi I_a$，当磁路未饱和时，$\Phi \propto I_a$，因此 $T \propto I_a^2$，所以轴上的输出转矩 T 将随 I_a 的增加而迅速增加；当负载较大时，因磁路饱和，Φ 近似不变，$T \propto I_a$。也就是说，随着 P_2、I_a 的增大，电磁转矩 T 将以高于电流一次方的比例增加，这种转矩特性使串励电动机在同样大小的启动电流下，产生的启动转矩比他励电动机大。而当负载增大时，电动机转速会自动下降如图 7.24(b)所示。这种工作特性，十分适用于作为牵引电机的电传动机车上。

3. 效率特性

串励电动机的效率特性与他励电动机相仿。需要指出，串励电动机的铁损耗不是不变的，而是随 I_a 的增大而增大。此外因负载增加时转速减低很多，所以机械损耗随负载增加而减少。若不计附加损耗时，$p_{Fe}+p_m$ 基本上仍保持不变。而串励电动机的励磁铜损耗 $p_{Cuf}+p_{Cua}+2\Delta U I_a$ 与励磁电流 I_a^2 成正比，是可变损耗。当可变损耗等于不变损耗时，串励电动机的效率最高。

7.7 直流电动机的机械特性

直流电动机的机械特性,是指电动机的转速与转矩的关系,即 $n=f(T)$。电动机的主要任务是拖动机械负载,当转矩变化时,电动机的输出转矩也应随之变化,仍能在另一转速下稳定运行。在设计电力拖动系统时,往往负载及负载特性已确定,因此电动机的机械特性在很大程度上决定了系统的稳定性,电动机的机械特性与负载的机械特性共同确定了拖动系统的启动、制动和调速等运行性能。

7.7.1 他励电动机

1. 机械特性的一般表达式

他励直流电动机的电路原理图如图 7.25 所示。图中电枢回路中串接附加电阻 R_Ω,可以调节电枢电流 I_a,励磁回路中串接调节电阻 r_Ω,可以调节励磁电流 I_f,从而调节磁通 Φ。由图 7.25 所示的电路可得出他励电动机电枢回路电压平衡方程式 $U=E_a+I_a(R_a+R_\Omega)$,将公式 $E_a=C_e\Phi n$ 和公式 $T=C_T\Phi I_a$ 代入电压平衡方程式,得

$$U=C_e\Phi n+\frac{R_a+R_\Omega}{C_T\Phi}T$$

从上式解出 n,即得他励直流电动机机械特性的一般表达式,即

$$n=\frac{U}{C_e\Phi}-\frac{R_a+R_\Omega}{C_eC_T\Phi^2}T=n_0-\beta T \tag{7-17}$$

式中:$n_0=\dfrac{U}{C_e\Phi}$——$T=0$ 时的转速,称为理想空载转速;

$\beta=\dfrac{R_a+R_\Omega}{C_eC_T\Phi^2}$——机械特性的斜率。

在机械特性方程式(7-17)中,当 U、R、Φ 均为常数时,即可画出他励直流电动机的机械特性曲线如图 7.26 所示,为一条向下倾斜的直线。这根直线与纵坐标交点处的转速即 n_0,直线向下倾斜的程度 β 与成正比。可见,理想空载转速 n_0 与斜率 β 这两个值的大小就确定了他励直流电动机的机械特性。

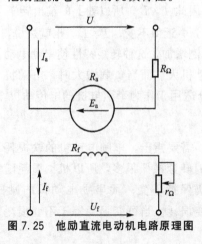

图 7.25 他励直流电动机电路原理图

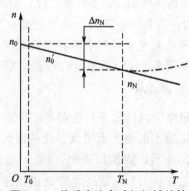

图 7.26 他励直流电动机机械特性

由图 7.26 可见，他励直流电动机的转速 n 随转矩 T 的增大而降低。即负载时转速 n 低于理想空载转速 n_0，负载时转速下降的数值称为转速降，用 Δn 表示，为

$$\Delta n = n_0 - n = \beta T$$

因此，Δn 与 β 成正比，当 β 越大，Δn 就越大。通常称 β 大的机械特性为软特性，称 β 小的机械特性为硬特性。

应该指出，电动机空载旋转起来后，电磁转矩 T 不可能为 0，而必须等于空载转矩 T_0，此时电动机的转速 $n_0' = n_0 - \beta T_0$ 称为实际空载转速。显然 n_0' 略低于 n_0，如图 7.26 所示。

特别提示

分析一下电枢反应对机械特性的影响。电枢电流不大时，电枢反应的影响很小，可以忽略不计，但当电枢电流较大时，由于饱和的影响，产生去磁作用，使每极磁通量略有降低。由式(7-17)可见，磁通 Φ 降低，转速 n 就要升高，机械特性在负载大时呈上翘现象，如图 7.26 中点画线所示。为了避免上翘，往往在主磁极上加一个匝数很少的串励绕组(稳定绕组)其磁动势可抵消电枢反应。

2. 固有机械特性

当电源电压 $U = U_N$，每极磁通 $\Phi = \Phi_N$，电枢回路不串电阻，即 $R_\Omega = 0$ 时的机械特性称为固有机械特性。将上述条件代入式(7-17)，即得固有机械特性方程式

$$n = \frac{U_N}{C_e \Phi_N} - \frac{R_a}{C_e C_T \Phi_N^2} T = n_0 - \beta_N T \tag{7-18}$$

理想空载转速 $n_0 = \frac{U_N}{C_e \Phi_N}$，机械特性的斜率 $\beta_N = \frac{R_a}{C_e C_T \Phi_N^2}$。一般他励直流电动机电枢电阻 R_a 都很小，所以 β_N 通常较小。因此固有机械特性一般为硬特性。

在固有机械特性上(如图 7.26 所示)，额定转矩 T_N 对应的转速为额定转速 $n_N = n_0 - \beta_N T_N$，额定转矩 T_N 对应的转速降为额定转速降 $\Delta n_N = n_0 - n_N = \beta_N T_N$，额定转速降 Δn_N 对额定转速 n_N 的比值用百分数表示时，称为额定转速变化率 $\Delta n\%$，其值为

$$\Delta n\% = \frac{\Delta n_N}{n_N} \times 100\% = \frac{n_0 - n_N}{n_N} \times 100\%$$

由于他励直流电动机固有机械特性较硬，$\Delta n\%$ 通常较小；中小型他励直流电动机的 $\Delta n\%$ 为 $10\% \sim 15\%$，大容量电动机的 $\Delta n\%$ 为 $3\% \sim 8\%$。

3. 人为机械特性

在电力拖动系统中，电动机的使用情况千差万别，其固有机械特性往往不能满足其使用要求。但可通过改变某个参数改变电机的机械特性来满足使用要求。这种经过改变的特性，称为人为机械特性。

固有机械特性的条件有 3 个：$U = U_N$、$\Phi = \Phi_N$、$R_\Omega = 0$。改变其中任意一个条件即可改变其特性，因此人为机械特性可分为以下 3 种。

1) 电枢回路串接电阻时的人为机械特性

此时 $U = U_N$、$\Phi = \Phi_N$、$R_\Omega \neq 0$，人为机械特性的方程式为

$$n = \frac{U_N}{C_e \Phi_N} - \frac{R_a + R_\Omega}{C_e C_T \Phi_N^2} T \tag{7-19}$$

由于电压 U 与磁通 Φ 保持额定值不变,理想空载转速 n_0 与固有机械特性相同。特性斜率 β 随串接电阻的增大而增大,人为机械特性的硬度降低。因此电枢回路串接电阻时的人为机械特性为相交于纵坐标轴上($n=n_0$ 点),并且具有不同斜率的一组直线,如图 7.27 所示。在负载转矩一定时,串接电阻 R_Ω 越大,转速 n 越低,转速降 Δn 越大。而在负载转矩变化时,串接电阻 R_Ω 越大,转速的变化越大。

2)降低电压时的人为机械特性

在改变电压 U,$\Phi=\Phi_N$、$R_\Omega=0$ 时,人为机械特性的方程式为

$$n=\frac{U}{C_e\Phi_N}-\frac{R_a}{C_eC_T\Phi_N^2}T \qquad (7-20)$$

由于受电机绝缘水平的限制,改变电压时通常向低于额定电压的方向改变,即降低电压此时,理想空载转速 n_0 随电压的降低而降低。由于磁通 Φ 保持额定值不变,电枢回路电阻等于 R_a 不变,则特性斜率 $\beta=\beta_N$ 不变。因此,降低电压时的人为机械特性,是低于固有械特性又与固有机械特性平行的一组平行线。如图 7.28 所示,在负载转矩一定时,电压越低转速 n 越低,而转速降 Δn 不变,即机械特性的硬度不变。

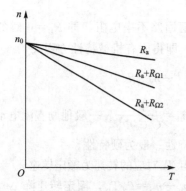

图 7.27 他励直流电动机电枢回路
串电阻时的机械特性
($R_{\Omega1}<R_{\Omega2}$)

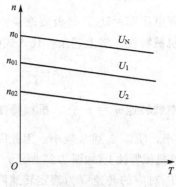

图 7.28 他励直流电动机降电压
时的机械特性
($U_N>U_1>U_2$)

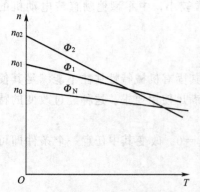

图 7.29 他励直流电动机减弱
磁通时的机械特征
$\Phi_2<\Phi_1<\Phi_N$

3)减弱磁通时的人为机械特性

在改变磁通 Φ,而 $U=U_N$,$R_\Omega=0$ 时,人为机械特性方程式为

$$n=\frac{U_N}{C_e\Phi}-\frac{R_a}{C_eC_T\Phi^2}T \qquad (7-21)$$

一般他励直流电动机在额定磁通下运行时,电机磁路已接近饱和,因此改变磁通实际上是在 Φ_N 的基础上减弱磁通。一般在励磁回路中串接电阻 r_Ω,通过调节励磁电流而改变磁通,如图 7.29 所示。

当减弱磁通时,空载转速 $n_0=\dfrac{U_N}{C_e\Phi}$ 与 Φ 成反比而增大,特性斜率 $\beta_N=\dfrac{R_a}{C_eC_T\Phi^2}$ 则与 Φ 的平方成反比而增

大，人为机械特性的硬度降低。减弱磁通时的人为机械特性如图7.29所示。不同特性在第一象限内有交点。在负载转矩一定时，一般情况下减弱磁通会使转速 n 升高，转速降 Δn 也会增大。只有在负载很重或磁通 Φ 很小时，若再减弱磁通，转速 n 反而会下降。

并励电动机其机械特性表达式与他励电机相同，在额定电源电压 U_N 和额定励磁电流 I_{fN} 时，它的固有机械特性与他励电动机的相同。但当改变电源电压 U 时，尽管励磁回路电阻 R_f 保持不变，励磁电流 I_f 也改变，当磁路未饱和时，磁通 Φ 也与 U 成正比，则 $n_0 = U/C_e\Phi$ 基本上保持不变，而特性曲线的斜率 $\beta=R_a/C_eC_T\Phi^2$ 在变化，故人为机械特性不是一组平行线。如果保持电源电压 U 和 R_f 不变，只要在电枢回路中串入不同电阻，则 Φ 不改变，那么人为机械特性与他励电动机串电阻机械特性相同，是一组射线。若仅改变励磁回路电阻 R_f 改变磁通 Φ（设 U、R_a 不变），则人为机械特性与他励电动机弱磁机械特性一样。

7.7.2 串励电动机

串励电动机由于励磁电流 I_f 即电枢电流 I_a，磁路的饱和程度随负载而变化。当磁路未饱和时，磁通 Φ 与 I_a 成正比，可写成 $\Phi=C_\Phi I_a$。

根据 $U=E_a+R_aI_a+R_fI_a$、$E_a=C_e\Phi n$、$T=C_T\Phi I_a=C_TC_\Phi I_a^2=C'_T I_a^2$，可得基本机械特性方程式

$$n = \frac{E_a}{C_e\Phi} = \frac{E_a}{C_e C_\Phi I_a} = \frac{U-(R_a+R_f)I_a}{C' I_a}$$

$$= \frac{U}{C' I_a} - \frac{R_a+R_f}{C'} = \frac{U}{C'\sqrt{T/C'_T}} - \frac{R_a+R_f}{C'}$$

即
$$n = C_1 \frac{U}{\sqrt{T}} - C_2(R_a+R_f) \tag{7-22}$$

式中，$C_1=\sqrt{C'_T}/C'$、$C_2=1/C'$ 均为系数。

根据上式可画出串励电动机磁路未饱和时的固有机械特性如图 7.30 所示曲线 1，它是一条向下延伸的双曲线，说明当负载转矩增大时，转速下降很快是软的机械特性。如果磁路已饱和，式（7-21）则不适用，其机械特性与此曲线有很大差别。但转速随转矩增加而显著下降的特点依然存在。

图 7.30 所示曲线 2、3 是电枢回路串电阻后人为机械特性。

由机械特性的分析可看出，串励直流电动机主要特点如下。

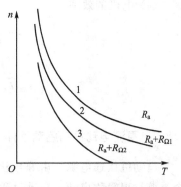

图 7.30 串励电动机的机械特性

（1）固有特性是一条非线性的软特性。当负载小时，电动机转速会自动升高很多，从而提高生产机械的运行效率。

（2）不允许轻载或空载运行。从式（7-22）看出，$T=0$ 时，$n=\infty$，即理想空载转速为无穷大。实际上当空载时，即使 $T=0$，$I_a=0$，还有剩磁 Φ_0 存在，因此 $n_0=U/C_e\Phi_0$ 为有限值，但是它很高，一般会到 $(5\sim 6)n_N$，这么高的转速将会造成电动机与所带设备的损

坏。所以串励电机在固有特性上不允许空载或轻载运行。

(3) 过载能力强，启动性能好。由于 $T=C_T\Phi I_a=C_T K I_a^2$，因此在相同的最大电流下，产生的转矩比他励直流电动机产生的转矩大的多。换言之，因为当负载增大时，电枢电流和磁通都增大，因此电枢电流稍有增大，电动机转矩就可以与电动机转矩相平衡。尽管负载增大很多，电枢电流的增加却比他励直流电动机小得多，不会因负载增大而使电动机过载。同理，在相同启动电流下，产生的启动转矩比他励直流电动机大得多。

由于串励直流电动机具有以上几个特点，所以起重运输机械和电气牵引装置较多的采用串励直流电动机拖动。

例 7-3 有一台并励电动机的技术数据如下：额定功率 2kW，额定电压为 220V，额定电流 10A，额定励磁电流 1A，额定转速 $n=1500\text{r/min}$，电阻 $R_a=0.5\Omega$，求：(1) 理想空载转速 n_0；(2) 50%额定负载时的转速 n；(3) 当负载增加、转速降到 $n=1450\text{r/min}$ 时的电枢电流；(4) 电机的效率 η。

解：(1) $I_a=I_N-I_f=(10-1)(\text{A})=9(\text{A})$

$$C_e\Phi=\frac{U_N-R_a I_a}{n_N}=\frac{220-0.5\times 9}{1500}=0.144\text{V/(r/min)}$$

则理想空载转速 n_0

$$n_0=U_N/C_e\Phi=220/0.144(\text{r/min})=1528(\text{r/min})$$

(2) 50%额定负载时的转速 n

$$n=n_0-\frac{R_a I_a}{C_e\Phi}=(1528-\frac{0.5\times 9}{0.144}\times 0.5)(\text{r/min})=1512(\text{r/min})$$

(3) 当转速降到 $n=1450\text{r/min}$ 时的电枢电流

$$I_a=(n_0-n)\frac{C_e\Phi}{R_a}=\frac{(1528-1450)\times 0.144}{0.5}(\text{A})=22.5(\text{A})$$

(4) 电机的效率

$$\eta=\frac{P_N}{U_N I_N}=\frac{2000}{220\times 10}\times 100\%=91\%$$

7.8 直流电动机的启动

7.8.1 直流电动机的启动条件

电动机接通电源，由静止状态开始加速到某一稳定转速的过程称为启动过程。它是一个过渡过程简称启动。启动过程是一个短暂的瞬变过程，但对电动机的运行性能和使用寿命、安全运行等均有很大影响，必须认真分析。对直流电动机的启动，一般有如下几点要求。

(1) 要有足够的启动转矩，以使 $T_{st}>T_L$，$\mathrm{d}n/\mathrm{d}t>0$ 电动机加速。

(2) 启动电流 I_{st} 不能太大，否则会造成换向困难，产生强烈火花；而且与此电流成正比的转矩还会产生较强的转矩冲击，可能损坏拖动系统的传动机构，故启动转矩 T_{st} 不能太大。

(3) 启动设备与控制装置要简单、可靠、经济、操作方便。

由此可见直流电动机的启动要求是相互矛盾的，应妥善分析解决。直流电动机的启动可分为直接启动、电枢回路串电阻启动和降压启动3种。

7.8.2 直流电动机的直接启动

直接启动是指不采取任何措施，把静止的电枢直接接入到额定电压的电网上。对于他励直流电动机启动时，必须先建立磁场，即先通励磁电流，再加电枢电压。由直流电动机的转矩公式 $T=C_T\Phi I_a$ 可知，启动转矩 $T_{st}=C_T\Phi I_{st}$。为使 T_{st} 较大而 I_{st} 又不太大，启动时应将励磁回路的调节电阻调至最小，使磁通 Φ 为最大。

根据电动机电压平衡方程可知，电枢电流 I_a 为

$$I_a=\frac{U-E_a}{R_a}$$

启动瞬间，转速 $n=0$，$E_a=C_e\Phi n=0$，则电动机的启动电流 I_{st} 为

$$I_{st}=\frac{U_N}{R_a}$$

由于一般电动机的电枢绕组电阻 R_a 很小，如果将额定电压直接加至电枢两端进行直接启动，启动电流 I_{st} 可达额定电流的10～30倍，启动转矩也很大。而一般直流电动机瞬时过载电流按规定不能超过额定电流的2～2.5倍，也即转矩过载倍数不能超过额定转矩的2～2.5倍，所以一般工业用直流他励电动机不允许直接启动。通常只有功率很小的例如家用电器采用的某些直流电动机，相对来说 R_a 较大，I_{st} 相对较小，加上电机惯性小，启动快，可以直接启动。

对于串励电动机情况要复杂些，在启动瞬间，仍是 $E_a=0$，$I_{st}=U_N/R_a$，启动转矩 $T_{st}=C_T\Phi'I_{st}$（Φ' 只是剩磁）。$T_{st}=C_T'I_{st}^2$，将比他励电动机大很多，使电动机迅速加速。

7.8.3 电枢回路串电阻的启动

为了限制启动电流，启动时在电枢回路中串入一个可变电阻器，称为启动电阻 R_{st}，在转速上升过程中逐步切除。只要启动电阻的分段电阻值选择恰当，便能在启动过程中把启动电流限制在允许范围内，使电动机转速在小波动情况下上升，在较短时间内完成启动。外串电阻的分段数也称启动级数。

图7.31所示为他励电动机串三级电阻的启动控制线路及其串电阻启动的机械特性曲线。图7.31(a)中启动电阻分为3段：R_{st1}、R_{st2}、R_{st3} 由接触器 KM_1、KM_2、KM_3 控制切除。启动开始瞬间，启动电阻全部接入，KM闭合，KM_1、KM_2、KM_3 断开，启动电流 $I_{st1}=U_N/(R_a+R_{st1}+R_{st2}+R_{st3})$ 达最大，I_{st1} 为限定的起始启动电流，是启动过程中的最大电流，相应的转矩为启动转矩，是启动过程中的最大转矩。一般当电动机容量小于150kW时，$I_{st1}\leq2.5I_N$；当电动机容量大于150kW时，$I_{st1}\leq2I_N$。启动电阻全部接入时的人为机械特性如图7.31(b)中曲线1，随着电动机启动并不断加速，电磁转矩 T 逐渐减小，沿曲线1箭头所指方向变化。当转速升至 n_1，电流降至 I_{st2}，即图中的b点时，接触器 KM_1 触点闭合，R_{st1} 被短接。I_{st2} 称为切换电流，一般取 $I_{st2}=(1.1\sim1.2)I_N$。电阻 R_{st1} 切除后，电枢回路中的电阻减少为 $R_a+R_{st2}+R_{st3}$，与之相对的人为机械特性为图7.31(b)中曲线2。

在切除 R_{st1} 的瞬间,由于机械惯性,转速仍为 n_1,电机的运行点由 b 到 c。选择适当的 R_{st1} 值,可使 c 点的电流值仍为 I_{st1}。转速沿曲线 2 箭头方向所指上升到 d 点,电流又降到 I_{st2} 时,接触器 KM_2 触点闭合将 R_{st2} 电阻短接,由于惯性,电动机工作点由 d 点水平移到曲线 3 上的 e 点。在最后一级电阻切除后,电动机将过渡到固有机械特性曲线 4 上,并沿曲线 4 箭头所指方向到达 h 点。这时电磁转矩与负载转矩相等,电动机稳定运行。

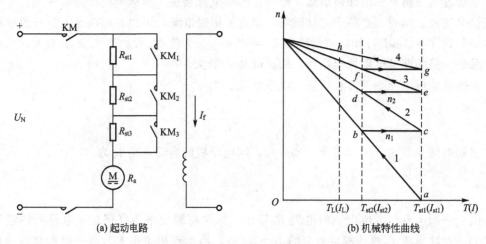

图 7.31 他励直流电动机串三级电阻的启动电路和机械特性

串励电动机的励磁电流等于电枢电流,使串励电动机的启动性能好于他励电动机。在相同的启动电流下,串励直流电动机能有较大的启动转矩。但是启动时为了限制启动电流仍然需要接入启动电阻。启动过程与他励电动机相似。

7.8.4 降压启动

当他励直流电动机的电枢回路由专用可调电压直流电源供电时,可以限制启动过程中

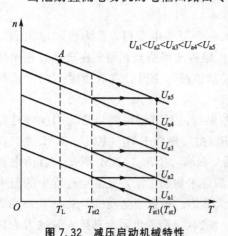

图 7.32 减压启动机械特性

电枢电流在 $(1.5\sim2)I_N$ 范围内变化。启动前先调好励磁电流,然后将电枢电压由低向高调节,最低电压所对应的人为特性上的启动转矩 $T_{st} > T_L$;电动机开始启动,随着转速的上升,提高电压,以获得需要的加速转矩;随着电压的升高,电动机的转速不断提高;最后稳定运行在 A 点。启动过程的特性如图 7.32 所示。在整个启动过程中,利用自动控制方法,使电压连续升高,保持电枢电流为最大允许电流;从而使系统在较大的加速转矩下迅速启动,是一种比较理想的启动方法。

这种减压启动过程平滑,能量损耗小,但要求有单独可调压直流电源,启动设备复杂,初投资大。多用于要求经常启动的场合和大中型电动机的启动,实际使用的直流伺服系统多采用这种起减压启动方法。

7.9 直流电动机的调速

调速是根据电力拖动系统的负载特性的特点，通过改变电动机的电源电压、电枢回路电阻或减弱磁通而改变电动机的机械特性来人为地改变系统的转速，以满足其工作实际需要的一种控制方法。电力拖动系统中采用的调速方法通常有 3 种。

（1）机械调速。通过改变传动机构的速度比来实现。它的特点为电动机控制方法简单，但机械变速机构复杂，无法自动调速，且调速为有级的。

（2）电气调速。通过改变电动机的有关电气参数以改变拖动系统的转速，它的特点为简化机械传动与变速机构，调速时不需停机；可实现无级调速，易于实现电气控制自动化。

（3）电气—机械调速。包括上述两种方法的混合调速方法。

本节只分析电气调速的方法及有关问题。

根据直流电动机的转速公式

$$n = \frac{U}{C_e \Phi} - \frac{R_a + R_\Omega}{C_e C_T \Phi^2} T = n_0 - \beta T$$

可知，当转矩 T 不变时，要改变电动机的转速有 3 种方法如下。

（1）减压调速。减低电枢电源电压，使理想空载转速 n_0 下降，导致转速 n 下降。

（2）电枢回路串电阻调速。在电枢回路串入不同数值的附加电阻 R_Ω，使机械性斜率 β 变大，转速降变大，转速下降。

（3）弱磁调速。减少他励直流电动机的励磁电流 I_f，使主磁通 Φ 减小，导致理想空载转速和转速降都增加，在一定负载下，转速 n 将增加。

特别提示

注意将调速与速度变化这两个概念区分开。速度变化是指生产机械的负载转矩受到扰动时，系统将在电动机的同一条机械特性上的另一位置达到新的平衡，因而使系统的转速也将随着变化。调速是在负载不变情况下，指电动机配合拖动系统负载特性的要求。人为地改变他励直流电动机的有关参数，使电动机运行在另一条机械特性曲线上，而使系统的转速发生相应的变化。

实际工作中，在确定调速方案时应综合考虑经济与技术指标，应在满足一定的技术指标条件下，力求设备投资少，电能损耗小，维护简单方便。

7.9.1 他励直流电动机调速

1．电枢回路串电阻调速

保持电源电压及励磁磁通为额定值不变，电枢回路串入适当大小的电阻 R_Ω 即可调节转速。此时机械特性的方程式为

$$n = \frac{U_N}{C_e \Phi_N} - \frac{R_a + R_\Omega}{C_e C_T \Phi_N^2} T = n_0 - \beta T$$

式中：理想空载转速 n_0 保持不变，与固有机械特性的 n_0 相同。特性斜率 β 随串接电阻 R_Ω 的增大而增大，人为机械特性的硬度降低。在负载一定时工作点下移，转速降低。

电枢回路串接电阻时的机械特性如图 7.33 所示。设电动机带负载转矩 T_L 运行于固有机械特性 $n_0 a$ 上，工作点为 a 点，转速为 n_1。当电枢回路串入电阻 $R_{\Omega 1}$ 时，特性变为 $n_0 c$，由于机械惯性，转速 n 不能突变，感应电势 $E_a = C_e \Phi n$ 也不变，而 $I_a = \dfrac{U_N - E_a}{R_a + R_{\Omega 1}}$ 下降，$T = C_T \Phi I_a$ 降为 T'，工作点过渡至 b 点。由于 $T' < T_L$，系统减速。随着 n 与 E_a 下降，I_a 与 T 回升，直至 $n = n_2$，$T = T_L$ 时，电动机恢复稳定运行，转速降为 n_2，工作点移至 c 点，调速过程结束。若 T_L 不变，调速前后的电磁转矩 T 不变，电枢电流 I_a 也不变。$R_{\Omega 1} > R_{\Omega 2}$ 电枢回路串电阻调整时，$\Phi = \Phi_N$ 保持不变，允许的电枢电流 $I_a = I_N$ 也不变，则允许输出的转矩 $T = C_T \Phi_N I_N$ 为常数，故属于恒转矩调速方式。而允许输出功率 $P = T\Omega = Tn/9.55 = Cn$，随转速的下降而减少。减少的部分就是串联在电枢回路的电阻上的发热损耗，可见这种调速方法是不经济的。

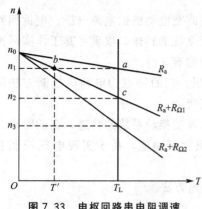

图 7.33 电枢回路串电阻调速

2. 降低电源电压调速

保持励磁磁通为额定值不变，电枢回路不串电阻，降低电源电压即可调节转速。此时机械物特性方程式为

$$n = \dfrac{U}{C_e \Phi_N} - \dfrac{R_a}{C_e C_T \Phi_N^2} T = n_0 - \beta T$$

式中：特性斜率 $\beta = \dfrac{R_a}{C_e C_T \Phi_N^2}$ 保持不变，人为机械特性的硬度不变。理想空载转速 $n_0 = \dfrac{U}{C_e \Phi_N}$ 随电源电压的下降而下降，故人为机械特性平行下移。在负载转矩一定时，工作点下移，转速降低。降低电源电压时的机械特性如图 7.34 所示。设电动机带负载转矩 T_L 运行于固有机械特性 $n_0 a$ 上，工作点为 a 点，转速为 n_1。降低电源电压为 U_1 时，特性平行下移变为 $n_0 b$，由于 n 与 E_a 不能突变，而 $I_a = \dfrac{U - E_a}{R_a}$ 下降，T 下降，使 $T < T_L$，系统减速。随着 n 与 E_a 下降，I_a 与 T 回升，直至 $n = n_2$、$T = T_L$ 时，电动机恢复稳定运行，转速降为 n_2，工作点移至 b 点，调速过程结束。与电枢回路串电阻调速相同。若 T_L 不变，调速前后的电磁转矩 T 和电枢电流 I_a 都不变。

如果升高电源电压，机械特性平行上移，转速也可上调。但是由于一般电动机的绝缘水平是按额定电压设计的，使用时电源电压不宜超过额定值，所以调压调速一般是自额定转速向下调。

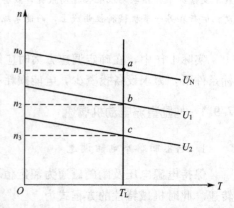

图 7.34 降低电源电压调速
（$U_2 < U_1 < U_N$）

降低电源电压调速时，$\Phi=\Phi_N$ 保持不变，容许的电枢电流 $I_a=I_N$ 也不变，则容许输出的转矩丁 $T=C_T\Phi_N$ 为常数，属于恒转矩调速方式。而容许输出功率也随转速的下降而降低。

降压调速时机械特性是平行下移，硬度不变，转速降 Δn 不变，只是因为 n_0 变小，静差率略有增大而已，在一定的静差率要求条件下，调速范围比电枢回路串电阻调速时要大得多，一般 $D=8\sim 10$，由于电压可以连续调节，可实现无级调速，调速的平滑性好。如采用反馈控制，还可提高特性硬度，从而获得调速范围大、平滑性好的高性能调速系统。由于没有外串电阻，低速时电能损耗不大。可见其技术经济指标比电枢回路串电阻调速要好得多。但其需要专门的调压直流电源，目前主要使用晶闸管可控整流装置作为可调直流电源，初投资较大。这种调速方法适用于对调速性能要求较高的设备，如造纸机、轧钢机等。

3. 弱磁调速

保持电源电压为额定值不变，电枢回路不串电阻，减弱磁通（励磁回路串入可调电阻或降低励磁电压）即可调节转速。此时机械特性方程式为

$$n=\frac{U_N}{C_e\Phi}-\frac{R_a}{C_eC_T\Phi^2}T=n_0-\beta T$$

式中：理想空载转速 $n_0=\frac{U_N}{C_e\Phi}$ 和特性斜率 $\beta=\frac{R_a}{C_eC_T\Phi^2}$ 都随磁通的减弱而增大，人为机械特性的硬度降低。除磁通已经很小或负载转矩很大的情况外，减弱磁通时 n_0 比 βT 增加得快，因此在一般情况下，减弱磁通使转速升高，工作点上移。

弱磁调速时的机械特性如图 7.35 所示。设电动机带负载转矩 T_L 运行于固有机械特性 n_0a 上，工作点为 a 点，转速为 n_1。磁通减弱至 Φ_1 时，特性变为 $n_{01}b$，理想空载转速由 n_0 上升为 n_{01}，特性斜率 β 也增大。由于 n 不能突变，感应电势 $E_a=C_e\Phi n$ 下降，而不是上升。

$$I_a=\frac{U_N-E_a}{R_a}$$

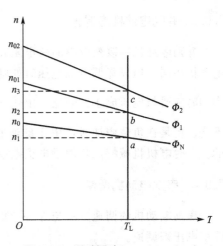

图 7.35 弱磁调速（$\Phi_2<\Phi_1<\Phi_N$）

在一般情况下，I_a 增加的倍数大于 Φ 减小的倍数，所以 $T=C_T\Phi I_a$ 上升，使 $T>T_L$，系统加速。随着 n 与 E_a 上升，I_a 与 T 下降，直至 $n=n_2$、$T=T_L$ 时，电动机恢复稳定运行，转速上升为 n_2，工作点移至 b 点，调速过程结束。若调速前后的负载转矩 T_L 不变，则电磁转矩 T 不变。但电枢电流 $I_a=\frac{T}{C_T\Phi}$，Φ 减弱将使 I_a 增大。

显然，如果增加磁通，转速也可下调。但是由于一般电动机的磁路在 $\Phi=\Phi_N$ 时，已工作在饱和状态，即使大幅度增加励磁电流，增加磁通的效果也不明显。因此一般只是减弱磁通自额定转速向上调。

弱磁调速时，Φ 是变化的，尽管电枢电流 I_a 的容许值仍为 I_N，显然容许输出转矩是变化的。由 Φ 与 n 的关系式 $\Phi=\frac{U_N-I_NR_a}{C_en}=\frac{C_1}{n}$，得

$$T = C_T \Phi I_N = C_T \frac{C_1}{n} I_N = \frac{C_2}{n}$$

即容许输出转矩随转速的升高而下降，而容许输出功率

$$P = T\Omega = \frac{Tn}{9.55} = \frac{C_2}{n} \times \frac{n}{9.55} = 常数$$

故属于恒功率调方式。

由于弱磁调速是上调转速，而电动机的最高转速受换向条件及机械强度的限制不能过高，因此该方法的调速范围不大。一般为 $D=2$，对于特殊设计的调磁调速电动机 $D=3\sim4$。虽然弱磁时特性变软，但因为 n_0 增大使静差率的增大并不明显。由于调节在小电流的励磁回路进行，因而损耗较小，且容易做到无级调速，平滑性好。弱磁调速控制设备简单，初投资少，损耗小，维护方便，经济性能好。适用于需要向上调速的恒功率调速系统，通常与向下调速方法如降压调速配合使用，以扩大总的调速范围，常用于重型机床，例如龙门刨床、大型立车等。

最后应该说明一点，如果他励直流电动机在运行过程中励磁电路突然断线，则 $I_f=0$，磁通 Φ 仅为很小的剩磁。由机械特性方程和 $T=C_T\Phi I_a$ 可知，此时电枢电流大大增加，一般情况下转速也将上升的很高，短时间内即可使整个电枢破坏，必须有相应的保护措施。

7.9.2 并励电动机的调速

并励电动机用改变电枢回路电阻和调节励磁回路磁通的方法进行调速，其效果与他励电动机相同。但只降低电源电压时如励磁回路电阻不变，则磁通将随电压变化；当磁路不饱和时磁通与电压成正比变化，由式 $n = \frac{U}{C_e\Phi} - \frac{R_a}{C_eC_T\Phi^2}T = n_0 - \beta T$ 可知，理想空载转速 n_0 不变。但是在负载增加时，由于磁通 Φ 的减少使 β 增大，从而转速下降，以达到调速目的。此时电机机械特性与他励电机电枢回路串电阻相似。

7.9.3 串励电动机调速

串励电动机的调速方法与并（他）励电动机一样，也可以通过电枢串电阻、改变磁通和改变电压来调速。

在电枢回路中串入电阻 R_Ω 时，可得其人为特性如图 7.36(a) 中的曲线 2 所示。串接电阻越大，特性越软。串电阻调速方法与并（他）励电动机基本相同，这里不再详细分析。

在串励电动机中要改变串励磁场的磁通达到调速的目的，可在电枢绕组的两端并联调节电阻（称为电枢分路），从而来增大串励绕组电流，其人为特性位于固有特性下方，如图 7.36(b) 中曲线 4 所示。也可以在串励绕组两端并联调节电阻（称为励磁分路）。来减小串励电流，其人为特性位于固有特性上方。如图 7.36(b) 中曲线 3 所示。串励电动机改变磁通调速接线如图 7.37 所示。

改变电压调速是指电枢回路不串电阻，只降低电枢回路的外加电压 U，其人为特性如图 7.36(b) 中曲线 2 所示。

改变电压调速时一般选用两台容量较小的电动机来代替一台大容量电动机，两台电动机同轴连接，共同拖动一个生产机械。这两台电动机可以串联接到电源上，也可以并联在电源上，如图 7.38 所示。

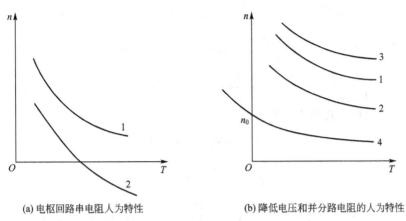

(a) 电枢回路串电阻人为特性　　(b) 降低电压和并分路电阻的人为特性

图 7.36　串励电动机人为机械特曲线

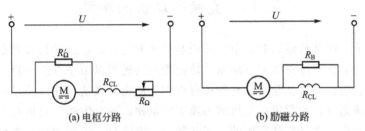

(a) 电枢分路　　(b) 励磁分路

图 7.37　串励电动机改变磁通调速接线

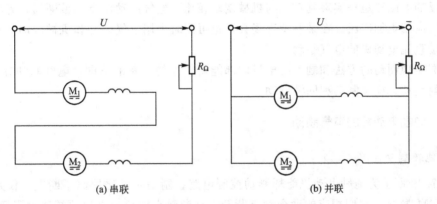

(a) 串联　　(b) 并联

图 7.38　两台电动机串并联的调速接线图

当串联时每台电动机所承受的电压只有并联时的一半，转速也就降低一半，这就得到了两级调速。如果要得到更多的调速级，可以在电枢中串入调节电阻，改变电阻值，就可以获得较多的调速级。这种调速方法广泛应用在电力牵引车中。

例 7-4　一台他励电动机，$U_N=220\text{V}$，$I_N=20\text{A}$，$n_N=1500\text{r/min}$，$R_a=0.5\Omega$，带额定负载运行。(1)在电枢回路串电阻 $R=1.5\Omega$，求串联后的转速(电枢电流不变)；(2)电枢不串联电阻，电压降到 110V，求转速(电枢电流不变)；(3)若使磁通减少 10%，电枢不串电阻，电源仍为 220V，求转速(转矩不变)。

解：$C_e\Phi_N = \dfrac{U_N - R_a I_N}{n_N} = \dfrac{220 - 0.5 \times 20}{1500}$ V/(r/min) $= 0.14$ V/(r/min)

(1) $n = \dfrac{U - R_a I_N}{C_E \Phi_N} = \dfrac{110 - 0.5 \times 20}{0.14}$ (r/min) $= 714.3$ (r/min)

(2) $n = \dfrac{U - (R_a + R) I_N}{C_E \Phi_N} = \dfrac{220 - (0.5 + 1.5) \times 20}{0.14}$ (r/min) $= 1285.7$ (r/min)

(3) 根据调速前后转矩不变的条件，有

$$T = C_T \Phi_N I_N = C_T \Phi I_a$$

$$I_a = \dfrac{\Phi_N}{\Phi} I_N = \dfrac{1}{0.9} \times 20 = 22.2 \text{(A)}$$

$$n = \dfrac{U_N - R_a I_a}{C_e \Phi} = \dfrac{220 - 0.5 \times 22.2}{0.14 \times 0.9} \text{(r/min)} = 1658 \text{(r/min)}$$

7.10 直流电动机的制动

一般情况下，电动机运行时其电磁转矩与转速方向一致，这种运行状态称为电动运行状态。通过某种方法产生一个与拖动系统转向相反的转矩以阻止系统运行，这种运行状态称为制动运行状态，简称制动。制动作用可以用于使拖动系统减速或停车；也可用以维持位能性负载恒速运动，如起重机类机械匀速下放重物，列车匀速下坡运行等。制动作用在生产过程和日常生活中是非常重要的。实际制动的方法有：机械制动，它是利用摩擦力产生阻转矩实现制动的，例如常见的抱闸装置；电气制动，使拖动系统的电动机产生一个与转向相反的电磁转矩来实现制动。与机械制动相比，电气制动没有机械磨损，容易实现自动控制，应用更加广泛。在某些特殊场合，也可同时采用电气制动和机械制动。本节中只讨论他励直流电动机的电气制动。

根据实现制动的方法和制动时电机内部能量传递的关系的不同，电气制动方法分为3种：能耗制动、反接制动和回馈制动。

7.10.1 他励电动机的电气制动

1. 能耗制动

图7.39所示为他励电动机能耗制动控制电路。制动时励磁回路不断电，仅是接触器 KM_1、KM_2 断电，它们相应的动合触点断开、动断触点闭合，电枢两端通过限流电阻 R_L 闭合，此时 $U = 0$，由于惯性作用，电机转速不为零，电枢绕组有感应电动势 E_a 及电枢电流 I_a。$I_a = -\dfrac{E_a}{R_a + R_L} = \dfrac{C_e \Phi n}{R_a + R_L}$，式中负号表示电枢电流的实际方向与设定的正方向相反，能耗制动机械特性表达式为

$$n = -\dfrac{R_a + R_L}{C_e C_T \Phi^2} T$$

由此可见，能耗制动的机械特性是一条通过原点的直线。当 n 为正时，I_a 和 T 为负，所以特性曲线位于第二象限，如图7.40曲线2所示。制动前，电动机转速为 n_1，开始制动时电机转速不能突变，工作点移到能耗制动的机械特性曲线2上，由于 T 为负；$dn/dt < 0$，

转速下降,随着转速的降低,电磁转矩 T 也在减小,直到 $n=0$、$T=0$。

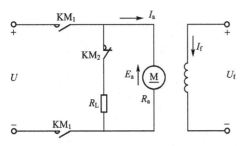

图 7.39 他励电动机能耗制动控制电路

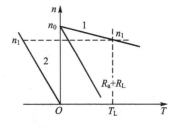

图 7.40 他励电动机能耗制动机械特性

能耗制动开始时的制动转矩 T 的大小与电枢回路所串电阻 R_L 的大小有关。R_L 越小,能耗制动机械特性斜率越小,制动开始时的制动转矩和电枢电流越大。虽然制动转矩大可缩短制动时间,但电枢电流不能过大,其瞬时最大电枢电流一般不允许超过 $2I_N$。因此在一定转速下能耗制动时,电枢必须串联电阻,所串电阻的阻值可按下式选择。

$$R_a + R_L \geqslant \frac{E_a}{2I_N} \approx \frac{U_N}{2I_N}$$

则

$$R_L \geqslant \frac{U_N}{2I_N} - R_a \tag{7-23}$$

能耗制动转矩的能量来自于负载传动部分的动能,称为能耗制动。能耗制动设备简单,运行可靠,且不需要从电网输入电能,只是其制动转矩随转速下降而减小,低速时制动效果较差。适用于一般机械要求准确停车的场合及位能性负载的低速下放。为使电机快速停车,常与机械制动配合使用。

2. 反接制动

反接制动可以用两种方法实现,即电枢反接的反接制动与倒拉反接制动(用于位能性负载下放)。

1) 电枢反接的反接制动

电枢反接制动控制电路如图 7.41 所示。制动时突然让接触器 KM_1 断电,KM_2 通电,于是把电枢的电源反接。刚开始时,由于惯性,电动机的转速不能突变,电枢感应电动势 E_a 的方向、大小都不变,电动机电枢回路电压方程为

$$-U = E_a + (R_a + R_L)I_a \tag{7-24}$$

即

$$I_a = -\frac{E_a + U}{R_a + R_L} < 0$$

式中:R_L——限流电阻。

制动时的电磁转矩,即

$$T = C_T \Phi I_a$$

由于电磁转矩 $T<0$,使电动机很快减速。当减至 $n=0$ 时,仍有 $T<0$,所以它比能耗制动在快速停车方面更为有效。当 $n=0$ 时,应及时把电动机电源切断,否则电动机将反方向转动。图 7.42 中 BC 段为电枢电源反接制动工作段。

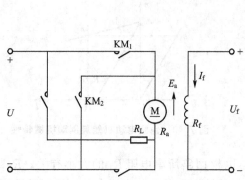

图 7.41 他励电动机电枢电源反接制动电路　　图 7.42 电枢电源反接制动机械特性

为使瞬时最大电枢电流不超过 $2I_N$，在进行电枢反接制动时电枢也必需串接电阻，所串电阻 R_L 的值可按下式选择。

$$R_a + R_L \geq \frac{U_N + E_a}{2I_N} \approx \frac{2U_N}{2I_N} = \frac{U_N}{I_N}$$

则

$$R_L \geq \frac{U_N}{I_N} - R_a$$

在电枢反接制动过程中，制动转矩的平均值较大，制动作用强烈。常用于反抗性负载的快速停车或快速反向运行。

2) 倒拉反接制动

倒拉反接制动如图 7.43 所示。设起重机提升重物时，负载转矩为 T_L，转速为 n，则电动机处于电动运转状态，工作在机械特性的 a 点，如图 7.43(b) 所示。当起重机械下放重物时，则在电枢回路中串入可调电阻 R，在串入瞬间，电动机转速仍为 n，工作点由固有机械特性 1 上的 a 点沿水平方向移到人为特性 2 上的 b 点。此时 $T < T_L$，电动机减速，

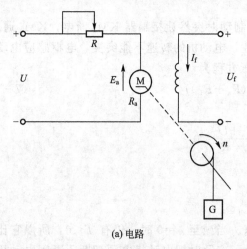
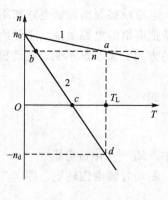

(a) 电路　　(b) 机械特性

图 7.43 倒拉反接制动

沿机械特性曲线 2 由 b 点移到 c 点，这时转速 $n=0$，依然是 $T<T_L$，电机反转，进入制动状态。随着转向的改变，电枢电动势反向，由 E_a、U 反向变为同向，这时电枢电流 $I_a=\dfrac{U-(-E_a)}{R+R_a}=\dfrac{U+E_a}{R+R_a}$ 大大增加，与电枢反接制动相似。电动机的运行进入机械特性曲线第四象限。随着电动机反向转速的增大，E_a 增大，电枢电流 I_a 和电磁制动转矩 T 也增大。达到 d 点时，$T=T_L$，电动机以 $-n_d$ 的速度稳定运行，使重物以较低的速度平稳下放。其机械特性为图 7.43(b) 中 cd 段。所串电阻越大，人为机械特性曲线 2 就越陡，最后稳定的转速就越高。

倒拉反接制动设备简单，运行可靠，但电枢串入较大电阻使特性较软，转速稳定性差。适用于位能性负载的低速下放。

反接制动运行时，不论是电枢反接还是倒拉反接，电动机都接在电源上。从电源吸收电能，同时系统的动能和位能在不断减少，减少的能量输入电动机转换为电能。这两部分电能之和都消耗在电枢回路的电阻 R_a+R_L 上。能量损耗较大，经济性较差。

3. 回馈制动

所谓再生制动（又称再生发电制动）是指电动机处于发电状态下运行，将发出的电能反送回电网。

由式 $I_a=\dfrac{U-E_a}{R_a}$ 可看出，当电机作电动状态运行时，则电源电压大于反电动势，即 $U>E_a$，故 I_a 与 U 同方向。如电机在运行时由于某种原因使 $E_a>U$（例如起重机下放重物，运输机械下坡等），这时电枢电流 I_a 就改变方向，即 I_a 与 U 方向相反，此时电机即向电网输出电能，电机的电磁转矩 $T=C_T\Phi I_a$ 也因 I_a 的反向而改变方向，即与电机转动方向相反，故起制动转矩的作用。

怎样才能使电机的反电势 $E_a>U$ 呢？由式 $E_a=C_e\Phi n$ 可知，如果电机的磁通 Φ 不变（并励电机即如此），则只要使电机的转速 n 高于理想空载转速 n_0 即可使 $E_a>U$。因此当电传动机车、电车等下坡时，或起重设备下放重物时，只要当电机转速大于 n_0 时，即作发电状态运行；产生制动转矩以限制电机转速的不断上升，并同时向电网输送电能。

如图 7.42 的 $-n_0E$ 段，及图 7.44 的 n_0B 段。回馈制动运行时，电动机不但不从电源吸收功率，还有功率回馈电网。与能耗制动与反接制动相比能量损耗最少，经济性最好。实现回馈制动时必须使转速高于理想空载转速 n_0，适用于高速下放重物而不能用于停车。

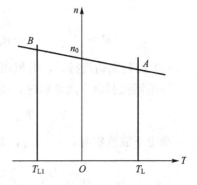

图 7.44　电动车回馈制动机械特性

例 7-5　一台他励直流电动机的铭牌数据为 $P_N=22\text{kW}$，$U_N=220\text{V}$，$I_N=115\text{A}$，$n_N=1500\text{r/min}$，$R_S=0.1\Omega$，最大允许电流 $I_{a\max}\leqslant 2I_N$，原在固有特性上运行，负载转矩 $T_L=0.9T_N$，试计算：

(1) 电动机拖动反抗性恒转矩负载，采用能耗制动停车，电枢回路应串入的最小电阻是多少？

(2) 电动机拖动反抗性恒转矩负载，采用电源反接制动停车，电枢回路应串入的最小电阻是多少？

(3) 电动机拖动位能性恒转矩负载，例如起重机。当传动机构的损耗转矩 $\Delta T = 0.1 T_N$，要求电动机以 $n = -200 \text{r/min}$ 恒速下放重物，采用能耗制动运行，电枢回路应串入多大电阻？该电阻上消耗的功率是多少？

(4) 电动机拖动同一位能性负载，采用倒拉反接制动，恒速下放重物，$n = -1000 \text{r/min}$，电枢回路应串入多大电阻？该电阻上消耗的功率是多少？

(5) 电动机拖动同一位能性负载，采用回馈制动下放重物，稳定下放时电枢回路不串电阻，电动机的转速是多少？

解： 先求 $C_e \Phi_N$、n_0 及 Δn_N。

$$C_e \Phi_N = \frac{U_N - I_N R_a}{n_N} = \frac{220 - 115 \times 0.1}{1500} = 0.139$$

$$n_0 = \frac{U_N}{C_e \Phi_N} = \frac{220}{0.139} (\text{r/min}) = 1583 (\text{r/min})$$

$$\Delta n_N = n_0 - n_N = (1583 - 1500)(\text{r/min}) = 83(\text{r/min})$$

电动机稳定运行时，电磁转矩等于负载转矩，即

$$T = T_L = 0.9 T_N = 0.9 \times 9.55 C_e \Phi_N I_N = 0.9 \times 9.55 \times 0.139 \times 115 \text{N} \cdot \text{m} = 137.4 (\text{N} \cdot \text{m})$$

(1) 能耗制动停车，电枢应串电阻的计算。

能耗制动前，电动机稳定运行的转速为

$$n = \frac{U_N}{C_e \Phi_N} - \frac{R_a}{9.55(C_e \Phi_N)^2} T = \left(\frac{220}{0.139} - \frac{0.1}{9.55 \times 0.139^2} \times 137.4\right)(\text{r/min}) = 1508(\text{r/min})$$

$$E_a = C_e \Phi_N n = 0.139 \times 1508 (\text{V}) = 209.6 (\text{V})$$

能耗制动时，$0 = E_a + I_a (R_a + R_n)$，应串电阻 R_n 为

$$R_n = -\frac{E_a}{I_{a\max}} - R_a = \left(-\frac{209.6}{-2 \times 115} - 0.1\right)(\Omega) = 0.811(\Omega)$$

(2) 电源反接制动停车，电枢应串入电阻的计算。

$$-U_N = E_a + I_a (R_a + R_f)$$

$$R_f = \frac{-U_N - E_a}{I_{a\max}} - R_a = \left(\frac{-220 - 209.6}{-2 \times 115} - 0.1\right)(\Omega) = 1.768(\Omega)$$

(3) 能耗制动运行时，电枢回路应串入电阻及消耗功率的计算。

采用能耗制动下放重物时，电源电压 $U_N = 0$，负载转矩变为

$$T_{L2} = T_{L1} - 2\Delta T = 0.9 T_N - 2 \times 0.1 T_N = 0.7 T_N$$

稳定下放重物时，$T = T_{L2}$，此时电枢电流为

$$I_a = \frac{T_{L2}}{C_T \Phi_N} = \frac{0.7 T_N}{C_T \Phi_N} = 0.7 I_N = 0.7 \times 115 (\text{A}) = 80.5 (\text{A})$$

对应转速为 -200r/min 时的电动势 E_a 为

$$E_a = C_e \Phi_N n = 0.139 \times (-200)(\text{V}) = -27.8(\text{V})$$

电枢回路中应串入的电阻值，即

$$R_n = -\frac{E_a}{I_a} - R_a = \left(-\frac{-27.8}{80.5} - 0.1\right)(\Omega) = 0.245(\Omega)$$

R_n 电阻上消耗的功率为

$$P_R = I_a^2 R_n = 80.5^2 \times 0.245 (\text{W}) = 1588 (\text{W})$$

(4) 倒拉反接制动时,电枢回路应串电阻及消耗功率的计算。

倒拉反接制动时,电压方向没有改变,电枢电流仍为 $0.7I_N$,对应转速为 -1000r/min 时的电枢电动势 E_a 为

$$E_a = C_e \Phi_N n = 0.139 \times (-1000)(\text{V}) = -139(\text{V})$$

电枢回路中应串入的电阻 R_C 为

$$R_C = \frac{U_N - E_a}{I_a} - R_a = \left[\frac{-220 - (-139)}{80.5} - 0.1\right](\Omega) = 4.36(\Omega)$$

R_C 电阻上消耗的功率为

$$P_R = I_a^2 R_C = 80.5^2 \times 4.36(\text{W}) = 28254(\text{W}) = 28.254(\text{kW})$$

(5) 回馈制动运行时,电动机转速的计算。

回馈制动下放重物时,电枢电流仍为 $0.7I_N$,外串电阻 $R_\Omega = 0$,电压反向,有

$$n = \frac{-U_N - I_a R_a}{C_e \Phi_N} = \frac{-220 - 80.5 \times 0.1}{0.139}(\text{r/min}) = -1641(\text{r/min})$$

7.10.2 串励电动机的电气制动

串励直流电动机的理想空载转速为无穷大,所以它不可能有回馈制动运行状态,只能进行能耗制动和反接制动。

1. 能耗制动

串励电动机的能耗制动可采用两种方式:自励式和他励式。

他励式能耗制动时,只把电枢脱离电源并通过外接制动电阻形成闭合回路,而把串励绕组接到电源上,由于串励绕组的电阻很小,必须在励磁回路中接入限流电阻。这时电动机成为一台他励发电机,而产生制动转矩,其特性及制动过程与他励直流电动机的能耗制动一样。

自励式能耗制动是把电枢和串励绕组在脱离电源后,一起接到制动电阻上,依靠电动机内剩磁自励,建立电势成为串励发电机,因而产生制动转矩,使电动机停转。为了保证电动机能自励,在进行自励式能耗制动接线时,必须注意要保持励磁电流的方向和制动前相同,否则不能产生制动转矩。

自励式能耗制动,开始时制动转矩较大,随着转速下降,电枢电势和电流也下降;同时磁通也减小,使制动转矩下降很快,制动效果减弱,所以制动时间长,制动不平稳。由于自励式能耗制动不需要电源,因此主要用于事故制动。

他励式能耗制动效果好,应用较为广泛。

2. 反接制动

串励电动机的反接制动也有两种:倒拉反接制动和电压反接的反向制动。

倒拉反接制动时,只需在电枢回路中串入一较大的电阻,其制动物理过程和他励电动机相同,也是用于下放位能性负载。

采用电压反接制动时,需在电枢回路内串入电阻,同时将电枢两端接电源的位置对调,这样可使励磁绕组中电流的方向与制动前一样,而加在电枢两端的电压与制动前相比

已经反向。其制动的过程和他励电动机相同。

7.11 复励直流电动机的机械特性

复励直流电动机有两个励磁绕组：一个是串励绕组 WSE；另一个是并励绕组 WSH，其线路原理图如图 7.45 所示。当两绕组的励磁磁动势方向相同时，为积复励直流电动机；当两绕组的励磁磁动势方向相反时，为差复励直流电动机。由于差复励的串励磁动势起去磁作用，其机械特性可能上翘，运行不易稳定，故一般都采用积复励直流电动机。

积复励直流电动机的机械特性介于他励直流电动和串励直流电动机之间。当并励绕组磁动势起主要作用时，机械特性近于他励直流电动机的特性；当串励绕组磁动势起主要作用时，机械特性近于串励直流电动机的特性，但是由于有并励绕组，所以它的机械特性于纵轴有交点，即具有理想空载转速 n_0。因为当电枢电流等于零时，串励绕组产生的磁通为零，而并励绕组产生的磁通 Φ_{WSH} 不为零，因此理想空载转速 $n_0 = U_e / C_e \Phi_{WSH}$。又因有串励绕组产生的磁通存在，所以积复励直流电动机的机械特性也是非线性的，且比他励直流电动机的机械特性软。其固有特性如图 7.46 所示。

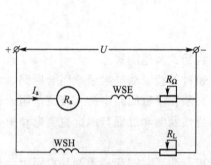

图 7.45 复励直流电动机原理图

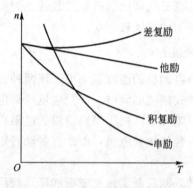

图 7.46 复励直流电动机机械特性

反向电动状态时，为了保持串励绕组磁动势与并励绕组磁动势方向一致，一般只改变电枢两端的接线，使电枢进行反接；保持串励绕组的接线不变，使串励绕组中的电流方向不变。

复励电动机有反接制动、能耗制动和回馈制动 3 种制动方式。为了避免在回馈制动和能耗制动状态下，由于电枢电流反向而使串励绕组产生去磁作用，以至减弱磁通 Φ，影响制动效果。一般在进行回馈制动和能耗制动时，将串励绕组短接，这样复励电动机的能耗制动和回馈制动时的机械特性，就与他励直流电动机的机械特性完全相同了，其制动的物理过程也相同。

7.12 直流电动机常见故障与处理方法

直流电动机的常见故障与处理方法见表 7-1。

表 7-1 直流电动机常见故障与处理方法表

故障现象	故 障 原 因	处 理 方 法
不能启动	电源未接通	检查并接通电源（电源指示灯应亮）
	控制线路故障	检查控制箱的线路及器件
	负载太大	检查超载原因并排除
	转子被卡住	检查电动机装配是否正确或重新装配
	电源电压太低	提高电源电压
	碳刷不在中心线上	调整碳刷位置
速低、运转无力	电源电压低	检查欠压原因
	负载大	检查超载原因并排除
	调速电阻调节不当或损坏	检查接线和测量排除
电机温升高	负载大	检查并降低负载
	电源超压	排除超压原因，不能排除应停止使用
	散热故障	检查风叶、去除防碍散热的杂物
	环境温度太高	改善通风条件，降低环境温度，必要时用风扇强制散热
	电机线圈有短路或接地故障	找出短路和接地点，予以修复
电动机噪声大	转子与定子相擦	拆装并排除校正
	轴承损坏或缺少润滑脂	更换损坏的轴承或加润滑脂
	风叶碰壳	重新装配校正风叶
	地脚螺钉松动	调整并拧紧地脚螺钉
	转子或皮带盘不平衡	校平衡
轴承过热	轴承损坏	更换轴承
	轴承润滑脂过多、过少或有杂质	按标准加润滑脂或更换润滑油
	轴承走内圆或走外圆、过紧	检查排除产生的原因并修理
	轴线不对	重新对线
换向器火花过大	电刷牌号或尺寸不符合要求	更换合适电刷
	换向器表面有污垢杂物	清除污垢，烧灼严重时进行修理
	电刷压力太小或电刷在刷握内卡住或放置不正	调整电刷压力、使用适当尺寸的电刷、调整电刷位置
	碳刷位置不在几何中心线上	调整碳刷位置
	碳刷磨损过度	更换碳刷
	换向器线圈损坏	修理或更换线圈
电动机转速过高	电枢电压太高	降低电枢电压
	励磁回路电阻过大	减少励磁回路电阻或修理接触不良和断路点
	碳刷不在中心线上	调整碳刷位置

> **拓展阅读**

无刷直流变频电机

无刷直流变频电机是伴随着永磁材料性能的提高、制造成本价格的下降、电力电子技术的发展而研发出的一种新型直流电机；并且这种电机具有调速性能好、控制方法灵活多变、效率高、启动转矩大、过载能力强、无换向火花、无无线电干扰、无励磁损耗及运行寿命长等诸多优点。它对变频家电的发展具有举足轻重的影响作用。

按照家电产品"心脏"——电动机的不同，家电产品可以划分：定频家电和变频家电。而变频家电又可以细分为：交流变频家电和直流变频家电。

定频家电所使用的电动机是单相异步电动机，此类型电动机在工作时经常处于短时频繁开/停的状态，从而具有噪声大、稳定性差、能耗高及寿命短等一系列弊端。

与交流变频电机相比，直流变频电机采用永久磁铁，减少了电机转子感应电流和磁场方面的损失，因此具有更高的节能潜力。作为更为高效节能的产品，直流变频家电未来有望成为家电业的一个崭新的亮点；直流变频技术亦会成为最具发展前景的焦点技术，而无刷直流变频电机，也必将成为实现这一技术的最热门变频装置。

实训项目9　分析电路定性绘出直流电动机起制动特性曲线

一、实训目的

1. 掌握直流电动机的四相限运行特性。
2. 掌握结合理论分析控制线路的方法。

二、实训内容

（1）图7.47所示为直流他励电动机的电枢回路串电阻启动反接制动控制电路。图中SA为主令控制器，旋转操作手柄至某位置（如图中Ⅰ、0、Ⅱ），接通相应的触点，其通断状态如图7.48所示。图中×表示触点闭合。结合示意图分析其作用。

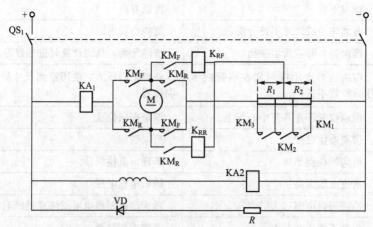

图7.47　直流他励电动机起制动控制电路

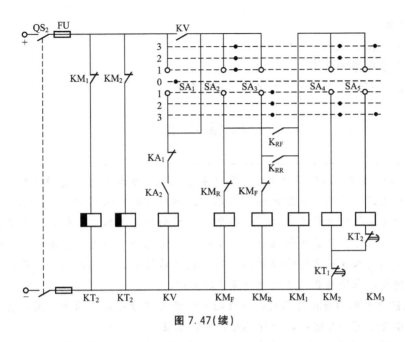

图 7.47(续)

触点号	Ⅰ	0	Ⅱ
1	×	×	
2		×	×
3	×	×	
4		×	×
5		×	×
6		×	×

(a) 图形符号及文字符号　　　　　　　　　　(b) 通断表

图 7.48　主令控制器电气符号及通断表

(2) 将 SA 手柄旋至上"3"位置，分析电机的运行过程。并作出其机械特性曲线。

(3) 将 SA 手柄从上"3"位旋至下"3"位，分析电机的运行过程，作出此过程的机械特性曲线。

(4) 将 SA 从下"3"位旋回"0"位，分析电机的运行过程。

三、实训报告

1. 分析控制电路。
2. 根据分析定性画出电机工作过程的机械特性曲线。

3. 实训体会。

(1) KA_1、KA_2 及 KV 的作用是什么？

(2) 该控制电路的具体应用举例。

(3) KT_1、KT_2 定时长短对控制过程有何影响？

本 章 小 结

1. 直流电动机的工作原理是建立在"电动生磁，磁动生电，电磁生力"的电磁作用原理基础上的，因此必须能熟练应用电工基础学过的右手螺旋定则、右手定则、左手定则，确定各物理量的正方向；结合电刷和换向器的作用去理解，并充分注意到无论在直流电动机还是直流发电机中，电机每个绕组元件中的电压、电流及电动势是交变的，而电刷引入或引出的外部电压、电流及电动势是直流电性质的。换向是直流电机的特有问题，在使用直流电机时必须予以重视。

2. 直流电动机由静止的磁极和旋转的电枢两大部分组成，两者之间有空气隙，使电机中的磁与电有相对运动，进行机电能量的互换。

3. 直流电机的励磁方式有他励、并励、串励和复励，采用不同的励磁方式，电机的特性不同。直流电机的磁场是由励磁绕组和电枢绕组共同产生的，电机空载时，只有励磁电流建立的主磁场；负载时电枢绕组有电枢电流流过，产生电枢磁场，电枢电流产生的电枢磁场对主磁场的影响称为电枢反应。电枢反应不仅使主磁场发生畸变，而且还有一定的去磁作用。

4. 无论是发电机还是电动机，负载运行时电枢绕组都产生感应电动势和电磁转矩：$E_a = C_e \Phi n$，E_a 与每极磁通 Φ 和转速 n 成正比；$T = C_T \Phi I_a$，T 与每极磁通 Φ，及电枢电流 I_a 成正比。

5. 直流电机的平衡方程式表达了电机内部各物理量的电磁关系。各物理量之间的关系可用电压平衡方程式、转矩平衡方程式和功率平衡方程式表示。电机用发电机运行和电动机运行时的能量转换关系不同，它们的平衡方程式也不一样。

6. 直流电动机的机械特性 $n = f(T)$，表示电动机的输出转矩和转速之间的关系。并励(他励)电动机的机械特性为硬特性，即电动机的转速随转矩的增加稍有下降。串励电动机的机械特性为软特性，即电动机的转速随转矩增加迅速下降。

7. 直流电动机启动时要有足够大的启动转矩 T_{st}，启动电流 I_{st} 要尽可能小，一般不允许超过允许的过载倍数。他励电动机启动时，由于启动开始 $n = 0$、$E_a = 0$，启动电流 $I_{st} = U/R_a$ 可达 $(10 \sim 20) I_N$，损坏电动机，所以直流电动机一般不允许直接启动，必须降低电源电压，或在电枢电路串电阻 R_{st} 启动。

8. 欲使直流电动机反转，可改变磁通方向或改变电枢电流的方向，两者中仅改变其一即可。并励电动机通常是改变电枢电流方向使电动机反转。因励磁回路具有很大的电感，在换接时会产生很大的感应电动势。

9. 直流电动机常用的调速方法有 3 种：改变串联在电枢回路中的电阻、减弱励磁的磁通、降低电源电压。这 3 种方法有各自的特点，应按不同负载要求选用。

10. 直流电动机制动的特征是电磁转矩的方向与电动机的旋转方向相反。直流电动机的电气制动方法通常有3种：能耗制动、反接制动和回馈制动。3种制动方法也各自有其不同特点，但都可以用机械特性方程和机械特性曲线来分析，按照不同需要采用。

思 考 题

1. 在直流发电机和直流电动机中，电磁转矩和电枢旋转方向的关系有何不同？电枢电动势和电枢电流方向的关系有何不同？

2. 直流电动机通入的是直流电，为什么电枢铁心却用彼此绝缘的硅钢片叠成？

3. 在直流电机中，为什么要用电刷和换向器？它们的作用是什么？

4. 直流电机名牌上的额定功率是指什么功率？

5. 何为电枢反应？电枢反应对气隙磁场有什么影响？

6. 什么叫做直流电机的换向？为什么要改善换向？常用的改善换向的方法有哪些？

7. 公式 $E_a = C_e \Phi n$ 和 $T = C_T \Phi I_a$ 中的每极磁通 Φ 是指什么磁通？直流电机空载和负载时的磁通是否相同？为什么？

8. 串励电动机的机械特性与他励电动机的机械特性有何不同？为什么串励直流电动机不允许空载运行？为什么电车和电气机车上多采用串励直流电动机？

9. 什么叫做电动机的固有机械特性和人为机械特性？

10. 直流电动机启动电流的大小和什么因素有关？他励直流电动机一般为什么不能直接启动？采用什么启动方法比较好？

11. 如何区别直流电动机运行于电动状态还是处于电气制动状态？

12. 能耗制动是如何实现的？具有什么特点？

13. 电动机制动运行的主要特点是什么？制动运行的作用是什么？

14. 他励直流电动机有哪几种制动方法？各有哪些优缺点？分别适用什么场合？

15. 电动机处于制动运行状态是否就说明拖动系统正在减速？反之，若拖动系统正在减速过程中，是否就说明电动机一定处于制动运行状态？

第 8 章

特种电机

知识目标	(1) 了解伺服电机等特种电机的基本结构及工作原理 (2) 特种电机的运行特性
技能目标	(1) 特种电机的应用 (2) 特种电机的参数计算及分析

引言

随着现代科学技术的不断进步,在电力拖动系统中除了普遍使用的交直流电机以外;还有用作检测、放大、执行和计算用的各种各样的小功率交直流电机,这类电机就称之为特种电机或控制电机。

就电磁过程以及所遵循的基本电磁规律来说,特种电机和一般旋转电机并没有本质上的区别,但一般旋转电机的作用是完成机电能量的转换,因此要求有较高的力能指标。而特种电机主要用作信号的传递和变换,因此对他们的要求是运行可靠,能快速响应和精确度高。下图为自整角机在船舶舵机操作随动系统中的应用。

引言图

第8章 特种电机

8.1 伺服电动机

伺服电动机也叫做执行电动机,在自动控制系统中为作为执行元件,它将输入的电压信号转变为转轴的角位移或角速度输出。它的工作状态受控于信号,按信号的指令而动作为:信号为0时,转子处于静止状态;有信号输入,转子立即旋转;除去信号,转子能迅速制动,很快停转。伺服二字正是由于电机的这种工作特点而命名的。

为了达到自动控制系统的要求,伺服电动机应具有以下特点:好的可控性(是指信号去除后,伺服电动机能迅速制动,很快达到静止状态);高的稳定性(是指转子的转速平稳变化);灵敏性(是指伺服电动机对控制信号能快速作出反应)。

伺服电动机按照供电电源是直流还是交流可分为两大类:直流伺服电动机和交流伺服电动机。

8.1.1 直流伺服电动机

直流伺服电动机是指使用直流电源的伺服电动机,实质上就是一台他励直流电动机而已,但它又具有自身的特点:气隙小,磁路不饱和,电枢电阻大,机械特性为软特性,电枢细长,转动惯量小。

1. 直流伺服电动机的结构和分类

直流伺服电动机的结构和普通小功率直流电动机相同,它由定子和转子两部分组成的。其外形如图8.1所示。

直流伺服电动机按励磁方式可分为两种基本类型:永磁式和电磁式。永磁式的定子由永久磁铁做成,可看做是他励直流伺服电动机的一种。电磁式直流伺服电动机定子由硅钢片叠成,外套励磁绕组。

直流伺服电动机按结构可分为普通型直流伺服电动机、盘形电枢直流伺服电动机、空心杯电枢直流伺服电动机和无槽电枢直流伺服电动机等种类。

1) 普通型直流伺服电动机

普通型直流伺服电动机的结构与他励直流电动机的结构基本相同(见图8.1),它由定子和转子两大部分所组成。根据励磁方式它可分为:永磁式和电磁式两种。

2) 盘形电枢直流伺服电动机

盘形电枢直流伺服电动机的外形呈圆盘状,其定子由永久磁钢和铁轭组成,产生轴向磁通。电机电枢的长度远远小于电枢的直径,绕组的有效部分沿转轴的径向周围排列,且用环氧树脂浇注成圆盘形。绕组中流过的电流是径向的,它和轴向磁通相互作用产生电磁转矩,驱动转子旋转。如图8.2所示盘形电枢直流伺服电动机结构图。

盘形电枢的绕组除了绕线式绕组外,还可以做成印制绕组,其制造工艺和印制电路板类似。它可以采用两面印制的结构,也可以是若干片重叠在一起的结构。它用电枢的端部(近轴部分)兼做换向器,不用另外设置换向器。如图8.3所示印制绕组直流伺服电动机结构图。

盘形电枢直流伺服电动机多用于低转速、经常启动和反转的机械中,其输出功率一般在几瓦到几千瓦的范围内,大功率的主要用于雷达天线的驱动、机器人的驱动和数控机床等。另外,由于它呈扁圆形,轴向占的位置小,安装方便。

图 8.1 直流伺服电动机的外形图

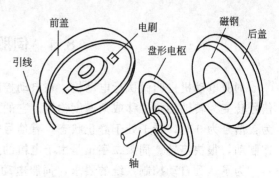

图 8.2 盘形电枢直流伺服电动机结构图

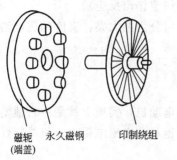  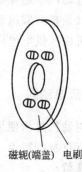

图 8.3 印制绕组直流伺服电动机结构图

3) 空心杯直流伺服电动机

空心杯直流伺服电动机的定子有两个：一个叫内定子，由软磁材料制成；另一个叫外定子，由永磁材料制成。磁场是由外定子产生的，内定子起导磁作用。空心杯电枢直接安装在电机的轴上，在内外定子的气隙中旋转。电枢是由沿电机轴向排列成空心杯形状的绕组，用环氧树脂浇注成型的。如图 8.4 所示为空心杯直流伺服电动机结构图。

空心杯直流伺服电动机的价格比较昂贵，多用于高精度的仪器设备中。如监控摄像机和精密机床等。

4) 无槽直流伺服电动机

无槽直流伺服电动机的电枢铁芯表面是不开槽的，绕组排列在光滑的圆柱铁芯的表面，用环氧树脂浇注成型和电枢铁心成为一体。定子上嵌放永久磁钢，产生气隙磁场。如图 8.5 所示为无槽直流伺服电动机结构图。

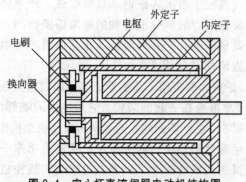 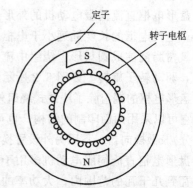

图 8.4 空心杯直流伺服电动机结构图　　图 8.5 无槽直流伺服电动机结构图

2. 直流伺服电动机的工作原理

直流伺服电动机的工作原理和普通直流电动机相同，当励磁绕组和电枢绕组中都通过电流并产生磁通时，它们相互作用而产生电磁转矩，使直流伺服电动机带动负载工作。如果两个绕组中任何一个电流消失，电动机马上静止下来。它不像交流伺服电动机那样有"自转"现象，所以直流伺服电动机是自动控制系统中一种很好的执行元件。

作为自动控制系统中的执行元件，直流伺服电动机把输入的控制电压信号转换为转轴上的角位移或角速度输出。电动机的转速及转向随控制电压的改变而改变。

3. 直流伺服电动机的控制方式

直流伺服电动机的励磁绕组和电枢绕组分别装在定子和转子上，改变电枢绕组的端电压或改变励磁电流都可以实现调速控制。下面分别对这两种控制方法进行分析。

1) 改变电枢绕组端电压的控制

如图 8.6 所示为电枢控制方式的原理图，电枢绕组作为接受信号的控制绕组，接电压为 U_K 的直流电源。励磁绕组接到电压为 U_f 的直流电源上，以产生磁通。当控制电源有电压输出时，电动机立即旋转，无控制电压输出时，电动机立即停止转动，此种控制方式可简称为电枢控制。

其控制的具体过程如下：设初始时刻控制电压 $U_K = U_1$，电机的转速为 n_1，反电动势为 E_1，电枢电流为 I_{K1}，电动机处于稳定状态，电磁转矩和负载转矩相平衡即 $T_{em} = T_L$。现在保持负载转矩不变，增加电源电压到 U_2，由于转速不能突变，仍然为 n_1，所以反电动势也为 E_1。由电压平衡方程式 $U = E + I_a R_a$ 可知，为了保持电压平衡，电枢电流应上升，电磁转矩也随之上升，此时 $T_{em} > T_L$，电机的转

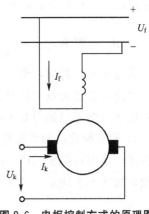

图 8.6 电枢控制方式的原理图

速上升，反电动势随着增加。为了保持电压平衡关系，电枢电流和电磁转矩都要下降，一直到电流减小到 I_{K1}，电磁转矩和负载转矩达到平衡，电动机处于新的平衡状态。可是，此时电机的转速为 $n_2 > n_1$。当负载和励磁电流不变时，我们用一流程表示上述过程

$$U_K \uparrow \to I_a \uparrow \to T_{em} \uparrow \to T_{em} > T_L \to$$
$$n \uparrow \to E \uparrow \to I_a \downarrow \to T_{em} \downarrow \to T_{em} = T_L \to n = n_2$$

降低电枢电压使转速下降时的过程和上述方法是相同的。

电枢控制时，直流伺服电动机的机械特性和他励直流电动机改变电枢电压时的人为机械特性是一样的。

2) 改变励磁电流的控制

改变励磁电流的控制的原理图如图 8.7 所示。

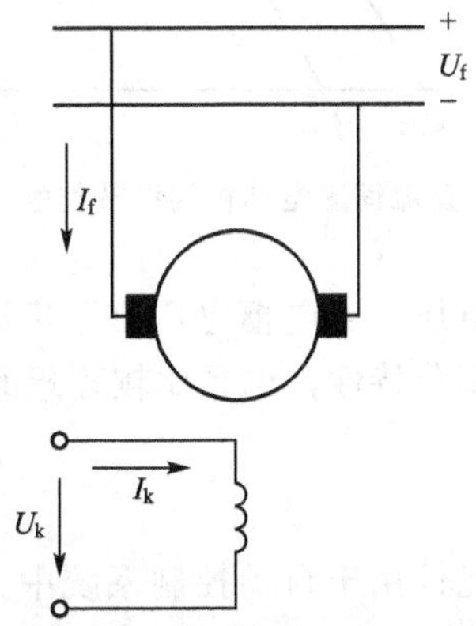

此种控制方式中，电枢绕组起励磁绕组的作用，接在励磁电源 U_f 上，而励磁绕组则作为控制绕组，受控于电压 U_K。

由于励磁绕组进行励磁时所消耗的功率较小，并且电枢电路的电感小，响应迅速，所以直流伺服电动机多

图 8.7 改变励磁电流控制的原理图

采用改变电枢端电压的控制方式。

4. 直流伺服电动机的运行特性

直流伺服电动机负载运行时三个主要运行变量为电枢电压 U_a、转速 n 和电磁转矩 T。它们之间的关系特性称为运行特性,包括机械特性和调节特性。

1) 机械特性。伺服电动机的电枢绕组也就是控制绕组,控制电压为 U_a。对于电磁式伺服电动机来说,励磁电压 U_f 为常数;另外,不考虑电枢反应的影响。在这些前提下,我们可以分析直流伺服电动机的机械特性。机械特性是指在控制电枢电压 U_a 保持不变的情况下,直流伺服电动机的转速 n 随电磁转矩 T 变化的关系。

经过推导可得出其机械特性表达式为

$$n = \frac{U_a}{C_e \Phi} - \frac{R_a}{C_e C_t \Phi^2} T = n_0 - \beta T \tag{8-1}$$

式中:n_0——理想空载转速,且 $n_0 = \frac{U_a}{C_e \Phi}$;

β——斜率,且 $\beta = \frac{R_a}{C_e C_T \Phi^2}$。

从上式可以看出,当 U_a 大小一定时,转矩 T 大时转速 n 就低,转速的下降与转矩的增大之间成正比关系,这是很理想的特性。给定不同的电枢电压值 U_a,得到的机械特性为一组平行的直线如图 8.8 所示。

2) 调节特性。调节特性是指在一定的转矩下,转速 n 与控制电枢电压 U_a 之间的关系。当转矩一定时,根据式(8-1)可知,转速 n 与控制电枢电压 U_a 之间的关系也为一组平行的直线,如图 8.9 所示。其斜率为 $1/C_e \Phi$。

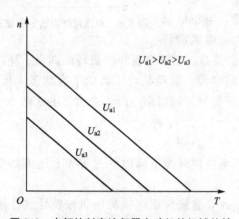

图 8.8 电枢控制直流伺服电动机的机械特性

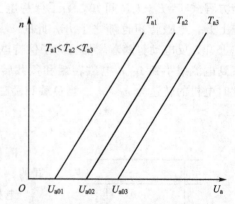

图 8.9 直流伺服电动机的调节特性

当转速为零时,对应不同的负载转矩可得到不同的启动电压。当电枢电压小于启动电压时,伺服电动机不能启动。总的来说,直流伺服电动机的调节特性,也是比较理想的。

8.1.2 交流伺服电动机

与直流伺服电动机一样,交流伺服电动机也常作为执行元件用于自动控制系统中,将起控制作用的电信号转换为转轴的转速。交流伺服电动机外形如图 8.10 所示。

1. 交流伺服电动机的结构和工作原理

1) 交流伺服电动机的结构

和普通电机一样,交流伺服电动机也是由定子和转子两大部分组成。

定子铁心中安放着空间垂直的两相绕组,如图8.11所示。其中一相为控制绕组;另一相为励磁绕组。可见,交流伺服电动机就是两相交流电动机。

图8.10 交流伺服电动机外形

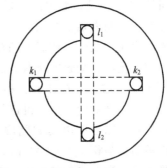

图8.11 交流伺服电动机的两相绕组

转子的结构常见的有鼠笼形转子和非磁性杯形转子。鼠笼形转子交流伺服电动机的结构由转轴、转子铁心和绕组组成。转子铁心是由硅钢片叠成的,中心的孔用来安放转轴,外表面的每个槽中放一根导条,两个短路环将导条两端短接,形成如图8.12所示的鼠笼形转子绕组。导条可以是铜条,也可以是铸铝的,就是把铁心放入模型内用铝浇注,短路环和导条铸成一个整体。

非磁性杯形转子交流伺服电动机的定子分内和外两部分。外定子和鼠笼形转子交流伺服电动机的定子是一样的,内定子由环形钢片叠压而成,不产生磁场,只起导磁的作用。空心杯形转子通常由铝或铜制成,它的壁很薄,多为0.3mm左右。杯形转子置于内外定子的空隙中,可自由旋转。由于杯形转子没有齿和槽,电机转矩不随角位移的变化而变化,运转平稳。但是,内外定子之间的气隙较大,所需励磁电流大,降低了电机的效率。另外,由于非磁性杯形转子伺服电动机的成本高,所以只用在一些对转动的稳定性要求高的场合。它不如鼠笼形转子交流伺服电动机应用广泛。

2) 交流伺服电动机工作原理

如图8.13所示为交流伺服电动机的工作原理图,U_k为控制电压,U_f为励磁电压,它们是时间相位互差90°电角度的交流电,可在空间形成圆形或椭圆形的旋转磁场,转子在磁场

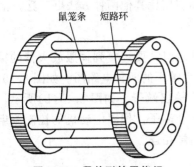

图8.12 鼠笼形转子绕组

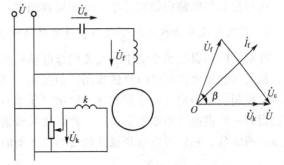

图8.13 交流伺服电动机的工作原理图

的作用下产生电磁转矩而旋转。交流伺服电动机比普通电机的调速范围宽,当不加控制电压时,电机的转速应为零,即使此时有励磁电压。交流伺服电动机的转子电阻,也应比普通电机大,而转动惯量小,目的是拥有好的机械特性。

2. 交流伺服电动机的控制方法

交流伺服电动机的控制方法有幅值控制、相位控制和幅相控制 3 种。

1) 幅值控制。只使控制电压的幅值变化,而控制电压和励磁电压的相位差保持 90°不变,这种控制方法叫做幅值控制。当控制电压为零时,伺服电动机静止不动;当控制电压和励磁电压都为额定值时,伺服电动机的转速达到最大值,转矩也最大;当控制电压在零到最大值之间变化,且励磁电压取额定值时,伺服电动机的转速在零和最大值之间变化。

2) 相位控制。在控制电压和励磁电压都是额定值的条件下,通过改变控制电压和励磁电压的相位差,来对伺服电动机进行控制的方法叫做相位控制。用 θ 表示控制电压和励磁电压的相位差。当控制电压和励磁电压同相位,$\theta = 0°$时,气隙磁动势为脉振磁动势,电动机静止不动;当相位差 $\theta = 90°$时,气隙磁动势为圆形旋转磁动势,电动机的转速和转矩都达到最大值;当 $0° < \theta < 90°$时,气隙磁动势为椭圆形旋转磁动势,电动机的转速处于最小值和最大值之间。

3) 幅相控制。幅相控制是上述两种控制方法的综合运用,即电动机转速的控制是通过改变控制电压和励磁电压的相位差,及它们的幅值大小来实现的。幅相控制的电路如图 8.14 所示。当改变控制电压的幅值时,励磁电流随之改变,励磁电流的改变引起电容两端的电压变化,此时控制电压和励磁电压的相位差发生变化。

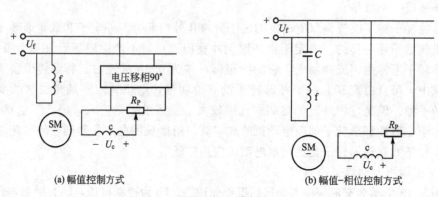

图 8.14 幅值控制及幅相控制电路图

幅相控制的电路图结构简单,不需要移相器,实际应用比其他两种方法更广泛。

3. 交流伺服电动机的控制绕组和放大器的连接

在实际的伺服控制系统中,交流伺服电动机的控制绕组需要连接到伺服放大器的输出端,放大器起放大控制电信号的作用。如图 8.15 所示为常用的两种电路图。如图 8.15(a)所示,控制绕组和输出变压器相连,输出变压器有两个输出端子。如图 8.15(b)所示,控制绕组和一对推挽功率放大管相连,此时放大器输出 3 个端子。伺服电动机的控制绕组通常分成两部分,它们可以串联或并联后和放大器的输出端相连。

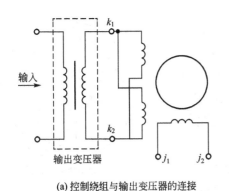
(a) 控制绕组与输出变压器的连接

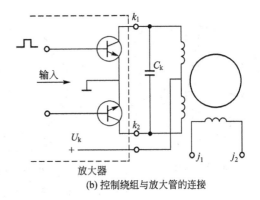
(b) 控制绕组与放大管的连接

图 8.15 控制绕组与放大器连接常用电路图

8.2 步进电动机

步进电动机是一种将电脉冲信号转换成相应的角位移或直线位移的微电机,如图 8.16 所示。它由专门的驱动电源供给电脉冲,每输入一个电脉冲,电动机就移进一步,由于是步进式运动的,称为步进电动机或脉冲电动机。

步进电动机是自动控制系统中应用很广泛的一种执行元件。步进电动机在数字控制系统中一般采用开环控制,由于计算机应用技术的迅速发展,目前步进电动机常和计算机结合起来组成高精度的数字控制系统。

步进电动机的种类很多,按工作原理分有反应式、永磁式和磁感应式 3 种。其中反应式步进电动机具有步距小、响应速度快、结构简单等优点。广泛应用于数控机床、自动记录仪、计算机外围设备等数控设备。

图 8.16 步进电机外形图

8.2.1 反应式步进电动机的工作原理

如图 8.17 所示为一台三相反应式步进电动机的工作原理图。它由定子和转子两大部分组成,在定子上有三对磁极,磁极上装有励磁绕组。励磁绕组分为三相,分别为 A 相、B 相和 C 相绕组。步进电动机的转子由软磁材料制成,在转子上均匀分布四个凸极,极上不装绕组,转子的凸极也称为转子的齿。由图可见,由于结构的原因,沿转子圆周表面各处气隙不同,因而磁阻不相等,齿部磁阻小,两齿之间磁阻大。当励磁绕组中流过脉冲电流时,产生的主磁通总是沿磁阻最小的路径闭合,即经转子齿、铁心形成闭合回路。因此,转子齿会受到切向磁拉力而转过一定的机械角度,称步距角 θ_b。如果控制绕组按一定的脉冲分配方式连续通电,电机就按一定的角频率运行。改变励磁绕组的通电顺序,电机就可反转。

当步进电动机的 A 相通电,B 相及 C 相不通电时,由于 A 相绕组电流产生的磁通要经过磁阻最小的路径形成闭合磁路,所以将使转子齿 1、齿 3 同定子的 A 相对齐,如图 8.17(a)所示。当 A 相断电,改为 B 相通电时,同理 B 相绕组电流产生的磁通,也要

 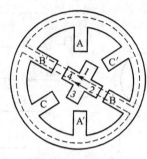 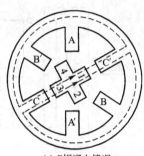

(a) A相通电情况　　　　　　(b) B相通电情况　　　　　　(c) C相通电情况

图 8.17　三相反应式步进电动机的工作原理图

经过磁阻最小的路径形成闭合磁路,这样转子顺时针在空间转过 30°角,使转子齿 2、齿 4 与 B 相对齐,如图 8.17(b)所示。当由 B 相改为 C 相通电时,同样可使转子顺时针转过 30°角,如图 8.17(c)所示。若按 A→B→C→A 的通电顺序往复进行下去,则步进电动机的转子将按一定速度顺时针方向旋转,步进电动机的转速取决于三相控制绕组的通、断电源的频率。当依照 A→C→B→A 顺序通电时,步进电动机将变为逆时针方向旋转。

上述分析的是最简单的三相反应式步进电动机的工作原理,这种步进电动机具有较大的步距角,不能满足生产实际对精度的要求,如使用在数控机床中就会影响到加工工件的精度。因此近年来实际使用的步进电动机是定子和转子齿数都较多、步距角较小、特性较好的小步距角步进电动机。如图 8.18 所示为最常用的一种小步距角的三相反应式步进电动机的结构图。

图 8.18　小步距角的三相反应式步进电动机的结构图

步进电动机应由专门的驱动电源来供电。它主要包括变频信号源、脉冲分配器和脉冲放大器 3 个部分。

8.2.2　步进电动机的三种工作方式

对于定子有 6 个极的三相步进电动机,可分为单三拍、双三拍、六拍 3 种工作方式。

1. 单三拍运行方式

设控制绕组的通电方式每变换一次称为一拍,如果每次只允许一相单独通电,三拍构成一个循环,称为单三拍运行方式。如图 8.17 所示为一台三相反应式步进电动机单三拍运行方式的工作原理图。

2. 双三拍运行方式

实际使用中,由于单三拍运行的可靠性和稳定性较差,通常可以将其改为双三拍运行,即每拍允许两相同时通电,三拍为一个循环,如图 8.19 所示。

第一拍:A 相、B 相同时通电,磁力线分成两路,一路沿磁极 A、齿 1、齿 4、磁极 B'形成闭合回路;另一路沿磁极 B、齿 2、齿 3、磁极 A'形成闭合回路。由于电磁吸引力的作用,把转子的齿锁定在 A、B 两极之间的对称位置。以磁极 A 为参考,齿 1 的中心线顺时针偏移了 15°机械角度,见图 8.19(a)。

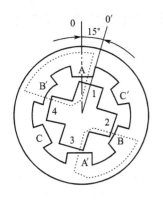 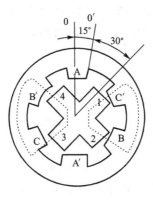 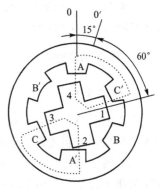

(a) A、B相通电　　　　　　　　(b) B、C相通电　　　　　　　　(c) C、A相通电

图 8.19　三相双三拍步进电动机工作原理图

第二拍：B 相、C 相同时通电，磁力线一路沿磁极 B′、齿 4、齿 3、磁极 C 形成闭合同路；另一路沿磁极 C′、齿 1、齿 2、磁极 B 形成闭合回路，仍以磁极 A 为参考，齿 1 的中心线在原来的基础上顺时针转过 30°机械角度，总计为 45°。转子被锁定在 B、C 两极之间的对称位置，见图 8.19(b)。

第三拍：C 相、A 相同时通电，见图 8.19(c)；转子又顺时针转过了 30°机械角度，总计为 75°。

以此类推，控制绕组的电流按 AB→BC→CA→AB 的顺序切换，转子顺时针转动；若控制绕组的电流按 AC→CB→BA→AC 顺序切换，转子则逆时针转动。步距角与单三拍运行时相同，即 $\theta_b = 30°$。

3．六拍运行方式

不论单三拍或双三拍运行，步距角均为 30°机械角度。只有改变控制绕组电流的切换频率，才能改变步距角的大小。如果将通电方式改为单相通电、两相通电交替进行，每六拍为一个循环，称为六拍运行方式。例如，控制绕组的通电顺序为 A→AB→B→BC→C→CA→A…。

第一拍：A 相单独通电，磁场的分布及转子的位置见图 8.17(a)，转子齿 1 的中心线恰好与定子磁极 A 的中心线重合，即偏转角度为 0°。

第二拍：A 相、B 相同时通电，磁场的分布及转子的位置见图 8.19(a)，转子齿 1 的中心线顺时针偏转了 15°；其他几种情况均可参见图 8.17 和图 8.19。为了便于比较请参见表 8-1。

表 8-1　步进电动机六拍运行时的数据

项　目	通电顺序	偏转角度	参考图号
第一拍	A 相	0°	图 8.17(a)
第一拍	A 相、B 相	15°	图 8.19(a)
第一拍	B 相	30°	图 8.17(b)
第一拍	B 相、C 相	45°	图 8.19(b)
第一拍	C 相	60°	图 8.17(c)
第一拍	C 相、A 相	75°	图 8.19(c)

由此可见，三相六拍运行时，每拍的步距角为 15°；如果控制绕组的通电顺序改为 A→AC→C→CB→B→BA→A…，转子则逆时针转动。

8.2.3 步距角及转子齿数

1. 步距角 θ_b

由以上分析可知，每输入一个电脉冲信号时转子所转过的机械角度即为步距角 θ_b，θ_b 的大小与控制绕组电流的切换次数以及转子的齿数有关。

由于转子只有 4 个齿，齿距为 90°，三拍运行时的步距角 $\theta_b=30°$，电动机每转过一个齿距需要运行 3 步，每旋转一周需要四个循环，共 12 步；六拍运行时的步距角 $\theta_b=15°$，电动机每转过一个齿距需要运行 6 步，每旋转一周需要四个循环，共 24 步。因此拍数增多时步距角减小，步数增多。如果增加转子齿数，会使齿距减小、总步数增加、步距角减小。步距角的一般公式为

$$\theta_b = \frac{360°}{Z_R k m} \tag{8-2}$$

式中：Z_R——转子齿数；

km——运行拍数（$k=1$，2；$m=2$，3，4，5，6 为电机相数）。由于 k 值有两种选择（$k=1$ 单拍；$k=2$ 双拍），因此步距角可以有两个成倍的角度。如果电源的脉冲频率很高，步进电动机就会连续转动，其转速正比于脉冲频率 f。每输入一个电脉冲，转子转过步距角 θ_b，由式（8-2）可知，每个电脉冲对应于 $\frac{\theta_b}{360°} = \frac{1}{Z_R k m}$，每分钟输入 $60f$ 个电脉冲，电动机每分钟的转速为

$$n = \frac{60f}{Z_R k m} \tag{8-3}$$

通过改变脉冲频率可以在很宽的范围内实现调速。

2. 转子总齿数 Z_R

反应式步进电机的转子齿数主要由步距角决定。为了提高精度，应当使步距角 θ_b 尽量减小，由式（8-2）可知，运行拍数确定后，步距角 θ_b 与转子总齿数 Z_R 成反比。例如，常用的步距角是 $\theta_b=3°$、$\theta_b=1.5°$。如果取 $km=3$（即三拍运行），转子总齿数 $Z_R=40$，齿距角为 $360°/Z_R=9°$，每拍转过 3°；如果取 $km=6$（即六拍运行），转子总齿数不变，每拍转过 1.5°。

实用中，通常把定子极靴表面加工成齿形结构，为了保证在受到反应转矩时定、转子的齿能对齐，要求定、转子的齿宽、齿距分别相同，如图 8.20 所示。

图中，定子上有 6 个磁极，每个极距对应的转子齿数为：$\frac{Z_R}{2p} = \frac{40}{6} = 6\frac{2}{3}$，不为整数；当 A 相的定转子齿对齐时，相邻 B 相的定转子齿无法对齐，彼此错开 $\frac{1}{3}$ 齿距（即 3°）。以此类推。对于任意 m 相电机，应依次错开 $\frac{1}{m}$ 齿距。利用这种"自动错位"，为下一相通电时转子齿能被吸引直至对齐作准备，从而使步进电动机能连续工作。因此，转子的齿数应能满足"错位"的要求，见表 8-2。

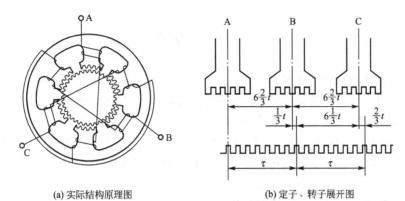

(a) 实际结构原理图　　　　　　(b) 定子、转子展开图

图 8.20　小步距角的三相反应式步进电机

表 8-2　步进电动机几种常用的转子齿数

m	θ_b				
	9°	6°	3°*	1.5°*	1.2°
	4.5°	3°	1.5°	0.75°	0.6°
三相		20	40	80	100
四相	10		30		
五相	8	12	24	48	
六相		10			50

注：* 为常用步距角。

8.2.4　步进电动机应用举例

步进电动机主要用做数控机床中的执行元件，数控机床又分为铣床、钻床、午床和线切割机等多种。此外在绘图机、自动记录仪表、轧钢机自动控制等方面得到广泛应用。如图 8.21 所示应用步进电动机的数控机床工作示意图。加工复杂零件时，先根据工件的图形尺寸、工艺要求和加工程序，并记录在穿孔机上；再由光电阅读机将程序输入计算机进行运算；计算机发出一定频率的电脉冲信号。用环形分配器将电脉冲信号按工作方式进行分配，再经过脉冲放大器放大后驱动步进电动机。步进电动机按计算机的指令实现迅速启动、调速、正反转等功能，并通过传动机构带动机床工作台。

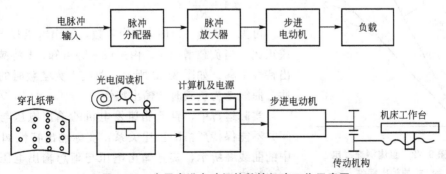

图 8.21　应用步进电动机的数控机床工作示意图

8.3 测速发电机

测速发电机能把机械转速转换成与之成正比的电压信号，可以用作检测元件、解算元件、角速度信号元件，广泛地应用于自动控制、测量技术和计算技术等装置中。

自动控制系统对测速发电机的要求如下。

(1) 线性度好，即输出电压要严格与转速成正比，并不受温度等外界条件变化的影响。

(2) 灵敏度高，即在一定的转速下，输出电压值要尽可能大。

(3) 不灵敏区小。

(4) 转动惯量小，以保证测速的快速性。

按电流种类的不同，测速发电机可分为直流测速发电机和交流测速发电机两大类。直流测速发电机又分为永磁式和电磁式；交流测速发电机分为同步测速发电机和异步测速发电机。

8.3.1 直流测速发电机

直流测速发电机的结构和原理都与他励直流发电机基本相同，也是由装有磁极的定子、电枢和换向器等组成。按照励磁方式的不同可分为：永磁式和电磁式两种。永磁式直流测速发电机采用矫顽力高的磁钢制成磁极，结构简单，不需另加励磁电源；也不因励磁绕组温度变化而影响输出电压，应用较为广泛。电磁式直流测速发电机由他励方式励磁。

直流测速发电机的输出电压 U 与转速 n 之间的关系 $U=f(n)$ 称为输出特性。

在前面分析过，当定子每极磁通 Φ 为常数时，发电机的电枢电动势为 $E_a=C_e\Phi n$，则输出电压为

$$U=E_a-R_aI_a=C_e\Phi n-\frac{U}{R_L}R_a \tag{8-4}$$

式中：R_a——电枢回路电阻；
　　　R_L——负载电阻。

对式(8-4)进行简化，有

$$U=\frac{C_e\Phi n}{1+\dfrac{R_a}{R_L}}=kn \tag{8-5}$$

式中：$k=\dfrac{C_e\Phi n}{1+\dfrac{R_a}{R_L}}$——输出特性的斜率。

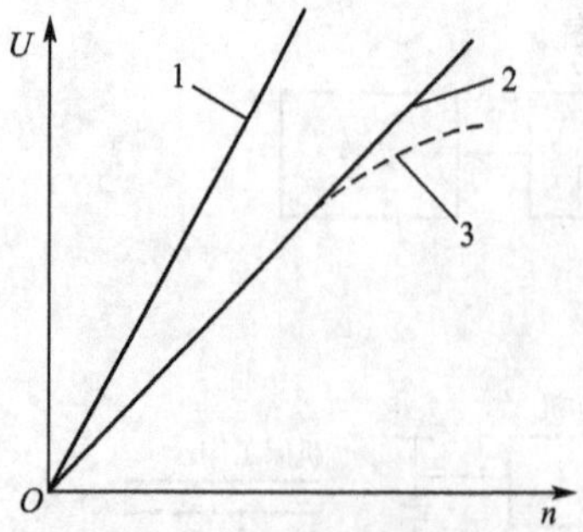

可见，负载一定时，k 为常数，输出电压 U 与转速 n 成正比。当负载增加时，由式(8-5)可知，k 将减小，输出特性下移。如图 8.22 所示，曲线 1 为空载时的输出特性，曲线 2 为负载时的输出特性。

实际运行中，直流测速发电机的输出电压与转速之间并不能保持严格的正比关系，实际输出特性如图 8.22 中的曲线 3 所示，实际输出电压与理想输出电压之间有一定的误差。

图 8.22 直流测速发电机的输出特性

产生误差的主要原因是电枢反应。电枢反应的去磁作用使得主磁通发生变化,电动势常数 C_e 将不是常值,而是随负载电流变化而发生变化的,负载电流升高则 C_e 略有减小,特性曲线向下弯曲。转速越高,E_a 越大,I_a 也越大,电枢反应的去磁作用就越强,误差也就越大。为消除电枢反应的影响,除在设计时采用补偿绕组进行补偿,结构上加大气隙削弱电枢反应的影响外,使用时应使发电机的负载电阻阻值等于,或大于负载电阻的规定值,并限制测速发电机的转速不能太高。这样可使负载电流对电枢反应的影响尽可能小。此外,增大负载电阻,还可以使测速发电机的灵敏性增强。

电刷的接触电阻也对直流测速发电机的误差产生影响。电刷接触电阻为非线性电阻,当测速发电机的转速低,输出电压也低时,接触电阻较大,电刷接触电阻压降在总电枢电压中所占比重大,实际输出电压较小;而当转速升高时,接触电阻变小,接触电阻压降也变小。因此在低速时,转速与电压间的关系会由于接触电阻的非线性影响而出现一个不灵敏区。考虑电刷接触电阻影响后的特性曲线如图 8.23 所示。为减小电刷接触电阻的影响,使用时可对低输出电压进行非线性补偿。

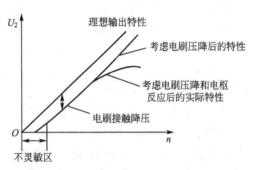

图 8.23 直流测速发电机实际输出特性

8.3.2 交流测速发电机

交流测速发电机分为同步测速发电机和异步测速发电机两种。同步测速发电机的输出频率和电压幅值均随转速的变化而变化。因此一般用作指示式转速计,很少用于控制系统中的转速测量。异步测速发电机的输出电压频率与励磁电压频率相同而与转速无关,其输出电压与转速 n 成正比,因此在控制系统中得到广泛的应用。

1. 交流异步测速发电机

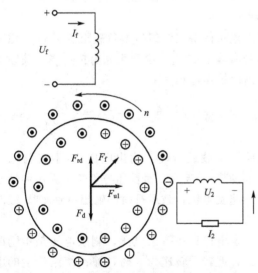

图 8.24 空心杯型异步测速发电机工作原理图

交流异步测速发电机分为笼型和空心杯型两种,目前应用比较广泛的是空心杯型测速发电机。空心杯型测速发电机测量精度高,转动惯量小,适合于快速系统。其结构与空心杯型伺服电动机的结构基本相同,它由外定子、空心杯型转子和内定子 3 部分组成。外定子放置励磁绕组,接交流电源,内定子放置输出绕组。这两套绕组在空间相隔 90°电角度。为获得线性较好的电压输出信号,空心杯型转子由电阻率较大和温度系数较低的非磁性材料制成,如磷青铜、锡锌青铜和硅锰青铜等,杯厚 0.2~0.3mm。

如图 8.24 所示为空心杯型异步测速发电机原理图。定子两相绕组在空间位置上严格相差90°电角度,在一相上加恒频恒压的交流电源,使其作为励磁绕组产生励磁磁通;另一相作为输出绕组,输出电压U_2与励磁绕组电源同频率,幅值与转速成正比。

发电机励磁绕组中加入恒频恒压的励磁电压时,励磁绕组中有励磁电流流过,产生与电源同频率的脉动磁动势F_d和脉动磁通Φ_d。磁动势F_d和磁通Φ_d在励磁绕组的轴线方向上脉动,称为直轴磁动势和磁通。

当发电机不转,即$n=0$时,直轴脉振磁通在转子中产生感应电动势,由于转子是闭合的,这个感应电动势将产生转子电流。根据电磁感应理论,该电流所产生的磁通方向应与励磁绕组所产生的直轴磁通Φ_d相反,所以两者的合成磁通还是直轴磁通。由于输出绕组与励磁绕组互相垂直,合成磁通也与输出绕组的轴线垂直。因此输出绕组与磁通没有耦合关系,不产生感应电动势,输出电压U_2为零。

当转子转动时,转子切割脉动磁通Φ_d,产生切割电动势E_r,切割电动势的大小为$E_r=C\Phi_d n$。可见,转子电动势的幅值与转速成正比,其方向可用右手定则判断。转子中的感应电动势在转子杯中产生短路电流I_s,考虑转子漏抗的影响,转子电流要滞后转子感应电动势一定的电角度。短路电流I_s产生脉动磁动势F_r,转子的脉动磁动势可分解为直轴磁动势F_{rd}和交轴磁动势F_{rq}。直轴磁动势F_{rd}将影响励磁磁动势并使励磁电流发生变化,交轴磁动势F_{rq}产生交轴磁通Φ_q。交轴磁通与输出绕组交链感应出频率与励磁频率相同,幅值与交轴磁通Φ_q成正比的感应电动势E_2。由于$\Phi_q \propto F_{rq} \propto F_r \propto E_r \propto n$,所以$E_2 \propto \Phi_q \propto n$,即输出绕组的感应电动势的幅值正比于测速发电机的转速,而频率与转速无关,为励磁电源的频率。

交流异步测速发电机输出电压与转速之间的关系$U_2=f(n)$,称为测速发电机的输出特性。

若忽略励磁绕组的漏阻抗,并保持电源电压U_f恒定,则Φ_d为常数;输出绕组的感应电动势E_2及空载输出电压U_2都与n成正比,则测速发电机的理想空载输出特性为一条直线,如图8.25中曲线1所示。

测速发电机实际运行时,转子切割Φ_q而产生的磁动势F_{rd}起去磁作用,使合成后d轴上总的磁通减少,输出绕组感应电动势E_2减少,输出电压U_2随之降低。所以测速发电机的实际空载输出特性如图8.25中的曲线2所示。

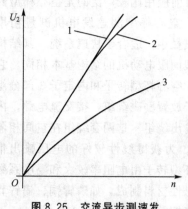

图8.25 交流异步测速发电机的输出特性

当测速发电机的输出绕组接上负载阻抗Z_L时,由于输出绕组本身有漏阻抗Z_2,会产生漏阻抗压降,使输出电压降低,这时输出电压为

$$\dot{U}_2=\dot{E}_2-Z_2\dot{I}_2=Z_L\dot{I}_2=\frac{\dot{E}_2}{Z_L+Z_2}Z_L=\frac{\dot{E}_2}{1+\dfrac{Z_2}{Z_L}} \quad (8-6)$$

上式表明,负载运行时,输出电压U_2不仅与输出绕组的感应电动势E_2有关,而且还与负载的大小和性质有关。交流测速发电机负载运行时的输出特性如图8.25中的曲线3所示。

交流测速发电机存在剩余电压,剩余电压是指励磁电压已经供给,但转子转速为0时,输出绕组产生的电压。剩余电压的存在，使转子不转时也有输出电压，造成失控；转子旋转时，它将叠加在输出电压上，使输出电压的大小及相位发生变化，造成误差。

产生剩余电压的原因很多，其中之一是由于加工、装配过程中存在机械上的不对称，及定子磁性材料性能的不一致，励磁绕组与输出绕组在空间不是严格地相差90°电角度。这时两绕组之间就有电磁耦合，当励磁绕组接电源时，即使转子不转，电磁耦合也会使输出绕组产生感应电动势，从而产生剩余电压。选择高质量的各方向特性一致的磁性材料，在机械加工和装配过程中提高机械精度，以及装配补偿绕组都可以减小剩余电压的影响。

2. 交流同步测速发电机

同步测速发电机的转子为永磁式，即采用永久磁铁作磁极，定子上嵌放着单相输出绕组。当转子旋转时，输出绕组产生单相的交变电动势，其有效值 $E \propto n$，而其交变电动势的频率为 $f = pn/60$。

可见，输出绕组产生的感应电动势大小与转速成正比，其交变的频率也与转速成正比变化。因为输出绕组接负载时。负载的阻抗会随频率的变化而变化，也就会随转速的变化而变化，不会是一个定值，使输出特性不能保持线性关系。由于存在这样的问题，因此同步测速发电机不像异步测速发电动机那样得到广泛的应用。如果用整流电路将同步测速发电机输出的交流电压整流为直流电压输出，就可以消除频率随转速变化带来的缺陷，使输出的直流电压与转速成正比，从而获得较好的线性度。

8.4 自整角机

8.4.1 概述

自整角机是一种感应式机电元件，主要用于自动控制、同步传递和计算解答系统中。它可将转轴的转角变换为电气信号或将电气信号变换为转轴的转角。实现角度数据的远距离发送、接收和变换，达到自动指示角度、位置、距离和指令的目的。

在系统中自整角机通常是两个或多个组合使用，用来实现两个或两个以上机械不相连接的转轴同时偏转或同时旋转。

自整角机的外形如图8.26所示。按结构的不同自整角机可分为无接触式和接触式两大类。无接触式没有电刷、滑环的滑动接触，因此可靠性高、寿命长，不产生无线电干扰，但其结构复杂、电气性能较差。接触式自整角机结构简单，性能较好，所以使用较为广泛。我国自行设计的自整角机系列中，均为这种类型。按使用要求不同，自整角机可分为力矩式和控制式两种类型。其中，力矩式自整角机主要用于力矩传输系统作指示元件用；控制式自整角机主要用于随动系统，在信号传输系统中作检测元件用。

图8.26 自整角机的外形

8.4.2 力矩式自整角机

1. 基本结构

自整角机的定子结构与一般小型绕线转子电动机相似,定子铁心上嵌有三相星形联结对称分布绕组,通常称为整步绕组。转子结构则按不同类型采用凸极式或隐极式,通常采用凸极式,只有在频率较高,而尺寸又较大时,才采用隐极式结构。转子磁极上放置单相或三相励磁绕组。转子绕组通过滑环、电刷装置与外电路连接。滑环是由银铜合金制成,电刷采用焊银触点,以保证可靠接触。

2. 工作原理

力矩式自整角机的接线及磁势图如图 8.27 所示。

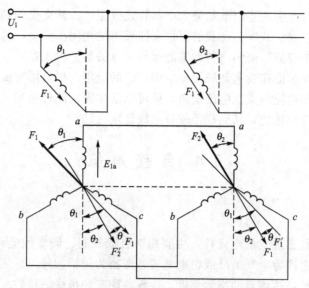

图 8.27 力矩式自整角机的接线图及磁势图

两台自整角机结构完全相同,一台作为发送机;另一台作为接收机。它们的转子励磁绕组接到同一单相交流电源上,定子整步绕组则按相序对应连接。在随动系统中,不需放大器和伺服电动机的配合,两台力矩式自整角机就可以进行角度传递,因而常用以转角角指示。其工作原理如图 8.27 所示。当两机的励磁绕组中通入单相交流电流时,在两机的气隙中产生脉动磁场,该磁场将在整步绕组中感应出变压器电动势。当发送机和接收机的转子位置一致时,由于双方的整步绕组回路中的感应电动势大小相等,方向相反。所以回路中无电流流过,因而不产生整步转矩,此时两机处于稳定的平衡位置。

如果发送机的转子从一致位置转一角度 θ_1,接收机转子转角为 θ_2,力矩式自整角机工作时电机内磁势情况可以看成发送机励磁绕组与接收机励磁绕组分别单独接电源时,所产生的磁势的线性叠加,发送机单独励磁,接收机励磁绕组开路的磁势情况与控制式自整角机工作时磁势相同;发送机三相整步绕组产生的合成磁势 F_1 与发送机励磁绕组同轴,与 a 相绕组轴线的夹角为 θ_1,而在接收机中产生的磁势 F_1' 与 F_1 大小相等,但方向相反,也

与接收机 a 相绕组轴线成 θ_1 角。

发送机励磁绕组开路、接收机单独励磁的磁势情况与第一种情况类似:接收机三相整步绕组产生的磁势 F_2 与接收机的励磁绕组同轴,与接收机的 a 相绕组成 θ_2 角;而在发送机中产生的磁势 F_2' 与 F_2 大小相等方向相反,也与发送机的 a 相绕组轴线成 θ_2 角。

综合上述两种情况,每台力矩式自整角机都存在三个磁势,如图 8.27 所示。两台相同的力矩式自整角机的励磁绕组接到同一交流电源上,产生的主磁通是一致的,即 $F_1=F_2$。力矩式自整角机的转矩是定子磁势与转子磁势相互作用而产生的。在接收机中,F_2 与励磁磁势 F_f 是同轴磁势,故不会产生力矩。而 F_1' 与 F_2 轴线的夹角即失调角 $\theta=\theta_1-\theta_2$,不同轴的磁势则产生转矩。接收机所产生的整步转矩可以表达为

$$T=T_m\sin\theta$$

当失调角越大,自整角接收机产生的整步转矩越大,转矩的方向是使 F_f 和 F_1' 靠拢,即转子往失调角减小的方向旋转,如为空载,最终会消除失调角 θ。此时,两个力矩式自整角机的转子转角相等,$\theta_1=\theta_2$,$\theta=0$,随动系统处于协调位置。但实际上,由于机械磨擦等原因的影响,使空载时失调角并不为零,而存在一个较小的 $\Delta\theta$,称为静态误差,即自整角发送机和接收机转子停止不转时的失调角。

若主动轴在外部力矩下连续不断的转动,θ_1 处于连续不断的变化中,那么 θ_1 与 θ_2 的差值 θ 使自整角机产生转矩,使其转子转角 θ_2 不断跟随 θ_1 即接收机跟随发送机旋转,从而使从动轴时刻跟随主动轴旋转。

如果两台力矩式自整角机完全一样,励磁绕组又接同一个交流电源,那么自整角发送机所产生的转矩 T 与接收机的转矩大小是相等的。转矩的方向也是使 F_f 与 F_2' 靠拢,也就使转子转动使失调角减小。但自整角发送机转子转轴为主动轴,自整角产生的转矩根本不能使主动轴转动。因而只有自整角接收机在因失调角 θ 存在而产生的转矩下使转子转动,以减小失调角。换言之,是接收机跟随发送机旋转。

3. 力矩式自整角机的特点及应用

力矩式自整角机在接收机转子空转时,有较大的静态误差,并且随着负载转矩或转速的增高而加大。存在振荡现象,当很快转动发送机时,接收机不能立刻达到协调位置,而是围绕着新的协调位置作衰减的振荡。为了克服这种振荡现象,接收机中均设有阻尼装置。它只适合于指针、刻度盘等接收机轴上负载很轻,而且角度传输精度要求又不很高的控制系统中。

力矩式自整角机被广泛用作示位器。首先将被指示的物理量转换成发送机轴的转角,用指针或刻度盘作为接收机的负载,如图 8.28 所示。

图中浮子随着液面升降而升降,并通过绳子、滑轮和平衡锤使自整角发送机转动。由于发送机和接收机是同步转动的,所以接收机指针准确地反应了发送机所转过的角度。如果把角位移换算成线位移,就可知道液面的高度。实现了远距离液面位置的传递。这种示位器不仅可以指示液面的位置,也可以用来指示阀门的位置,电梯和矿井提升机位置、变压器分接开关位置等。

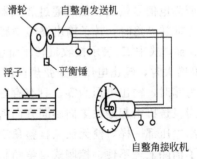

图 8.28 液位指示器的示意图

另外，力矩式自整角机还可以作为调节执行机构转速的定值器。由力矩式自整角机的发送机和接收机组成随动系统，将接收机安装在执行机构中，通过它带动可调电位器的滑动触点或其他触点，而发送机可装设在远距离的操纵盘上。可调电位器的一个定点与滑动触点之间的电压便作为执行机构的定值，再经过放大器放大后用来调节执行机构的转速。当需要改变执行机构的转速时，只需要调整操纵盘上发送机转子的位置角，接收机转子就自动跟随偏转并带动可调电位器的滑动触点。使执行机构的定值电压发生变化，转速也将随之升高或降低，从而远距离调节执行机构的转速。

8.4.3 控制式自整角机

1. 基本结构

控制式自整角机的结构和力矩式类似。只是其接收机和力矩式不同，它不直接驱动机械负载，而只是输出电压信号，其工作情况如同变压器，也称其为自整角变压器。它采用隐极式转子结构，并在转子上装设单相高精度的正弦绕组作为输出绕组。如图 8.29 所示为控制式自整角机的工作原理图。

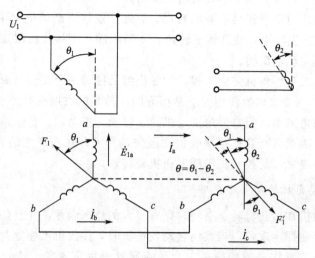

图 8.29 控制式自整角机的工作原理图

2. 工作原理

从图 8.29 所示的原理图可以看出，接收机的转子绕组已从电源断开，它将角度传递变为电信号输出，然后通过放大器去控制一台伺服电机。当发送机转子从起始位置逆时针方向转 θ 角时，转子输出绕组中感应的变压器电动势将为失调角 θ 的余弦函数，即 $E=E_\mathrm{m}\cos\theta$，式中 E_m 表示接收机转子绕组感应电动势最大值，当 $\theta=0°$ 时，输出电压为最大。当 θ 增大时，输出电压按余弦规律减小，这就给使用带来不便，因随动系统总希望当失调角为零时，输出电压为零，只有存在失调角时，才有输出电压，并使伺服电机运转。此外，当发送机由起始位置向不同方向偏转时，失调角虽有正负之分，但因 $\cos\theta=\cos(-\theta)$，输出电压都一样，便无法从自整角变压器的输出电压来判别发送机转子的实际偏转方向。为了消除上述不便，控制式自整角机在实际使用中如图 8.30 所示将接收机转子预先转过了 90°。这样自整角变压器转子绕组输出电压信号为：$E=E_\mathrm{m}\sin\theta$，该电压经放大器放大后，接到伺服电机的控制绕组，使伺服电机转动。伺服电机一方面拖动负载，另一方面在机械上也与自整角变压器转子相连。这样就可以使得负载跟随发送机偏转，直到负载的角度与发送机偏转的角度相等为止。

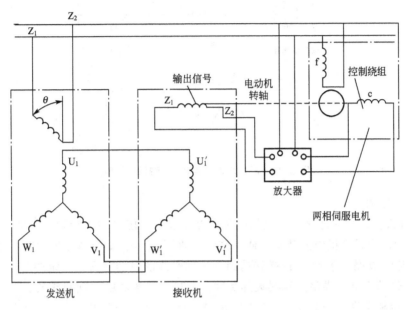

图 8.30 控制式自整角机的接线图

空载时，输出电压 $U_2 = E_2$，负载时输出电压下降。若选用输入阻抗大的放大器作为负载，则自整角变压器输出电压下降不大。

自整角变压器在协调位置即 $\theta = 0°$ 时输出电压为 0；当 $\theta = 1°$ 时，输出的电压值叫做比电压，比电压越大，控制系越灵敏。

3. 自整角机的性能指标

力矩式自整角机的额定值主要有：额定电压、额定频率、额定空载电流和额定空载功率等。现以 36KF5 为例来说明。"36"表示机座代号，机壳外径 36mm；"KF"表示产品代号，表示控制式自整角发送机；如果是"LF"则表示力矩式自整角发送机；"LJ"表示力矩式自整角接收机；"5"表示额定频率为 500Hz，如果是"4"，则表示额定频率为 400Hz。

4. 特点及应用

控制式自整角机只输出信号，负载能力取决于系统中的伺服电机及放大器的功率，它的系统结构比较复杂，需要伺服电机、放大器和减速齿轮等设备。因此适用于精度较高、负载较大的伺服系统。如图 8.31 所示为雷达高低角自动显示系统原理图。

图中自整角发送机转轴直接与雷达天线的高低角（即俯仰角）耦合，因此，雷达天线的高低角 α 就是自整角发送机的转角。控制式自整角接收机转轴与由交流伺服电机驱动的系统负载（刻度盘或火炮等负载）的轴相连，其转角用 β 表示。接收机转子绕组输出电动势 E_2 与两轴的差角 γ 即 (α−β) 的值近似成正比，即

$$E_2 \approx K(\alpha - \beta) = K\gamma$$

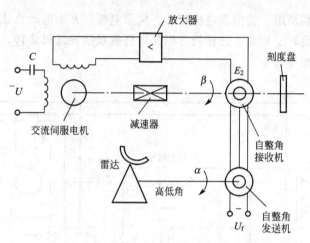

图 8.31 雷达高低角自动显示系统原理图

式中：K——常数。

E_2 经放大器放大后送至交流伺服电机的控制绕组，使电动机转动。可见，只要 $\alpha \neq \beta$，$\gamma \neq 0$，$E_2 \neq 0$，伺服电机便要转动，使 γ 减小，直至 $\gamma = 0$。如果 α 不断变化，系统就会使 β 跟着 α 变化，以保持 $\gamma = 0$，这样就达到了自动跟踪的目的。只要系统的功率足够大，接收轴上便可带动火炮一类阻力矩很大的负载。发送机和接收机之间只需要三根线，便实现了远距离显示和操纵。

8.5 旋转变压器

旋转变压器是一种精密的二次绕组（转子绕组）可转动的特殊变压器，当它的一次绕组（定子绕组）外接单相交流电源励磁时，其二次绕组的输出电压将与转子转角严格保持某种函数关系。在控制系统中它可作为计算元件，主要用于坐标变换、三角运算等；也可用于随动系统中，传输与转角相应的电信号；此外还可以用作移相器和角度—数字转换装置。

用于计算装置中的旋转变压器，可分为正余弦旋转变压器、线性旋转变压器和特殊函数旋转变压器。用于随动系统中的旋转变压器，可分为旋变发送机，旋变差动发送机和旋变变压器。以上各种旋转变压器的工作原理与控制式自整角机没有多少差别，但其精度比控制式自整角机高。

8.5.1 基本结构

旋转变压器的结构与普通绕线转子感应电动机类似。为了获得良好的电气对称性，以提高旋转变压器的精度，定转子绕组均为两个在空间互隔 90°电角度的高精度正弦绕组。

旋转变压器的定转子铁心均是采用高导磁率的铁镍磁合金片，或硅钢片经冲制、绝缘和叠装而成。为了是铁心的导磁性能各方向均匀一致，在铁心叠片时采用每片错过一齿槽的旋转形叠片法。

我国现代生产的 XZ 系列的正余弦旋转变压器、XX 系列的线性旋转变压器和 XL 系列的比例式旋转变压器都为接触器结构，转子绕组利用滑环和电刷与外电路相连。

无接触式旋转变压器：有一种是将转子绕组的引出线做成弹性卷带状，这种装置只能在一定的转角范围内(一般为 1～2 周)转动,称为有限转角的无接触式旋转变压器;另一种是将两套绕组中的一套自行短接,而另一套则通过环形变压器从定子边引出,这种无接触式旋转变压器的转子转角不受限制,称为无限转角的无接触式旋转变压器。

8.5.2 工作原理

1. 正余弦旋转变压器

正余弦旋转变压器,一般做成两极,定子上两套绕组在空间互差 90°电角度,这两套绕组的匝数、线径和形式是完全相同的。其中一个作为励磁绕组;另一个则为交轴绕组。励磁绕组接单向交流电源,电压为 U_f。如将励磁绕组的轴线方向确定为直轴,这时将在变压器中产生直轴脉动磁通 Φ_f,如图 8.32 所示。

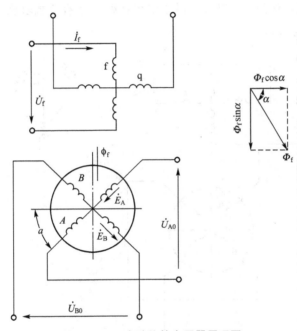

图 8.32 正余弦旋转变压器原理图

由直轴脉动磁通在励磁绕组中产生的感应电动势则为

$$E_f = 4.44 f N_1 K_{\omega 1} \Phi_f \tag{8-7}$$

式中:N_1——绕组串联匝数;

　　$K_{\omega 1}$——绕组系数;

　　Φ_f——直轴脉动磁通的幅值。

如略去励磁绕组的漏阻抗压降,则 $E_f = U_f$,但交流励磁电压恒定时,直轴磁通的幅值 Φ_f 将为一常数。由于采用正弦绕组,直轴磁场在空间呈正弦分布。

正余弦旋转变压器的转子也有两套完全相同的绕组,它们在空间上也互差 90°电角度。直轴磁通 Φ_f 与转子的正弦输出绕组 A 交链,并在其中感应电动势 E_A。励磁绕组相当于变压器的一次绕组,正弦输出绕组 A 相当于变压器的二次绕组,它与普通双绕组变压器的区别,仅在于正弦输出绕组 A 匝链的磁通是随转子转角变化的,即取决于它和励磁绕组之间的相对位置。

在正弦旋转变压器中，当励磁电压恒定，转子的正弦输出绕组的空载输出电压与转子转角成正弦函数关系。在余弦旋转变压器中，当励磁电压恒定，转子的余弦输出绕组的空载输出电压与转子转角成正弦函数关系。

2. 线性旋转变压器

线性旋转变压器是指其输出电压的大小随转子转角 α 成正比关系的旋转变压器。当偏转角 α 很小且用弧度表示时，$\sin\alpha \approx \alpha$，所以正余弦旋转变压器，也可以当作线性旋转变压器来使用。不过如要求其输出电压和理想直线关系的误差不超过 $\pm 0.1\%$，那么它的转角范围仅为 $\pm 4.5°$，显然，这样小的转角范围不能满足实际使用的要求。

为了在较大的转角范围内更好地表现线性关系，可将正余弦旋转变压器如图 8.33 所示的方式连接，将励磁绕组和转子 B 绕组串联后再接到单向交流电源 U_f 上，定子交轴绕组 q 绕组两端直接短路作为定子补偿，转子输出绕组 A 接有负载阻抗 Z_A。

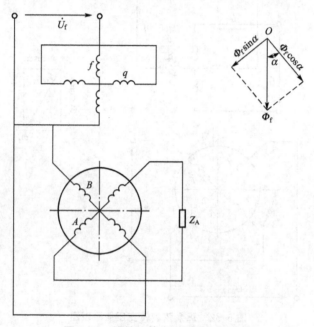

图 8.33 线性旋转变压器原理接线图

当定子 f 绕组接入电源后，产生直轴脉动磁通 Φ_f，将这个磁通分解为 $\Phi_f \sin\alpha$ 与 $\Phi_f \cos\alpha$ 两个分量。总磁通 Φ_f 穿过 f 绕组，$\Phi_f \cos\alpha$ 仅与 B 绕组交链。因此在 f 绕组中产生的电动势为

$$E_f = 4.44 f N_1 K_{\omega 1} \Phi_f \quad (8-8)$$

在 B 绕组中产生的电动势为

$$E_B = 4.44 f N_2 K_{\omega 2} \Phi_f \cos\alpha \quad (8-9)$$

在 A 绕组中产生的电动势为

$$E_A = 4.44 f N_2 K_{\omega 2} \Phi_f \sin\alpha \quad (8-10)$$

这些电动势都是由同一个脉动磁通 Φ_f 感应产生的，因此他们在时间上同相位，都滞后 Φ_f 90°电角度。

如略去绕组中的漏阻抗压降，则

$$U_f = E_f + E_B = 4.44fN_1K_{\omega1}\Phi_f + 4.44fN_2K_{\omega2}\Phi_f\cos\alpha$$
$$= 4.44fN_1K_{\omega1}\Phi_f(1+K_u\cos\alpha) \qquad (8-11)$$

即
$$\Phi_f = \frac{U_f}{4.44fN_1K_{\omega1}(1+K_u\cos\alpha)} \qquad (8-12)$$

式中
$$K_u = \frac{N_2K_{\omega2}}{N_1K_{\omega1}}$$

将式(8-12)代入式(8-10)，可得
$$U_A = E_A = \frac{K_uU_f}{1+K_u\cos\alpha}\sin\alpha \qquad (8-13)$$

可以证明，当 $K_u = 0.52$ 时，在 $\alpha = \pm 60°$ 范围内，输出电压与转角 α 基本上呈线性关系，并且在和理想直线比较时，误差不超过 0.1%。在实际设计中，因最佳电压比还与其他参数有关，通常选取 $K_u = 0.56 \sim 0.57$。

8.5.3 误差概述

在分析旋转变压器的工作原理时，假定任何一个绕组通过电流时，在气隙中产生的磁场在空间均为正弦分布。在这一理想条件下，采取适当的接线方式就能使输出电压的大小与转子转角呈正弦函数关系，或者与转子转角呈线性关系。实际上，由于许多因素的影响，使输出电压产生误差。产生这些误差的原因主要有：若绕组电流产生的磁动势在空间为非正弦分布，则除了基波外，还有高次谐波；由于定子、转子铁心齿槽的影响，将产生齿谐波；铁心磁路饱和，使空间磁通密度非正弦分布而产生谐波电动势；由于电路中连接的阻抗未能满足完全补偿的条件而使变压器中存在着交轴磁场；材料和制造工艺的影响等。

因此旋转变压器在加工过程中要严格按照工艺要求，使工艺误差降低到所容许的限度。此外在使用时也还应根据系统的要求采用必要的补偿方式消除误差。在设计旋转变压器时，应从精度要求出发来选择绕组的型式、定转子的齿槽配合、铁心的材料和变压器中各部分的磁通密度大小等，以保证变压器气隙磁场按正弦规律分布。

同时为了保证旋转变压器有良好的特性。在使用中还必须注意如下。

(1) 定子只有一个绕组励磁时；另一个绕组应联接一个与电源内阻抗相同的阻抗，或直接短接。

(2) 定子两个绕组同时励磁时，转子的两个输出绕组的负载阻抗要尽可能相等。

(3) 使用中必须准确调整 0 位，以免引起旋转变压器性能变差。

8.5.4 旋转变压器的应用

旋转变压器被广泛用于高精度的角度传输系统和解算装置中，现分别举例说明。

1. 用一对旋转变压器测量差角

将一对旋转变压器如图 8.34 所示联接。图中与发送机轴耦合的旋转变压器称为旋变发送机。与接收机轴耦合的旋转变压器称为旋变接收机或旋变变压器。前已述及旋转变压器中定子、转子绕组都是两相对称绕组。当用一对旋转变压器测量差角时，为了减小由于电刷接触不良而造成的不可靠性。经常把定子、转子绕组互换使用，即旋变发送机转子绕组 $Z_1 - Z_2$

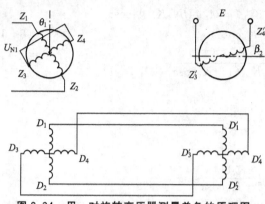

加交流励磁电压 U_{S1}，绕组 Z_3-Z_4 短路，发送机和接收机的定子绕组相对应联结。接收机的转子绕组 Z_3-Z_4 作输出绕组，输出一个与两转轴的差角 $\theta=\theta_1-\theta_2$ 成正弦函数的电动势；当差角较小且用弧度表示时，该电动势近似正比于差角。可见一对旋转变压器可用来测量差角。

D—发送机定子绕组；D'—接收机定子绕组

Z—发送机转子绕组；Z'—接收机转子绕组

图 8.34 用一对旋转变压器测量差角的原理图

用一对旋转变压器测量差角的工作原理和用一对控制式自整角机测量差角的工作原理是一样的。因为这两种电机的气隙磁场都是脉振磁场，虽然定子绕组的相数不同（自整角机的定子绕组为三相，而旋转变压器为两相），但都属于对称绕组。因此两者内部的电磁关系是相同的。但旋转变压器的精度比自整角机要高，自整角机远距离角度传输系统绝对误差至少为 $10'\sim30'$。而用旋转变压器作发送机和接收机时，其误差可下降到 $1'\sim5'$。

2. 旋转变压器作为解算元件时的作用

旋转变压器在计算机中作为解算元件，可以用来进行坐标变换（直角坐标变换为极坐标）、代数运算（加、减、乘、除、乘方、开方）、三角运算（正弦、反正弦、正切、反正切等）。下面仅举一个求反三角函数的例子，说明旋转变压器在计算机中的应用。

如图 8.35 所示接线。已知 U_1、U_2，可以求出 $\theta=\arccos U_2/U_1$。图中电压 U_1 加在转子绕组 Z_1-Z_2 上，定子绕组 D_1D_2 和电压 U_2 串联后接至放大器。经放大器放大后供给伺服电动机，伺服电动机通过减速器与旋转变压器机械耦合。由于转子绕组 Z_1-Z_2 和定子绕组 D_1-D_2 完全相同，若忽略绕组 Z_1-Z_2 的电阻和漏抗，则绕组 Z_1-Z_2 所产生的励磁磁通在定子绕组 D_1-D_2 中感应出电动势 $U_1\cos\theta$。于是放大器的输入电动势为 $U_1\cos\theta-U_2$。当 $U_1\cos\theta-U_2=0$ 时，伺服电动机便停止转动，这时 $U_2/U_1=\cos\theta$，所以转子转角 $\theta=\arccos U_2/U_1$ 即为所求。

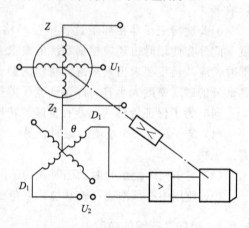

图 8.35 求 $\theta=\arccos U_2/U_1$

8.6 电机扩大机

电机扩大机又称功率放大机是自动调速系统中的主要元件。电机扩大机调速系统在冶金、机械、运输、国防等工业部门得到了十分广泛的应用。

8.6.1 电机扩大机的工作原理

电机扩大机实际上是一种特殊的直流发电机,定子上各绕组的分布情况如图8.36所示。电机扩大机有两极与四极的,如图8.36所示。在大槽里装有控制绕组3,交流去磁绕组2和一部分补偿绕组4用C表示。一般控制绕组有2~4个。在小槽里装有另一部分补偿绕组4。在中槽里装有换向绕组1(用B表示)和交轴助磁绕组5(用J表示)。枢绕组和一般直流发电机相同,但在换向器上放有两对电刷:一对和一般直流发电机一样,放在磁极中性线上,即与磁极轴线正交,称为交轴或横轴电刷,如图8.37所示1、2电刷;另一对放在磁极轴线上,称为直轴或纵轴电刷,见图8.37中的3、4电刷。当在电机扩大机的励磁控制绕组中通入控制电流I_c,产生控制绕组磁通Φ_c。而电枢由原动机带动旋转时,就在交轴电刷1、2端产生交轴电动势E_q。由于把交轴电刷短接起来,所以在电枢绕组中会产生一个较大的交轴电流I_q。I_q产生交轴电枢反应通Φ_q,Φ_q在这里正是要加以利用的。由于电枢绕组切割Φ_q的结果,在直轴电刷3、4两端产生直轴电动势E_d,这个电动势就是电机扩大机的输出电动势。

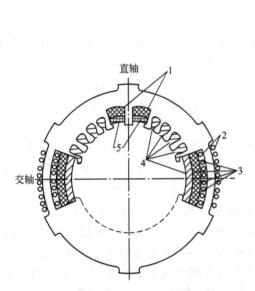

图8.36 电机扩大机定子上各绕组的分布

1—换向绕组;2—去磁绕组;
3—控制绕组;4—补偿绕组;
5—交轴助磁绕组

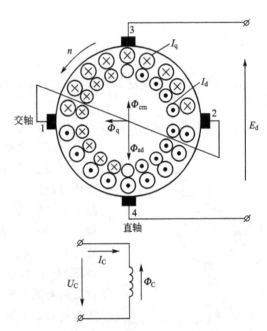

图8.37 电机扩大机的工作原理

由于这种电机扩大机是利用交轴磁场进行放大工作的,称为交磁电机扩大机或交磁扩大机。

当扩大机接通负载后,直轴电枢回路通过直轴电流I_d,它产生直轴电枢反应磁通Φ_{ad},其方向与Φ_c相反,强烈的去磁作用,使扩大机不能带负载工作。为了补偿直轴电枢反应的影响,在定子上装有补偿绕组,补偿绕组的接法应保证I_d流过绕组产生的Φ_{cm}与Φ_{ad}方向相反。为了使不同负载时都得到较好的补偿,故补偿绕组必须与输出回路串联。由于电枢绕组是分布绕组,为了更好地补偿直轴电枢反应,补偿绕组也应分布在电机圆周上。因此在大槽、小槽中都设有补偿绕组。为了便于调节补偿程度,在设计制造时,一般使补偿磁动势比直轴电枢反应磁动势大3%~10%,然后用补偿调节电阻R_{CR}与补偿绕组并联,使补偿绕组中的电流分流一部分,调节R_{CR},这样就可以调节补偿程度。为了使温度变化对补偿程度不受影响,R_{CR}由铜线绕制而成,但只有几个抽头可调,调节时不方便。兼顾上述两个因素,R_{CR}由两部分组成:一部分由铜线绕制不可调部分;另一部分用电阻温度系数较小的镍铬合金丝绕成调节电阻,这样做低温下会补偿强些。如图8.37所示在第2、4象限直轴电流I_d与交轴电流I_q相加;而在第1、3象限则相减。电枢在旋转过程中各电枢导体的位置相互交替,因而在整个工作期间,电枢导体中的电流是时大时小的。从电枢总损耗不变的角度看,可以认为电枢中流过一个恒定等效电流I_{eq},电枢电阻为R_a每条支路电阻为$2R_a$,每条支路电流为$I_d/2$及$I_q/2$,则

$$I_{eq}^2 R_a = 2R_a \left(\frac{I_d}{2} + \frac{I_q}{2}\right)^2 + 2R_a \left(\frac{I_d}{2} - \frac{I_q}{2}\right)^2 = (I_d^2 + I_q^2)R_a$$

$$I_{ed} = \sqrt{I_d^2 + I_q^2}$$

设$I_q = 0.25 I_d$,则

$$I_{ed} = 1.03 I_d$$

故电枢中两种电流的存在几乎不增加其平均损耗,因而几乎不需要增加电枢导线的截面积。

为了改善直轴换向,需在中槽内安装直轴换向绕组并与直轴回路串联。中槽之间的定子齿形成直轴换向极。由于交轴电流不太大,交轴换向问题相对直轴来说并不严重,而且大槽里需要安放绕组较多,装设换向极困难。因此在交轴一般不装设换向极,而在交轴回路里串联交轴助磁绕组J。它也安放在中槽中,它产生的磁通与$\varPhi_q$相同,因而交轴回路中电阻增加,电流减小,但磁通仍不变。由于交轴电流减小,从而改善了交轴换向。如ZKK12J型1.2kW放大机在额定输出时,不加交轴助磁绕组时交轴电流占额定电流46%左右,而加交轴助磁绕组后只占20%左右。电机扩大机绕组接线如图8.38所示。图中只画了两个控制绕组。各绕组下标1、2表示始末端。

在大槽定子磁轭部分还绕有交流去磁绕组,两个去磁绕组接线时,应使交流去磁磁通只经过定子铁心轭部,而不经过气隙。ZKK3J~ZKK12J共轴式电机扩大机的去磁绕组交流电源是由拖动电动机绕组抽头电压供给。如ZKK12J型1.2kW交流去磁绕组电压为4.4V,电流为0.137A出厂时内部已联结好,所以拖动电动机通电时,去磁绕组就通电。而ZKK25~ZKK500单独式电机扩大机的去磁绕组电源应由用户自行配置。一般在铭牌上已标明去磁绕组电压和电流。如果缺乏这样的数据,也可以通电实验。适当调节交流去磁绕组电压,至

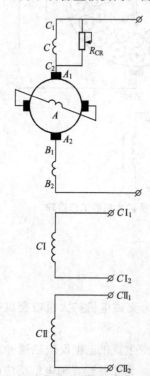

图8.38 电机扩大机绕组接线图

获得最小剩磁电动势为止，一般为 2~5V 或 3~5A。由于去磁绕组上加交流磁动势，使扩大机工作点造成局部的磁滞回线使固有磁滞回线变窄，减小了电机的剩磁压和特性曲线的非单值性。当没有去磁绕组时，由于经过两级放大，故剩磁电压较高，在电机正常时不超过额定值的 15%。接入交流去磁绕组后剩磁电压不超过额定值的 5%。

8.6.2 电机扩大机的工作特性

电机扩大机按其工作性质来说属于发电机类型，因此需要讨论的特性主要是空载特性和外特性，即静态特性。最后还要分析动态特性的特点。

1. 空载特性与放大倍数

当电机扩大机不接负载，由拖动电机使它转到额定转速时，其电动势 E_d 与控制绕组的磁动势 F_C 的对应变化关系称为空载特性。

如图 8.39 所示 ZKK12J 1.2kW 空载特性。在空载特性曲线上，开始一段：F_C 增加，E_d 变化较慢，这是因为 F_q、I_q 均较小，此时电刷接触电阻大，降低了扩大机的放大倍数；中间一段：E_d 增加较快；最后由于磁路饱和，E_d 变化又缓慢了。E_d 为 $1.3U_N$ 时，控制绕组安匝数为额定控制磁动势 F_{CN}，一般实际 F_{CN} 均小于铭牌值，如 ZKK12J 1.2kW 的 F_{CN} 实际值为 51.3 安匝，而铭牌值为 65 安匝。每台扩大机各控制绕组的匝数及其额定控制电流值各不相同，但它们的额定安匝数是相同的，因此一条空载特性适用于各个控制绕组。从图 8.39 中可看到扩大机磁路是留有裕量的，而且控制绕组长期允许电流为额定控制电流的 1.5~10 倍，因而就有可能实现强迫励磁，以加快自动调速系统的过渡过程。

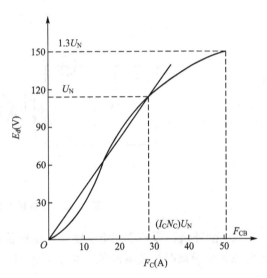

图 8.39 ZKK12J1.2kW 空载特性

电机扩大机的放大元件，常以安匝放大倍数或电压放大倍数来表示其放大能力。安匝放大倍数 K'_A 为

$$K'_A = \frac{E_d}{I_C N_C} \tag{8-14}$$

安匝放大倍数即为空载特性曲线各点的斜率。由于空载特性曲线为非线性的，所以各点的 K'_A 是不同的，工程计算上可将空载特性线性化，即近似认为各点的安匝放大倍数均等于 U_N 时的放大倍数

$$K'_A = \frac{E_d}{(I_C N_C)_{U_N}} \tag{8-15}$$

电机扩大机的电压放大倍数为输出电压与输入电压的比值 K_A 为

$$K_A = \frac{E_d}{U_C} = \frac{E_d}{I_C R_C} \tag{8-16}$$

式中：R_C——控制绕组回路中电阻。

$$K_A = \frac{E_d}{I_C R_C} \frac{N_C}{N_C} = \frac{E_d}{I_C N_C} \frac{N_C}{R_C} = K'_A \frac{N_C}{R_C} \qquad (8-17)$$

式(8-17)表明了安匝放大倍数与电压放大倍数的关系。从式中明显看出扩大机电压放大倍数与控制绕组回路匝阻比成正比。对同一台扩大机的各个控制绕组，虽然 K'_A 相同，但由于共匝阻比的不同而使得电压放大倍数也不同。

2. 外特性与功率放大倍数

当电机扩大机的转速和控制绕组电流保持额定值时，扩大机接可变负载 R_L，其端电压 U_d 与输出电流 I_d 的对应变化关系称为电机扩大机的外特性，又称电压调整特性。

如图 8.40 所示电机扩大机外特性实验电路。当负载电流 I_d 变化时，端电压 U_d 的变化除了与扩大机内部电枢、换向极、补偿绕组电压降有关以外，还与补偿绕组对电枢反应的补偿程度有关，且后者对扩大机的外特性有着重大影响，这是电机扩大机的又一特点。根据补偿绕组对电枢反应的补偿程度，扩大机外特性可分为 3 种情况。

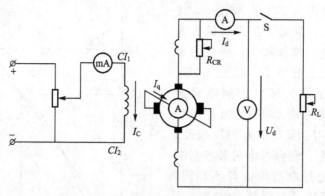

图 8.40　电机扩大机外特性实验电路

（1）全补偿。即补偿绕组安匝等于电枢反应安匝。全补偿调节方法是：控制绕组为额定电流，记录此时交轴电流值。合上开关 S，使负载电流为额定电流，调节 R_{CR} 使交轴电流维持原值，这样就得到了全补偿状态。ZKK12J 1.2kW 在不同补偿情况下的外特性如图 8.41 所示。图中全补偿状态时的外特性由于扩大机的电枢绕组、补偿绕组及换向等绕组的压降，使得 U_d 随 I_d 增加而下降。

（2）欠补偿。补偿绕组安匝小于直轴电枢反应安匝。在这种情况下，扩大机外特性更加倾斜。国产扩大机出厂时调整到电压调整率为 30%（即在额定电流下的端电压与空载电压之差为额定电压的 30%），按此调整能保证控制电流在自零到额定值的范围内，所有外特性曲线均是下降的。同时对补偿调节电阻 R_{CR} 触点所处的位置

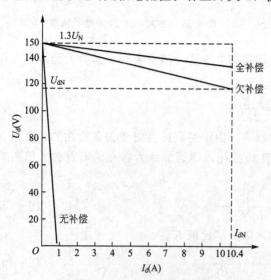

图 8.41　ZKK12J 1.2kW 外特性

作了明显的标记。使用单位为了满足系统的需要,外特性的电压调整率是可以改变的,但对补偿过强可能引起的负载自励要有充分的保护。如果补偿绕组两端短路即为无补偿,此时即使在额定控制电流,由于无补偿,流过很小电流(约为 0.75A),造成直轴电枢反应强烈,致使扩大机端电压降至很小,扩大机不能正常工作。

(3) 过补偿。补偿绕组安匝大于直轴电枢反应安匝。在这种情况下,扩大机的外特性在全补偿外特性之上。当补偿过强时,外特性会呈现上翘,从而引起扩大机的负载自励而使它失去控制作用。

电机扩大机的功率放大能力用功率放大倍数 K_P 表示

$$K_P = \frac{P_N}{P_{CN}}$$

式中:P_N——额定输出功率;

P_{CN}——额定负载时控制绕组输入功率,$P_{CN}=I_{CN}^2 R_C$,其中 I_{CN}、R_C 分别为控制绕组的额定输入电流和工作温度为 75℃时的电阻。

电机扩大机功率放大倍数一般是指电压调整率为 30% 时之值。

一般直流发电机的功率放大倍数较低;小于 10kW 时,为 4~20;10~50kW 时,为 20~50,50~100kW 时,为 60~75。用作自动调速系统中的调节元件,是不能满足要求的。电机扩大机是两级放大,所以功率放大倍数很大,约为 150~60000,适宜作为调节元件。

3. 动态特性

在自动调速系统中,希望放大元件在输入信号发生变化后,输出信号能最迅速地做出响应。由于电机扩大机控制绕组和电枢回路籍电感较小,因而输入阶跃信号后,其响应时间是小的。

电机扩大机的快速作用决定于两个时间常数(即控制绕组时间常数和交轴回路时间常数)及交轴延迟换向和电枢铁耗的去磁效应。控制绕组的时间常数一般为 0.03~0.06s,但由于控制绕组还与控制电路电阻串联,因此其时间常数是很小的。交轴回路的时间常数一般为 0.05~0.1s。因此电机扩大机的时间常数主要取决于交轴回路时间常数。如图 8.42 所示为 ZKK12J 1.2kW 空载阶跃响应曲线。由此可见,电机扩大机 e_d 建立过程是很快的。由于电机扩大机的非线性,故控制绕组在不同阶跃电压输入时,其响应曲线是不同的。从曲线可知,当输出稳态值在 60V 以下时,可近似为惯性环节;当输出稳态值在 60V 以上时,可近似为振荡环节。

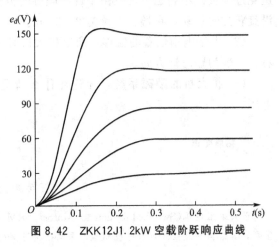

图 8.42 ZKK12J1.2kW 空载阶跃响应曲线

8.6.3 电机扩大机的特点、型号、选用原则及使用注意事项

1. 特点

电机扩大机具有较多的优点:具有很高的功率放大倍数、较大的过载能力、较小的时

间常数、容易变换输出端的极性、输出电压稳定、抗干扰耐温湿度变化能力强、工作可靠及耐用等。因而在今后若干时间内仍将被采用。

2. 型号

湘潭电机厂生产的有 ZKK、ZKG、KY 系列等。功率等级目前为 0.14~50kW。型号的含义如 ZKKl2J；ZKK 为直流、控制用扩大机；数字 12 表示转速为 2990r/min 左右时扩大机额定输出功率(kW)的 10 倍近似值；J 表示带交流拖动电动机。电机扩大机控制绕组编号的意义如 12-4-12 为：第一组数字表示扩大机型号即 ZKK12J；第二组数字表示有 4 个控制绕组；第三组数字表示控制绕组序号为 12。

3. 选用原则

电机扩大机的额定电压、额定电流和额定功率均应比负载需要的大 10%~20%。

电机扩大机的控制绕组应能满足作为反馈绕组的各种要求。当作为硬性或软性电压反馈绕组，应选用高阻控制绕组。当作为电流反馈绕组时，应选用低阻控制绕组。

电机扩大机在热状态下，应该承受下列过载如下。

(1) 额定电压时，在 3s 内，允许有 200% 额定电流的过载。

(2) 在不超过 50% 额定电压时，允许有 350% 额定电流的过载，但需满足下列条件：历时 3s；强制频率每小时不超过 6 次；时间间隔均匀。

(3) 电机扩大机应能在空载时，允许输出电压 150% 额定电压的过压，但需满足下列条件：历时 3s，强制频率每小时不超过 6 次；时间间隔均匀。

(4) 控制绕组的过载不超过其长期允许电流。

4. 使用注意事项

(1) 电刷在换向器上无特殊要求时，出厂时放在几何中性线上，如果为了加强稳定、避免过励及减小剩磁。可以由中性线顺旋转方向移动，这样就减小了放大倍数。允许电刷沿旋转方向移动，在端盖上量为 2~3mm。

(2) 由于电刷位置的偏移，所以扩大机必须按机上标示的方向旋转，从交流电动机端看，一般为顺时针方向。

(3) 扩大机的励磁系统，无论在什么情况下，都应避免负载自励而使扩大机产生过电压。

拓展阅读

开关磁阻电机

开关磁阻电机(Switched Reluctance Motor，SRM)的结构和工作原理与传统的交直流电动机有本质的区别，其结构和反应式步进电机相似，系双凸极可变磁阻电动机。定转子的凸极均用普通硅钢片叠压而成，并且定转子极数不相等，转子既无永磁体也无绕组，定子装有简单的集中绕组，一般径向相对的两个绕组串联成一相。如图 8.43 所示八相 8/6 的 SRM 电机结构。

SR 电机工作的基本原理不像传统电机那样依靠定转子绕组电流产生的磁场间的相互作用形成转矩，而是遵循"磁阻最小原理"——磁通总要沿着磁阻最小的路径闭合，由磁场扭曲来产生旋转转矩。在图 SR 电机结构图中，当定子绕组励磁时，产生的磁力则试图使转子旋转到转子齿轴线与定子齿轴线重合的地方，此时磁阻最小，获得最大电感。若以图中定转子的位置作为起始位置，则依次给相 D→A→B→C 绕组通电，转子即会逆着励磁顺序以逆时针方向连续旋转；反之，则顺时针旋转。由此可见，电动机的转向与相绕组电流的方向无关，只取决于相绕组通电顺序。

其主要应用领域：电动自行车、汽车起动/发电系统、纺织行业、家电行业和航空等领域。

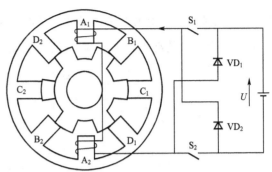

图 8.43　四相 8/6 极 SR 电机结构和一相的连接方式

实训项目 10　力矩式自整角机实验

一、实验目的

1. 了解力矩式自整角机精度和特性的测定方法。
2. 掌握力矩式自整角机系统的工作原理和应用知识。

二、实验器材

1. 自整角机实验装置（圆盘半径为 2cm）　　1 件
2. 交流电压表　　　　　0～500V　　　　　1 块
3. 砝码　　　　　　　　　　　　　　　　　1 套

三、实验内容

1. 测定力矩式自整角发送机的零位误差 $\Delta\theta$

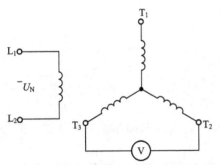

图 8.44　测定力矩式自整角机零位误差接线图

(1) 如图 8.44 所示接线。励磁绕组 L_1、L_2 接额定激励电压 U_N（220V），整步绕组 T_2—T_3 端接电压表。

(2) 旋转刻度盘，找出输出电压为最小的位置作为基准电气零位。

(3) 整步绕组三线间共有六个零位，刻度盘转过 60°，即有两线端输出电压为最小值。

(4) 实测整步绕组三线间 6 个输出电压为最小值的相应位置角度与电气角度，数据记录于表 8-3。

表 8-3　数据记录表 1

理论上应转角度	基准电气零位	+180°	+60°	+240°	+120°	+300°
刻度盘实际转角						
误差						

注：机械角度超前为正误差，滞后为负误差，正负最大误差绝对值之和的一半，此误差值即为发送机的零位误差 $\Delta\theta$，以角分表示。

2. 测定力矩式自整角机静态整步转矩与失调角的关系 $T=f(\theta)$

(1) 确保断电情况下，如图8.45所示接线。

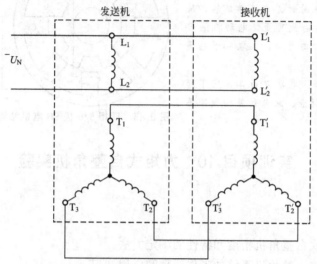

图 8.45　力矩式自整角机实验接线图

(2) 将发送机和接收机的励磁绕组加额定激励电压220V。待稳定后，发送机和接收机均调整到0°位置。固紧发送机刻度盘在该位置。

(3) 在接收机的指针圆盘上吊砝码，记录砝码重量以及接收机转轴偏转角度。在偏转角从0~90°之间取7~9组数据，数据记录于表8-4。

表 8-4　数据记录表2

$T(\text{gf}\cdot\text{cm})$									
$\theta(\text{deg})$									

注：(1) 实验完毕后，应先取下砝码，再断开励磁电源。
　　(2) 表中 $T=G\times R$
　　　式中：G—砝码重量；R—圆盘半径(cm)。

3. 测定力矩式自整角机的静态误差 $\Delta\theta_{\text{jt}}$

(1) 接线图仍按图8.45。

(2) 发送机和接收机的励磁绕组加额定电压220V，发送机的刻度盘不固紧，并将发送机和接收机均调整到0°位置。

(3) 缓慢旋转发送机刻度盘，每转过20°，读取接收机实际转过的角度，数据记录于表8-5。

表 8-5　数据记录表3

发送机转角	0°	20°	40°	60°	80°	100°	120°	140°	160°	180°
接收机转角										
误　差										

注：接收机转角超前为正误差，滞后为负误差，正负最大误差值之和的一半为力矩式接收机的静态误差。

四、实验报告

1. 根据实验结果,求出被试力矩式自整角发送机的零位误差 $\Delta\theta$。
2. 作出静态整步转矩与失调角的关系曲线 $T=f(\theta)$。
3. 求出被试力矩式自整角机的静态误差 $\Delta\theta_{jt}$。
4. 实验体会。

本 章 小 结

1. 伺服电机在控制系统中作为执行元件,把输入的电压信号转换为轴上的角位移和角速度输出,输入的电压信号称为控制电压。要改变控制电压可以改变伺服电机的转速和转向。伺服电机可分为交流和直流两种类型。

2. 步进电机是一种把电脉冲信号转换成角位移和直线位移的执行元件。在数字控制系统中被广泛采用。步进电机是由控制脉冲通过驱动电路进行控制,一步一步地转动。转子转速与总的脉冲数目相对应。

3. 测速发电机是一种测量转速的信号元件,它将输入的机械转速转换为电压信号输出,输出电压与转速成正比。测速发电机分为两类:一是交流测速发电机;二是直流测速发电机。

4. 自整角机是同步传动系统中的关键元件之一,通常它是成对运行的。其运行方式有两种:一种是控制式;另一种是力矩式。控制式自整角机的输入量是发送轴的转角,输出量是接收机的输出电压,并通过放大器、伺服电机带动接收轴追随发送轴同步转动。力矩式自整角接收机自己能产生整步转矩,不需要放大器和伺服电机,在整步转矩的作用下,接收机转子便追随发送轴同步转动。控制式自整角机的精度比力矩式的高,在转角随动系统中采用。力矩式比较简单,用于小负载、精度要求不太高的场合,如常用来带动指针或刻度盘作为指示器。

5. 旋转变压器主要用来测量差角,其结构类似于绕线转子异步电动机,定子上嵌放远便绕组,转子上嵌放副边绕组,作为输出绕组。转子角度不同,定子、转子绕组间的电磁耦合情况就不同,输出电压也就不同。旋转变压器可分为正弦旋转变压器、余弦旋转变压器和线性旋转变压器以及特殊函数旋转变压器。它们主要用于坐标变换、三角函数运算、角度传输及移相。

6. 电机扩大机又称功率放大机,是一种特殊直流发电机,是利用交轴磁场的作用;获得很大的功率放大系数,也就是很小的激磁变量,就可得到较大的输出变量。电机放大机具有多磁场绕组,利用各个绕组可实现电压、电流、速度、功率等各种反馈。

思 考 题

1. 交流伺服电动机的理想空载转速为什么总是低于同步转速?当控制电压变化时,

电动机的转速为什么能发生变化？

2. 什么是自转形象？如何消除？

3. 什么是步进电机的步距角？什么是单三拍、单六拍工作方式？

4. 步进电动机为什么必须"自动错位"？自动错位的条件是什么？

5. 为什么交流异步测速发电机输出电压的大小与电机转速成正比？而频率却与转速无关？

6. 交流异步测速发电机的输出特性为什么存在线性误差？

7. 如果一对自整角机定子绕组的一根连接线的接触不良或脱开，试问是否能同步转动？

8. 简要说明线性旋转变压器的接线和工作原理？

9. 简述电机扩大机工作原理。

第 9 章 电动机应用知识

知识目标	(1) 掌握生产中电动机选择的原则 (2) 掌握电动机维护、电动机的试验的一般方法和原则 (3) 了解电动机拆装工艺流程
技能目标	(1) 根据生产要求选择合适的电动机 (2) 电动机的参数测定 (3) 小型电动机的拆卸和装配

引言

船用锚机特性对电力拖动的要求如下。

(1) 根据我国《钢质海船建造规范》规定，锚机电力拖动装置在规定的海区内，应能满足破土后起单锚，起双锚，拉锚入锚链孔等不同的速度的要求。

(2) 电动机能在最大负荷力矩下启动，要求锚机、绞缆机工作定额不小于30min，且应满足30min内启动25次的要求。

(3) 要求电动机有软的或下坠的机械特性，其堵转力矩应为额定力矩的两倍，以满足拔锚出土和系缆开始时需要很大的拉力，以克服船舶惯性的要求。

(4) 电动机能在堵转情况下工作1min左右。

(5) 电动机应有一定的调速范围，要求破土后的起锚速度，单锚不小于12m/min；双锚不小于8m/min；拉锚入孔时的速度为3~4m/min。

(6) 为适应甲板上的工作条件和短期工作状态，应选用防水和短期工作制电机。

为满足生产现场的需求应掌握电机的选择原则。

引言图

9.1 电动机的选择

在电力拖动系统中,为生产机械选配电动机,首先应满足生产机械的要求,例如对工作环境、工作制、启动、制动、减速或调速以及功率的要求。依据这些要求,合理地选择电动机的类型、运行方式、额定转速及额定功率,使电动机在高效率、低损耗的状态下可靠地运行,以达到节能和提高综合经济效益的目的。

为了达到这个目的,正确选择电动机的额定功率十分重要。如果额定功率选小了,电动机经常在过载状态下运行,会使它因过热而过早的损坏,还有可能承受不了冲击负载或造成启动困难。额定功率选的过大也不合理,此时不仅增加了设备投资,而且由于电动机经常在欠载运行,其效率及功率因数等性能指标变差,浪费了电能,增加了供电设备的容量,使综合经济效益下降。

确定电动机额定功率时,要考虑电动机的发热、允许过载能力和启动能力等因素。一般情况下,以发热问题最重要。所以首先要研究电动机的发热和冷却的一般规律,然后再根据负载运行的不同情况选择电动机的容量。

9.1.1 电动机发热和冷却的一般规律

电动机工作时有些部件产生热量(如绕组、铁心、轴承等),有些部分则不产生热量(如机座、绝缘材料、轴等);它们的热容量不同;传热系数也不同;各部件的热量传到周围介质中去的方式与路径也各不相同。在研究电动机发热时,如果把这些因素都加以考虑,将使问题变得十分复杂。为便于下面的分析,同时又保证所得到的结论基本符合工程实际,特做如下假定。

(1) 电动机为一个均匀物体,各部分的温度相同,并具有恒定的散热系数和热容量。
(2) 电动机长期运行,负载不变,总损耗不变。
(3) 周围环境温度不变。

1. 电动机的发热过程

电动机在运行过程中,随着能量的相互转换总是有一定能量损失,这些能量损耗转变为热能使电动机的温度升高。电动机温度比环境温度高出的值称为温升。当电动机的温度高于周围环境温度时,电动机就要向周围散热;温升越高、散热越快。当单位时间内产生的热量与单位时间内散发到周围介质中的热量相等时,电动机的温度不再升高,达到了所谓的热稳定状态。此时的温升为稳定温升 τ_w,其大小取决于电动机的负载。

2. 电动机的冷却过程

冷却过程可分成两种情况讨论。
1) 电动机负载减小时的冷却过程

负载运行的电动机,如果减小它的负载,其内部的损耗 Δp 减小,产生的热量 Q 也随之减少。原来的热平衡状态被破坏,变成了发热少于散热,电动机的温度就要下降,温升降低,单位时间内散出的热量 $A\tau$ 逐渐减少。直到重新达到 $Q=A\tau$(即发热等于散热)时,温升不再变化,电动机达到了一个新的稳定状态,温升下降的过程称为冷却。

2) 电动机脱离电源时的冷却过程

电动机脱离电源后，电动机的损耗为 0，不再产生热量。电动机的温升逐渐下降，直到与周围环境温度相同为止。

电动机的发热与冷却情况不仅与其所拖动的负载有关，而且还与负载持续工作时间的长短有关。所以，还要对电动机的工作方式进行分析。

9.1.2 电动机工作方式的分类

电动机的带负载运行情况可能是多种多样的，例如空载、满载和停机等，其持续的时间和顺序也有所不同。电动机的温升不仅依赖于负载的大小，而且与负载持续的时间有关。同一台电动机，如果运行时间长短不同，电动机能够输出的功率也不同，所产生的温升也就不同。为了便于电动机的系列生产和用户的选择使用，按发热观点，将电动机分成3种工作方式或称3种工作制。

1. 连续工作制（或称长期工作制）

电动机连续工作时间很长，工作时间 $t_g > (3 \sim 4)T_H$（T_H 为发热时间常数），可达几小时，甚至几昼夜；在工作时间内，电动机的温升可以达到稳定值 τ_W。其典型负载图 $P = f(t)$ 及温升曲线 $\tau = f(t)$ 如图 9.1 所示。

通风机、水泵、纺织机和造纸机等生产机械使用的电动机都属于连续工作制电动机。

2. 短时工作制

电动机工作时间较短，$t_g < (3 \sim 4)T_H$，在工作时间内，电动机的温升达不到稳定值 τ_W。而停歇时间 t_0 很长，$t_0 > (3 \sim 4)T_H'$（T_H' 为冷却时间常数），电动机的温升可以降到零，短时工作制电动机的负载图和温升曲线如图 9.2 所示。

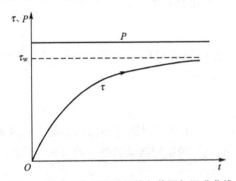
图 9.1 连续工作制电动机的负载图与温升曲线

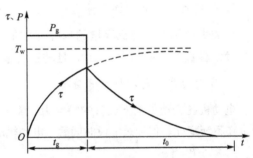
图 9.2 短时工作制电动机的负载图与温升曲线

我国规定的短时工作制的标准时间为 15min、30min、60min、90min 这 4 种。属于这种工作制的电动机，有水闸闸门、车床的夹紧装置和转炉倾动机构的拖动电动机等。

3. 断续周期工作制（重复短时工作制）

在这种工作制下，电动机的工作时间 t_g 和停歇时间 t_0 轮流交替，两段时间都较短，$t_g < (3 \sim 4)T_H$，$t_0 < (3 \sim 4)T_H'$。在 t_g 期间，电动机温升达不到稳定值，而在 t_0 期间电动机温升也降不到零。这样经过一个周期时间（$t_g + t_0$），温升有所上升，经过若干个周期后，温升在最高温升 τ_{max} 和最低温升 τ_{min} 之间波动，达到周期性变化的稳定状态。其负载图和温升曲线如图 9.3 所示。按国标规定，周期时间 $t_g + t_0 \leqslant 10$min。在断续周期工作制中，

负载工作时间与整个周期之比称为负载持续率，用 $ZC\%$ 表示。

$$ZC\% = \frac{t_g}{t_g + t_0} \times 100\% \qquad (9-1)$$

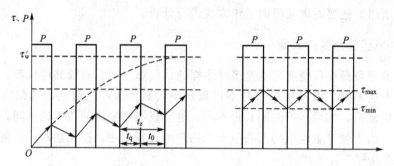

图 9.3　断续周期工作制电动机的负载图与温升曲线

我国规定的负载持续率有 15％、25％、40％、60％这 4 种。起重机、电梯和轧钢机辅助机械等使用的电动机均属于这种工作制。

电动机的工作方式不同，其发热和温升情况就不同，因此，从发热观点选择电动机容量的方法也就不同。

9.1.3　连续工作制下电动机容量的选择

连续工作制下电动机的负载可分成两大类。
(1) 恒定负载。负载长时间不变或变化不大。
(2) 变动负载。负载长期施加，但大小变化。其变化具有周期性。

1. 恒定负载下电动机容量选择

这类生产机械电动机容量的选择非常简单，只要根据负载的功率 P_L 在产品目录中选一台额定容量等于或略大于 P_L，且转速合适的电动机就可。

2. 变动负载下电动机容量选择

电动机在变动负载下运行的特点为：输出功率不断地变化，因而电动机内部的损耗及温升也在不断变化，但经过一段时间后，电动机的温升达到一种稳定波动状态，如图 9.4 所示。

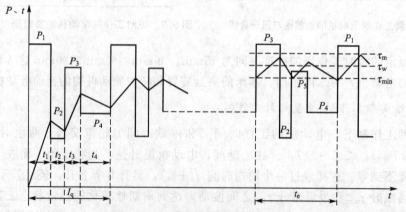

图 9.4　变动负载下连续工作制电动机的负载图及温升曲线

在此情况下，如按最大负载功率选择电动机容量，电动机将不能充分利用；而按最小负载功率选择，电动机要过载，会引起电动机温升过高。可以推知，电动机容量只能在最大负载和最小负载之间适当选择。因此，变动负载下电动机容量选择比较复杂些，一般分为如下两个步骤。

1) 初选电动机容量

根据生产机械负载图求出其平均功率，即

$$P_j = \frac{P_1 t_1 + P_2 t_2 + \cdots + P_n t_n}{t_1 + t_2 + \cdots + t_n} = \frac{\sum\limits_{i=1}^{n} P_i t_i}{\sum\limits_{i=1}^{n} t_i} \tag{9-2}$$

式中：P_1，P_2，…，P_n——各段负载的功率；

t_1，t_2，…，t_n——各段负载的持续时间。

然后按下式求出初选电动机的容量，即

$$P_N = (1.1 \sim 1.6) P_j \tag{9-3}$$

对于系数的选用，应根据负载变动的情况确定。大负载所占的分量多时，选较大的系数。

2) 校验电动机的容量

校验电动机容量时，首先要校验电动机的发热，然后校验过载能力，必要时校验启动能力。

用上面平均功率法初选了电动机容量，虽然在理论上是合理的，但它没有考虑到电动机在过渡过程中可变损耗与电流平方成比例。尤其在负载变化较大时，可变损耗变化大，这要影响到电动机的温升。因此，要进行电动机的发热校验。

要进行发热校验，一般采用下述几种方法进行校验。

(1) 等效电流法。等效电流法的原则是用一个恒值的等效电流 I_{dx} 来代替实际变动的负载电流，在同一周期内两者在电动机中产生的损耗相等，即发热相同。

假设电动机的铁损耗与电阻 R 不变，则损耗只与电流的平方成正比，由此可得

$$I_{dx} = \sqrt{\frac{I_1^2 t_1 + I_2^2 t_2 + \cdots + I_n^2 t_n}{t_1 + t_2 + \cdots + t_n}} \tag{9-4}$$

式中：t_n——对应负载电流为 I_n 时的工作时间。

求出 I_{dx} 后，则所选用的电动机的额定电流 I_N 应大于或等于 I_{dx}，发热检验通过，所选电动机合适，否则应重选电动机。

对于深槽式和双笼式异步电动机，在启动和制动时，其转子电阻变化很大，不符合以上假设，故不能用等效电流法校验发热，因此必须改用平均损耗法。

(2) 等效转矩法。实际应用中，有时已知的不是负载电流图，而是转矩图，此时应使用等效转矩法。

等效转矩法是由等效电流法推导出来的。当电动机转矩与电流成正比时（直流电动机励磁不变、异步电动机电源电压与 $\cos\varphi_2$ 不变时），可用等效转矩来代替等效电流，则

$$T_{dx} = \sqrt{\frac{T_1^2 t_1 + T_2^2 t_2 + \cdots + T_n^2 t_n}{t_1 + t_2 + \cdots + t_n}} \tag{9-5}$$

如果计算出等效转矩 $T_{dx} \leqslant T_N$ 则发热校验通过，所选电动机合适，否则应重选电动机。

(3) 等效功率法。如果已知的是负载功率图，当电动机的转速基本不变时，P 与 T 成正比，由等效转矩引出等效功率的公式

$$P_{dx} = \sqrt{\frac{P_1^2 t_1 + P_2^2 t_2 + \cdots + P_n^2 t_n}{t_1 + t_2 + \cdots + t_n}} \qquad (9-6)$$

如果计算出等效功率 $P_{dx} \leqslant P_N$，则发热校验通过，所选电动机合适，否则应重选电动机。

特别提示

在应用等效电流法、等效转矩法和等效功率法进行发热校验合适后，还必须校验电动机的过载能力。

9.1.4 短时工作制下电动机容量的选择

短时工作制的负载，应选用专用的短时工作制电动机。在没有专用电动机的情况下，也可以选用连续工作制电动机。

1. 直接选用短时工作制电动机

这是可按照产生机械的功率、工作时间和转速选取合适的电动机。如果短时负载是变动的，也可用等效法选择电动机，此时等效电流为

$$I_{dx} = \sqrt{\frac{I_1^2 t_1 + I_2^2 t_2 + \cdots + I_n^2 t_n}{\alpha t_1 + \alpha t_2 + \cdots + \alpha t_n + \beta t_0}} \qquad (9-7)$$

式中：I_1——启动电流；
I_n——制动电流；
t_1——启动时间；
t_n——制动时间；
t_0——停转时间。

α 和 β 是考虑对自冷式电动机在启动、制动和停转期间因散热条件变坏而采取的系数，对异步电动机 $\alpha = 0.5$，$\beta = 0.25$。

用等效法时要必须注意对选用电动机进行过载能力的校核。

2. 选用断续周期工作制的电动机

在没有合适的短时工作制电动机时，也可选用断续周期工作制的电动机。短时工作时间与负载持续率的换算关系，可以近似为 30min 工作时间相当于 15% 的负载持续率；60min 工作时间相当于 25% 的负载持续率；90min 工作时间相当于 40% 的负载持续率。

9.1.5 断续周期工作制下电动机容量的选择

在工业企业中，特别是在冶金企业中，许多生产机械是在断续周期性工作制下工作的，按标准规定，断续周期性工作的每个周期不超过 10min，其中包括启动、运行、制动和停歇各阶段。普通形式的电动机往往难以胜任这样频繁的启动、制动工作。因此，专为它设计了断续周期工作制的电动机。这类电动机的共同特点是：启动和过载能力强、惯性小（飞轮力矩小）、机械强度大和绝缘材料等级高。

标准负载持续率有 $ZC = 15\%$、25%、40%、60% 这 4 种。同一台电动机，在不同

$ZC\%$ 下，其额定输出功率不同，$ZC\%$ 越小，额定功率就越大，即

$$P_{15\%} > P_{25\%} > P_{40\%} > P_{60\%} \tag{9-8}$$

断续周期工作制电动机功率选择的步骤与连续工作制变动负载下的功率选择是相似的。要经过预选电动机和校验等步骤，一般情况下，应根据生产机械的负载持续率来预选电动机。

如果生产机械的实际负载持续率 $ZC_{sj}\%$ 与标准持续率 $ZC\%$ 相同或相近，平均负载功率和转速也已知，便可以从产品目录中直接选取，最后校验。

如果实际负载持续率 $ZC_{sj}\%$ 与标准持续率 $ZC\%$ 不同，就需要把实际负载持续率 $ZC_{sj}\%$ 下的实际功率 P_{sj} 换算成标准下 $ZC\%$ 的负载功率 P_g，然后再预选电动机容量和校验发热。

换算的原则是实际负载持续率 $ZC_{sj}\%$ 下与标准持续率 $ZC\%$ 下损耗相等，即发热相同。

$$(p_0 + p_{csj})ZC_{sj}\% = (p_0 + p_{cug})ZC\% \tag{9-9}$$

将 $k = p_0 / p_{cug}$ 代入上式，可得

$$[k + (p_{csj}/p_{cug})]ZC_{sj}\% = (k+1)ZC\% \tag{9-10}$$

考虑到 $p_{csj}/p_{cug} = p_{sj}^2 / p_g^2$，由上式可解出，即

$$P_g = \frac{P_{sj}}{\sqrt{ZC\%/ZC_{sj}\% + k(ZC\%/ZC_{sj}\% - 1)}} \tag{9-11}$$

当 $ZC_{sj}\%$ 与 $ZC\%$ 相差不大时，可将 $k(ZC\%/ZC_{sj}\% - 1)$ 忽略不计，因而得到功率换算公式为

$$P_g \approx \frac{P_{sj}}{\sqrt{ZC\%/ZC_{sj}\%}} \tag{9-12}$$

换算时，应选取与 $ZC_{sj}\%$ 最相近的 $ZC\%$ 值代入上式。

计算出 P_g 后，按 P_g 所对应的 $ZC\%$，预选电动机的额定功率 $P_N \geqslant P_g$，则发热校验通过。

如果 $ZC\% < 10\%$，按短时工作制处理，应选用短时工作制电动机。

如果 $ZC\% > 70\%$，按连续工作制处理，应选用连续工作制电动机。

9.1.6 电动机种类、额定电压、额定转速及外部结构形式的选择

电动机的选择，除确定电动机的额定功率外，还需要根据生产机械的技术要求、运行地点的环境、供电电源及传动机构的情况，合理地选择电动机的类型、外部结构形式、额定电压和额定转速。

1. 电动机种类的选择

选择电动机类型的原则是在满足生产机械对过载能力、启动能力、调速性能指标及运行状态等各方面要求的前提下，优先选用结构简单、运行可靠、维修方便和价格便宜的电动机。

中国普遍采用的动力电源是三相交流电源，因此最简单、经济的办法是选择三相或者单相异步电动机来驱动机械负载。

笼型异步电动机，由于结构简单、运行可靠、维修方便和价格便宜等特点，广泛应用于国民经济和日常的各个领域，是生产量最大、应用面最广的电动机。但启动和调速性能

差，功率因数低。在不要求调速，对启动性能无过高要求的一般生产机械中，如机床、水泵、通风机、家用电器和仪器仪表等，都广泛采用笼型异步电动机。

对于要求高启动转矩的生产机械，如空气压缩机、皮带运输机、纺织机等，可采用深槽式或双笼型异步电动机。

对于要求有级调速的生产机械，如电梯及某些机床，可采用多速笼型异步电动机。

绕线转子异步电动机通过转子回路串电阻，可限制启动电流，提高启动、制动转矩，实现调速。对于启动、制动比较频繁，要求启动、制动转矩大，但对调速性能要求不高、调速范围不宽的生产机械，如起重机、矿井提升机、电梯、锻压机等，可采用绕线转子异步电动机。

同步电动机在运行时，可以对电网进行无功补偿，提高功率因数。当生产机械的功率较大而对调速又无要求时，如球磨机、破碎机、矿用通风机、空气压缩机等，可采用同步电动机。

对于要求调速范围宽、调速平滑、对拖动系统过渡过程有特殊要求的生产机械，如高精度数控机床、龙门刨床、造纸机、印染机等，可选用调速性能优良的他励直流电动机。

目前交流电动机变频调速技术发展很快，高性能的交流电动机变频调速系统的技术指标已达到直流电动机调速系统的水平。随着交流调速技术的不断发展，笼型异步电动机将大量用在要求无级调速的生产机械上。因此当生产机械对启动、制动及调速有特殊要求时，应进行经济技术比较，以便合理地选择电动机的类型及调速方法。

2. 电动机额定电压的选择

电动机额定电压选择的原则应与供电电网或电源电压一致。

一般工厂企业低压电网为380V，因此，中小型异步电动机都是低压的，额定电压为380/220V（Y/D接法）、220/380V（D/Y接法）及380/660（D/Y接法）3种。

当电动机功率较大时，额定电压提高到3000V、6000V甚至达10000V，统称高压电动机。

一般情况下，电动机额定功率 P_N＜100kW，选用380V；P_N＜200kW，选用380V或3000V；P_N≥200kW，选用6000V；P_N＞1000kW，选用10kV。

直流电动机的额定电压一般为110V、220V、440V，大功率电动机可提高到600V、800V、甚至1000V。

当直流电动机由晶闸管整流电源供电时，则应根据不同的整流形式选取相应的电压等级。

3. 电动机额定转速的选择

电动机额定转速选择是否合理，关系到电动机的价格和拖动系统的运行效率。甚至关系到生产机械的生产率。因为额定功率相同的电动机，额定转速越高，电动机的体积越小，重量和成本也就越低，因此选用高速电动机比较经济。但由于生产机械的转速有一定的要求，电动机转速越高，传动机构的传动比就越大，导致传动机构复杂，传动效率降低。所以选择电动机的额定转速时，要兼顾传动机构，并从以下几个方面综合考虑。

对很少启动、制动或反转的长期工作制的电动机，应从设备的初期投资、占地面积和维修费用等方面考虑。就几个不同的额定转速进行比较，最后确定电动机的额定转速。

如果电动机经常工作于启动、制动及反转状态，过渡过程的持续时间对生产率影响较大。因此主要根据过渡过程持续时间最短为条件来选择电动机的额定转速。

如果电动机经常工作于启动、制动及反转状态，但过渡过程的持续时间对生产率影响不大。因此除应考虑初期投资外，还要根据过渡过程中能量损耗最小为条件来选择传动比和电动机的额定转速。

4．电动机外部结构形式的选择

电动机的安装形式有卧式和立式两种。一般情况使用卧式；特殊情况使用立式。

电动机的外壳防护形式有开启式、防护式、封闭式及防爆式等。

开启式电动机，在定子两侧与端盖上都有很大的通风口，这种电动机价格便宜、散热条件好，但容易进灰尘、水滴、铁屑等，只能在清洁、干燥的环境中使用。

防护式电动机在机座下面有通风口，散热好，能防止水滴、铁屑等从上方落入电动机内，但不能防止灰尘和潮气侵入，所以，一般在比较干燥、灰尘不多、较清洁的环境中使用。

封闭式电动机分为自扇冷式、他扇冷式和密闭式3种。前两种电动机是机座及端盖上均无通风孔，外部空气不能进入电动机内部。可用在潮湿、有腐蚀性气体、灰尘多、易受风雨侵蚀等较恶劣的环境中；密闭式电动机，外部的气体、液体都不能进入电动机内部。一般用于在液体中工作的机械，如潜水泵电动机等。

防爆式电动机适用于有易燃、易爆气体的场所，如油库、煤气站、加油站和矿井等场所。

9.2 电动机的运行维护

9.2.1 电动机启动前的准备

对新安装或久未运行的电动机，在通电使用之前必须先进行下列4项检查，以验证电动机能否通电运行。

1．安装检查

要求电动机装配灵活、螺钉拧紧、轴承运行无阻、联轴器中心无偏移等。

2．绝缘电阻检查

用兆欧表检查电动机的绝缘电阻，包括三相相间绝缘电阻和三相绕组对地绝缘电阻。测得的数值一般不小于 $10M\Omega$。

3．电源检查

一般当电源电压波动超出额定值+10%或-5%时，应改善电源条件后投运。

4．启动、保护措施检查

要求启动设备接线正确(直接启动的中小型异步电动机除外)；电动机所配熔丝的型号合适；外壳接地良好。

以上各项检查无误后，方可合闸启动。

9.2.2 电动机启动时的注意事项

电动机启动时，应注意以下事项。

（1）合闸后，若电动机不转，应迅速、果断地拉闸，以免烧毁电动机。

（2）电动机启动后，应注意观察电动机，若有异常情况，应立即停机。待查明故障并排除后，才能重新合闸启动。

（3）笼型电动机采用全压启动时，次数不宜过于频繁，一般不超过3～5次，对功率较大的电动机要随时注意电动机的温升。

（4）绕线转子电动机启动前，应注意检查启动电阻是否接入。接通电源后，随着电动机转速的提高而逐渐切除启动电阻。

（5）几台电动机由同一台变压器供电时，不能同时启动，应由大到小逐台启动。

9.2.3 电动机运行中的监视

对运行中的电动机，应经常检查它的外壳有无裂纹、螺钉是否有脱落或松动，电动机有无异响或振动等。监视时，要特别注意电动机有无冒烟和异味出现。若闻到焦糊味或者看到冒烟，必须立即停机检查处理。

对轴承部位，要注意它的温度和响度。温度升高，响声异常则可能是轴承缺油或磨损。用联轴器传动的电动机，若中心校正不好，会在运行中发出响声，并伴随着发生电动机振动和联轴节螺栓胶垫的迅速磨损，这时应重新校正中心线。用带传动的电动机，应注意传动带不应过松而导致打滑，但也不能过紧而使电动机轴承过热。

在发生以下严重故障情况时，应立即断电停机处理。

（1）人身触电事故。

（2）电动机冒烟。

（3）电动机剧烈振动。

（4）电动机轴承剧烈发热。

（5）电动机转速迅速下降，温度迅速升高。

9.2.4 电动机的定期维修

异步电动机定期维修是消除故障隐患、防止故障发生的重要措施。电动机维修分月维修和年维修，又称为小修和大修。前者不拆开电动机；后者需把电动机全部拆开进行维修。

1. 定期小修主要内容

定期小修是对电动机的一般清理和检查，应经常进行，内容如下。

（1）清擦电动机外壳，除掉运行中积累的污垢。

（2）测量电动机绝缘电阻，测后注意重新接好线，拧紧接线头螺钉。

（3）检查电动机端盖、地脚螺钉是否紧固。

（4）检查电动机接地线是否可靠。

（5）检查电动机与负载机械间的传动装置是否良好。

（6）拆下轴承盖，检查润滑介质是否变脏、干涩，及时加油或换油。处理完毕后，注意上好端盖及紧固螺钉。

(7) 检查电动机附属启动和保护设备是否完好。

2. 定期大修主要内容

异步电动机的定期大修应结合负载机械的大修进行。大修时,要拆开电动机进行以下项目的检查修理。

(1) 检查电动机各部件有无机械损伤,若有则应进行相应修复。

(2) 对拆开的电动机和启动设备进行清理,清除所有油泥、污垢。清理中注意观察绕组绝缘状况。若绝缘为暗褐色,说明绝缘已经老化,对这种绝缘要特别注意不要碰撞使它脱落。若发现有脱落要进行局部绝缘修复和刷漆。

(3) 拆下轴承,浸在柴油或汽油中彻底清洗。把轴承架与钢珠间残留的油脂及脏物洗掉后,用干净柴(汽)油清洗一遍。清洗后的轴承应转动灵活,不松动。若轴承表面粗糙,说明油脂不合格;若轴承表面变色(发蓝),则它已经退火。根据检查结果,对油脂或轴承进行更换,并消除故障原因(如清除油中砂、铁屑等杂物,正确安装电动机等)。

轴承新安装时,加油应从一侧加入。油脂占轴承内容积的 $1/3 \sim 2/3$ 即可,油加得太满会发热流出。润滑油可采用钙基润滑脂或钠基润滑脂。

(4) 检查定子绕组是否存在故障。使用兆欧表测绕组电阻可判断绕组绝缘性能是否因受潮而下降,是否有短路。若有,应进行相应处理。

(5) 检查定子、转子铁心有无磨损和变形;若观察到有磨损处或发亮点,说明可能存在定子、转子铁心相擦,应使用锉刀或刮刀把亮点刮低;若有变形应做相应修复。

(6) 在进行以上各项修理、检查后,对电动机进行装配、安装。

(7) 安装完毕的电动机,应进行修理后检查,符合要求后,方可带负载运行。

9.3 电动机试验

9.3.1 概述

电动机试验项目很多,按试验的目的不同可分为两类:一类是电动机的出厂试验和型式试验;另一类是电动机修理试验。在此重点介绍电动机的修理试验。电动机的修理试验又分为以下 3 种。

(1) 修理前的试验。这种试验的主要目的是找出故障所在,给修理提供必要的数据。

(2) 修理中的试验。这种试验的目的是检查半成品的质量。

(3) 修理后的试验。这种试验的目的是保证电动机的可靠性,提高电动机的修理质量,它是电动机修理后最重要的一个环节,将重点介绍这种试验。

9.3.2 试验前的检查

修理后的电动机在试验开始前,首先应进行一般性检查。主要包括:检查电动机的装配质量,各部分的紧固螺栓是否旋紧,引出线的标记是否正确,转子转动是否灵活等。如果是滑动轴承,还应检查油槽内是否有油,用油是否清洁,油量是否充足,油环转动是否灵活。此外,还要检查各绕组接线是否正确,电刷与集流装置接触是否良好(换向器或滑环),电刷位置是否正确,在刷握中是否灵活等。确认电动机的一般性检查良好后,方可进行试验。

9.3.3 绕组冷态直流电阻的测定

按电动机的功率大小,绕组冷态直流电阻可分为高电阻和低电阻。电阻在10Ω以上为高电阻,在10Ω以下为低电阻。高电阻可用万用表测量,或者通以直流电,测出电流和电压后,再按欧姆定律计算出直流电阻。测量低电阻必须用精密度较高的电桥。

测量电阻时,应测量绕组的温度,然后再按下式换算为15℃时的标准电阻值。

$$R_{15} = \frac{R_t}{1+\alpha(t-15)} (\Omega) \qquad (9-13)$$

式中:R_{15}——绕组在15℃时的电阻值;

R_t——绕组在t℃的电阻值;

α——导线的温度系数,可以查表得到;

t——测量电阻时的绕组温度。

绕组的每相电阻与以前测得的数值或出厂时的数据相比较,其差别不应超过2%~3%,平均值不应超过4%。对三相绕组,其不平衡度以小于5%为合格。如果电阻值相差过大,则焊接质量有问题,尤其在多路并联的情况下,可能是一个支路脱焊。如果三相电阻数值都偏大,则表示线径过细。具体测量方法如下。

(1) 测量绕组电阻时,应同时测量绕组的温度。

(2) 电路直接接在引出线端(接线端子或滑环等),测转子绕组电阻时须把变阻器切出。

(3) 如果在做发热试验时要测量绕组的冷态电阻,则须在稳定的热状态下进行,即在空气中测得的温度与周围介质的温度差不超过3℃的状态下进行。

(4) 测量仪表的精度不应低于0.5级。

(5) 仪表的读数须在测量的同时记下。为了避免错误,测量可连续3~4次,从中求出平均值。

(6) 测量时须特别注意测量仪表接线的触点质量。

9.3.4 绝缘电阻的测量

1. 测量内容

测定电动机绕组对机壳及绕组相互间的绝缘电阻,是电动机修复后的一项基本试验。电动机的绝缘不良,将会造成严重结果,如烧毁绕组、电动机机壳带电等。因此电动机修理后要严格地进行绝缘试验,从而保证安全运行。

交流电动机测量绝缘电阻时,如果各相绕组的始末端均引出机壳外,应断开各相之间的连接线,分别测量每相绕组对机壳的绝缘电阻;即绕组对地的绝缘电阻;然后测量各相绕组之间的绝缘电阻,即相间绝缘电阻。如果绕组只有始端或末端引出机壳外,则允许测量所有绕组对机壳的绝缘电阻。绕线转子异步电动机的绝缘电阻应对定子、转子绕组分别进行测量。多速多绕组的电动机,应分别测各绕组对机壳的绝缘电阻和绕组间的绝缘电阻。

对于直流电动机,电枢回路绕组、串励绕组和并励绕组对机壳及其相互间的绝缘电阻应分别进行测量。

2. 测量工具及方法

测量绝缘电阻的工具有兆欧表和数字兆欧计。按照被测试电动机绕组不同的额定电压采用不同等级的仪表。

兆欧表的测量方法为：将指定用来接地的一端与电动机的外壳相接，另一端依次与所测绕组相接，然后均匀转动摇柄（以120r/min为宜），待指针稳定后读取兆欧表的数值，就是绕组对地的绝缘电阻值。绕组各相间的绝缘电阻，是借绕组的6个引出线接头来测量的。测量时可将表的两个接头轮流地接到各相邻两绕组的引出线接头上，逐次测量各相之间的绝缘电阻值。

数字兆欧计的测量方法和兆欧表类似，只是其内部不带发电机，所以需用电池。

3. 注意事项

（1）测量绝缘电阻前必须先将所测设备的电源断开，并短路放电，以确保人身和仪表的安全。

（2）兆欧表应按电气设备的电压等级选用。500V以下的电动机，可采用500V兆欧表；500V以上的电动机，可采用1000V或2500V兆欧表。

（3）测量前，兆欧表应先做一次开路试验和短路试验，观察指针是否指向"∞"处或是"0"处。

（4）使用兆欧表时，应保持一定的转速，制造厂规定为120r/min，允许±20%左右的变动。

（5）对于绕组额定电压在3000V及以上时，每次测量绝缘电阻后，绕组应与机壳连接一段时间，功率小于1000W的电动机，摇测时间不少于15s；1000W以上的电机，摇测时间不少于1min。

（6）数字兆欧计使用一段时间后，要及时更换电池，否则会影响测量结果。

9.3.5 空载运转试验

空载运转试验也称为空转试验。空载运转试验是电动机修复后的一项基本试验，也是电动机空载试验前的必要试验（测量电机空载损耗的试验）；需做空载试验的电动机，应先做空转试验。

1. 三相交流电动机的空转试验

1）试验方法

将电动机通以额定频率、额定电压的三相交流电，电动机转轴上不带负载运行。运转时间一般不少于0.5～1h。额定功率较高（超过1000kW）或额定功率较低（小于10kW）的电动机，运转时间可适当增加或减少。

运行中测量三相线电流的数值。

2）试验目的

（1）检查电动机的运转情况。首先应注意定子、转子是否有摩擦，运转是否平稳、轻快，正常的电动机运转声音均匀而不夹带异常的杂声，轴承不应有过高的温升。

（2）观察电动机的空载电流。观察三相电流是否在正常范围内。

（3）观察试验过程中电流的变化。三相空载电流要保持平衡，任意一相电流的值与三相电流的平均值的偏差不应超过 10%。

2. 直流电动机的空载运行试验

1) 试验方法

直流电动机的空载运行试验，主要是使电动机工作在额定转速下，来观察其工作状态。直流电动机的空载运行试验应注意电动机的启动方法。

(1) 他励直流电动机启动时，励磁绕组、电枢绕组都应加可变电阻器。为增大启动转矩、缩短启动时间，启动时，励磁绕组串接的可变电阻器应调至零值，给励磁绕组施加额定电压，而应给电枢绕组施加适当低的电压。完全启动后，调节电枢电压至额定值，再调节励磁绕组上的变阻器，使电动机转速达到额定值。

(2) 串励直流电动机决不允许在空载下启动，因为空载运行时电动机的转速有增至非常高(5～6倍额定转速)的危险，容易发生"飞车"现象。因此串励直流电动机进行空载试验时，应改为他励。

2) 试验目的

电动机空载运行试验时间不小于 30～60min，在试验期间内，应检查铁心是否过热，轴承的温度是否过高，有无异常的声音，电动机转动时火花是否严重。空转试验结束时，电动机两端轴承的温度不应有明显的区别。

9.3.6 温升试验

1. 试验目的

电动机在运行过程中，铁损耗和铜损耗将会转化为热能，使电动机的各部分的温度升高。过高的温度会使绝缘材料的寿命很快降低。因此，电动机修理好后，它的额定输出功率是否符合要求，负载到底有多大，应由温升试验决定。此外，电动机的各种故障也是造成电动机温升过高的原因，因此温升试验是判断电动机故障的一种手段。

2. 测量方法

电动机的温升是电动机在额定运行情况下，电动机各部分温度达到稳定时，电动机的温度高于环境温度的度数。试验时，电动机带额定负载。从开始至电动机的温度稳定需要数小时。测量温度的方法一般有温度计法、电阻法和用红外线测温仪直接测量。

(1) 温度计法。用温度计紧贴于铁心或绕组等被测量的部位。温度计的玻璃球可用锡箔、棉絮裹住并扎牢。运行一段时间后温度达到某一稳定值而不再上升，这个值与环境温度的差值就是电动机的温升。对于封闭式电动机来说，可将温度计用锡箔裹住玻璃球塞在吊环孔中测量，四周用棉絮裹住。但由于操作比较麻烦，这种方法现在已经基本不用了。

(2) 电阻法。这是一种根据导体电阻随温度升高而增大的原理，测得绕组冷、热态时的电阻，通过计算求得温升的方法。具体做法是：在电动机还没有工作前，先测出电动机一相电阻 R_1 和此时绕组的温度 t_1。然后启动电动机，使电动机在额定负载下运行，用温度计监视电动机温度的变化，待温度稳定后停机，马上测出此时一相绕组的电阻值 R_2，则此电动机的温升为

$$\Delta t = \frac{R_2 - R_1}{R_1}(\alpha + t_1) + t_1 - t_2 \tag{9-14}$$

式中：α——常数，铜绕组为 235，铝绕组为 225；

t_2——试验完毕时，电动机周围空气的温度。

（3）用红外线测温仪进行检测。这是目前使用最多的一种方法。红外线测温仪体积小、坚固，使用非常方便。测量时只需将仪器对准电动机被测的部位，扣动扳机，显示面板上立即将显示出被测部位的温度。但是在进行测量时，要避免电焊和感应加热器引起的电磁场和热冲击，也不要将仪器靠近或放在高温物体上。

9.3.7 超速试验

超速试验一般是将电动机转速提高到额定转速的 120%。超速试验的目的在于检查电动机的安装质量，考验转子各部分承受离心力的机械强度和轴承在超速时的机械强度。

要使异步电动机超速运转，可以提高被试验电动机电源电压的频率，或用辅助电动机拖动被试电动机，使之转速提高。目前大多采用变频电源来进行超速试验，费用较高。因此，对交流电动机，有些时候可不进行此项试验。

直流电动机提高转速的方法是：减小励磁电流或增加电枢端电压。但端电压的增加应小于额定电压的 1.3 倍，减小励磁电流应使转速平衡上升。

对所有电动机都要求其在增高转速下能支持 2min，而无有损害变形现象。做超速试验时，转速的测量一般采用远距离测速计。

9.3.8 绝缘耐压试验

绝缘电阻低于规定值，表示此电动机的绝缘情况不太好；但如果绝缘电阻高于额定值时，也并不表示此电动机的绝缘情况一定好。有时绝缘可能已有机械损坏，但是只要线圈与外壳之间无金属性接触，它的电阻仍可能很高。因此，检查绝缘品质最可靠的方法是绝缘耐压试验。它分为绕组对机壳和绕组相互间的绝缘耐压试验。下面介绍绕组对机壳的耐压试验。

1. 试验方法

该试验应在电动机静止的状态下进行。试验电压应施加于绕组与机壳之间。此电压由单相升压变压器供给。此时铁心及其他不参与试验的绕组均应与机壳相连接，如图 9.5 所示。

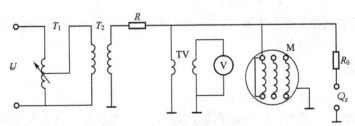

图 9.5 电机耐压试验原理图

T_1—调压变压器；T_2—高压试验变压器；R—限流保护电阻；R_0—球隙保护电阻（低压电机不接）；TV—测量用电压互感器；V—电压表；M—被测电动机

本试验应对每相绕组轮流进行。试验时，施加的电压应从不超过试验电压全值的一半开始（一般为 $30\% U_{max}$）。然后稳步地增加至全值（U_{max}），电压从初始值上升至全值所需时间在 10s 以上。全电压试验时间维持 1min。试验完毕，应匀速降压，待电压降至全值的 1/3 以下时断开电源，并将被试绕组接地放电。

试验中如发生绝缘损坏故障，电压表指针会立刻降低，绝缘损坏处会出现冒烟或发出响声等异常现象。此时，应立即降低电压，断开电源，接地放电后进行检查。

2. 对试验电压的要求

试验电压应为工频电压，并尽可能为正弦波形。

(1) 绕组完全重绕的电动机。对于功率小于 1kW 以及额定电压 U_N 不超过 380V 的电动机绝缘绕组来说，试验电压为 $500+2U_N$；对于功率大于 1kW 的电动机绝缘绕组来说，试验电压为 $1000+2U_N$；对于额定电压在 2.4kV 以上或是有特殊要求的电动机来说，试验电压按专门协议或是参照国家机械行业标准执行。

(2) 绕组部分重绕的电机。试验电压应不超过上述电压的 75%。试验前应对未重绕部分进行清洁和干燥处理。

(3) 拆装清理过的电动机。在清理干燥后用 1.5 倍的额定电压做试验。额定电压为 100V 及其以上的电动机，试验电压应不小于 1000V；额定电压为 100V 以下的电机，试验电压应不小于 500V。

3. 试验注意事项

(1) 在进行此试验之前，应当先测量电动机的绝缘电阻。如果绝缘电阻偏低，则不宜做此试验。

(2) 如果要做超速、短路或温升等试验，本试验应在这些试验后进行。

(3) 为了避免电动机绝缘损坏或缩短绝缘寿命，同一台电动机不应重复进行本试验。但如果用户提出要求，则允许再做一次，但试验电压不应超过第一次试验电压的 80%。

(4) 试验用变压器的容量，对于低压电动机来说，每 1kV 试验电压应不小于 1kV·A。

(5) 在试验过程中要注意安全，高压试验变压器及调压变压器的外壳必须良好接地。

9.4 电动机的拆装

9.4.1 电动机的拆卸

电动机因检修或维护保养等原因，经常要进行拆卸和装配。拆卸前，应先在线头、端盖等处做好标记以便于装配。

1. 拆卸步骤

小型电动机的拆卸步骤如图 9.6 所示。

(1) 切断电源，拆开电动机与电源的连接线，并对电源线的线头作好绝缘处理。

(2) 脱开皮带轮或联轴器，旋起地脚螺栓和接地线螺栓。

(3) 拆卸风罩、风扇。

(4) 拆卸轴承盖和前、后端盖。

(5) 拆卸轴承并将转子取出。

(6) 必要时，拆除定子绕组并进行清槽、整角。

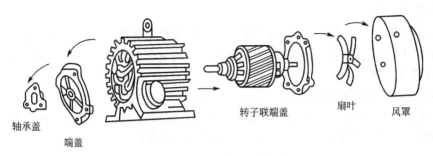

图 9.6 小型电动机的拆卸步骤

2. 几个主要零部件的拆卸方法

1) 轴承的拆卸

轴承的拆卸可在转轴上进行,也可在端盖内进行,其主要方法有 3 种,如图 9.7 所示。

(1) 隔板敲击法如图 9.7(a)所示。首先,取两块厚铁板在轴承内圈下边夹住转轴;其次,下面搁在一只内径略大于转子外径的圆桶上面;然后,在转轴上端垫上厚木板或铜板;最后,用手锤对准轴的中心用力敲打,直至取下轴承。

(2) 铜棒敲击法如图 9.7(b)所示。首先用端部呈楔形的铜棒以倾斜方向顶着轴承内圈;其次用锤子敲击铜棒,直至轴承松脱。操作时,不能用力过猛,以防损坏工具和轴承,并沿着四周均匀用力。

(3) 拉码法如图 9.7(c)所示。首先根据轴承大小,选用合适的拉码,将拉码的脚爪紧扣在轴承的内圈上;其次将丝杆的顶点对准转轴的中心;最后缓慢转动手柄,直至轴承拉出。

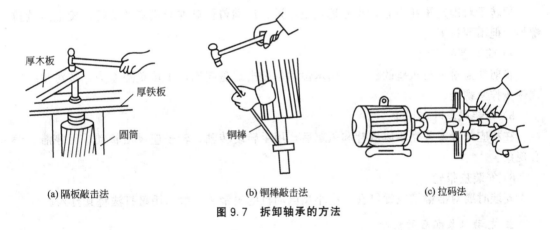

图 9.7 拆卸轴承的方法

2) 转子的取出

在抽出转子前,应在转子下面气隙和绕组端部垫上厚纸板,以免在抽出转子时碰伤绕组和铁心。

3) 端盖的拆卸

拆卸前,端盖与机座的接缝处要做好标记。拆端盖时,先拆负荷侧;若电机容量较小,只需拆下后盖,前盖连同风扇、转子一并抽出。

4) 旧绕组拆除

拆除旧绕组前,应记录绕组的有关数据。为便于取出线圈,可将旧绕组加热至一定温度再从槽中拉出。加热的方法为:电热鼓风加热、通电加热和用木材直接燃烧等。

5) 清槽与整角

清槽即是清除槽内残余的杂质;整角,即是用硬质木块对定子铁心的齿部进行修整。清槽时,不准使用锯条、凿子等;整角时,不允许使用锉刀,可用扁铲轻轻打下突出部分,然后用皮老虎或压缩空气吹出铁末,再涂上一层绝缘漆。

9.4.2 电动机的安装

1. 电动机的装配

电动机的装配顺序按拆卸时的逆顺序进行。装配前,各配合处要先清理余锈。装配时,应将各部件按拆卸时所作标记复位。

1) 滚动轴承的安装

将轴承和轴承盖先用煤油清洗。清洗后,检查轴承有无裂纹,内外轴承环有无裂缝等。然后,再用手旋转轴承外圈,观察其转动是否灵活、均匀,如遇卡阻或过松,应予以更换或修整。将轴承装套到轴颈上有冷套和热套两种方法。套装完毕,要加装润滑脂;润滑脂的塞装要均匀,且不得完全装满。

2) 后端盖的安装

将轴伸端朝下垂直放置,在其端面上垫上木板,将后端盖套在后轴承上,用木锤敲打,将其敲进去后,装轴承外盖。旋紧内外轴承盖的螺栓时,要先紧对角,逐步拧紧,不可先一次性拧紧一个再拧紧下一个。

3) 转子安装

把转子对准定子孔中心,小心地往里放送,后端盖要对准与机座的标记,旋上后端盖螺栓,但不要拧紧。

4) 前端盖的安装

将前端盖对准与机座的标记,用木锤均匀敲击端盖四周,不可单边着力,按对角线方式逐步拧紧螺栓。

5) 安装风扇叶和风罩

在相应位置安装完毕风扇叶和风罩后,用手转动转轴,转子应灵活转动,无停滞、偏心现象。

6) 安装皮带轮

安装时要对准键槽或螺钉孔。中小型电动机的皮带轮一般采用敲打法将其打入。

2. 电动机装配后的检验

电动机装配完毕,还须进行使用前的检验。

(1) 一般检查。检查所有固定螺栓是否拧紧,转子是否灵活,轴伸端有无径向偏摆等。

(2) 测定绝缘电阻。用摇表检测电动机定子绕组相与相、相对地的绝缘电阻,其值不应小于 0.5MΩ。

(3) 经上述检查合格后,先将电动机外壳接好地线,并按规定接法将电动机接至电源,用钳形表检查各相电流,应在规定的数值之内。

(4) 用转速表测量电动机的转速，应符合要求。

(5) 检查铁心(外壳)是否过热，轴承温度是否过高，轴承在转动时是否有异常声音。若有问题，应及时查明并排除。

实训项目 11　笼型异步电动机的拆装

一、实训目的

1. 掌握电动机拆装工艺流程。
2. 了解电动机拆装技巧及注意事项。

二、实训器材

1. 笼型电动机　　　　　　　　　　　　　　　　　1 台
2. 木锤、扳手、螺丝刀、万用表、摇表、铜棒等工具　1 套

三、实训内容

1. 准备工作

(1) 工具、仪表和材料准备齐全。
(2) 正确标记各拆卸部位。

2. 拆卸与组装

(1) 拆装步骤符合工艺要求。
(2) 正确使用工具。
(3) 不损坏电机。

3. 检修

(1) 按检修要求进行清洗、检查。
(2) 正确使用仪表。

4. 安全文明操作，符合有关规定

四、实训报告

1. 记录拆装过程。
2. 实训体会。

本 章 小 结

1. 选择电动机时，要确定电动机额定功率，就要考虑电动机的发热、允许过载能力与启动能力等因素。除确定电动机的额定功率外，选择电动机还需要根据生产机械

的技术要求、运行地点的环境、供电电源及传动机构的情况，合理地选择电动机的类型、外部结构形式、额定电压和额定转速。

2. 新安装或久未运行的电动机，在通电使用之前必须先进行安装检查、绝缘电阻检查、电源检查及启动、保护措施检查4项检查。为了消除隐患防止故障发生，电动机要进行分月维修和年维修，俗称小修和大修。

3. 电动机试验按试验目的的不同可分为二类，一类是电动机的出厂试验和型式试验；另一类是电动机修理试验。电动机的修理试验又分为修理前的试验、修理中的试验、修理后的试验3种。

思 考 题

1. 电动机的选择主要有哪些内容？
2. 电动机有几种工作方式？是怎样划分的？其发热的特点是什么？
3. 短时工作制如何选择电动机的容量？
4. 简述电动机启动时的注意事项。
5. 简述常见故障及排除方法。
6. 使用兆欧表时应注意什么？可否在电动机运行中用兆欧表测量电动机的绝缘电阻？应当怎样测试电动机的绝缘电阻？
7. 在电动机耐压试验时，对试验电压有哪些要求？为什么电动机的绝缘耐压试验不能反复进行？
8. 测量电动机的温升的方法有哪些？各有哪些特点？

参 考 文 献

[1] 赵承荻. 电机及应用 [M]. 北京：高等教育出版社，2003.
[2] 訾兴建. 电机与拖动 [M]. 合肥：中国科学技术大学出版社，2008.
[3] 张爱玲. 电力拖动与控制 [M]. 北京：机械工业出版社，2003.
[4] 王晓敏. 电机与拖动 [M]. 郑州：黄河水利出版社，2008.
[5] 周定颐. 电机及电力拖动 [M]. 北京：机械工业出版社，1999.
[6] 詹跃东. 电机及拖动基础 [M]. 重庆：重庆大学出版社，2002.
[7] 许晓峰. 电机及拖动 [M]. 北京：高等教育出版社，2000.
[8] 顾绳谷. 电机及拖动基础(上、下册) [M]. 3版. 北京：机械工业出版社，2005.
[9] 刘强. 船舶机电基础 [M]. 哈尔滨：哈尔滨工程大学出版社，2006.
[10] 刘谦. 船舶电力拖动 [M]. 哈尔滨：哈尔滨工程大学出版社，2006.
[11] 曹进. 电工技能实训指导 [M]. 哈尔滨：哈尔滨工程大学出版社，2008.